Maschine – Organismus – Gesellschaft

Europäische Hochschulschriften
Publications Universitaires Européennes
European University Studies

Reihe III
Geschichte und ihre Hilfswissenschaften

Série III Series III
Histoire, sciences auxiliaires de l'histoire
History and Allied Studies

Bd./Vol. 1061

PETER LANG
Frankfurt am Main · Berlin · Bern · Bruxelles · New York · Oxford · Wien

Robert Hanulak

Maschine – Organismus – Gesellschaft

Physiologische Aspekte eines Lebensbegriffs um 1800

PETER LANG
Internationaler Verlag der Wissenschaften

Bibliografische Information der Deutschen Nationalbibliothek
Die Deutsche Nationalbibliothek verzeichnet diese Publikation
in der Deutschen Nationalbibliografie; detaillierte bibliografische
Daten sind im Internet über <http://www.d-nb.de> abrufbar.

Die Veröffentlichung der Arbeit wurde von
Prof. Dr. Hartmut Böhme empfohlen.

Gedruckt auf alterungsbeständigem,
säurefreiem Papier.

ISSN 0531-7320
ISBN 978-3-631-59125-3
© Peter Lang GmbH
Internationaler Verlag der Wissenschaften
Frankfurt am Main 2009
Alle Rechte vorbehalten.

Das Werk einschließlich aller seiner Teile ist urheberrechtlich geschützt. Jede Verwertung außerhalb der engen Grenzen des Urheberrechtsgesetzes ist ohne Zustimmung des Verlages unzulässig und strafbar. Das gilt insbesondere für Vervielfältigungen, Übersetzungen, Mikroverfilmungen und die Einspeicherung und Verarbeitung in elektronischen Systemen.

Printed in Germany 1 2 3 4 5   7

www.peterlang.de

Inhaltsverzeichnis

I. Vorbemerkungen	7
II. Reizbarkeit	**13**
II. 1 Irritabilität und Gravitation	13
II. 2 Vivisektion und Vitalismus	21
II. 3 Sensibilité und Empfindsamkeit	31
III. Reproduktion	**39**
III. 1 Präformation und Polyp	39
III. 2 Epigenese und Wesentliche Kraft	45
III. 3 Bildungstrieb und Selbstorganisation	50
IV. Regulation	**57**
IV. 1 Kreislauf und Maschine	57
IV. 2 Regler und Stoffwechsel	65
IV. 3 Physiokratie und Unsichtbare Hand	71
IV. 4 Medizinische Polizey und Romantische Ökonomie	76
V. Organisation	**89**
V. 1 Seele und Werkzeug	89
V. 2 Organismus und Organisierte Körper	93
V. 3 Vergleichende Anatomie und Gewebe	100
V. 4 Soziale Physiologie und Kollektiver Organismus	115
VI. Schlussbetrachtungen	**135**
VII. Literaturverzeichnis	**141**
VII. 1 Zitierte Literatur bis 1900	141
VII. 2 Verwendete Literatur nach 1900	149

I. Vorbemerkungen

„*Unschuldige und neutrale Benennungen gibt es nicht.*"[1]

Dass die geistige und gesellschaftliche Entwicklung des Menschen um 1800 die Schwelle zu ihrer sogenannten Moderne überschreitet, scheint mehr oder weniger akzeptiert. Doch worin dieses moderne eigentlich besteht, darüber will die sogenannte Post-Moderne neue und zumeist ernüchternde Antworten gefunden haben. Ohne hier im Ganzen auf die weitverzweigten Debatten zu den komplexen Transformationen des modernen Menschen und seiner Umwelt einzugehen, erscheint als ein wesentliches Merkmal dieser Moderne ihr spezifischer Umgang mit dem Begriff und den Dingen des 'Lebens'.

Wenn man nun als zentralen Ausgangspunkt dieser Untersuchung erklärt, dass sich dieses Leben als selbständige wissenschaftliche Empirizität erst um 1800 herausbildet und darüber hinaus in den Mittelpunkt nahezu jeglichen theoretischen wie praktischen Handelns gerät, dann lässt sich heute angesichts des beständig fortschreitenden Zusammenschlusses von Informationstechnik und Biowissenschaft fragen, inwieweit diese Empirizität und dieser Mittelpunkt noch zu halten sind bzw. je wirklich bestanden haben.

Die Verhältnisse von Mensch, Natur und Technik scheinen sich – nicht nur im ökologischen Sinne – dramatisch zu Gunsten der Technik und auf Kosten der Natur verschoben zu haben, womit sich naheliegend auch der Mensch im Schnittpunkt beider Bereiche in grundlegender Weise wandelt. Zwischen Mensch und Natur (v.a. auch seiner eigenen) expandiert das Feld instrumentell-medialer Vermittlungen, in welchem sich auch soziale Beziehungen und Verhaltensweisen zunehmend technisieren. Mensch, Gesellschaft und Technik gleichen sich immer mehr an, während so etwas wie Natur in einem Verständnis von Ursprünglichkeit kaum mehr wirklich existiert, sofern sie das jemals tat. Die steigende Macht der durch Wissenschaft und Technik bewirkten Umgestaltungen natürlicher Umwelt und sozialer Lebensverhältnisse erfasst den lebendigen Körper auf allen Ebenen: in seiner konkreten physischen, seiner psychischen, seiner sozialen und symbolischen Form, in seiner wissenschaftlichen Beschreibung und seinem leiblichen Selbsterleben.

Angesichts des tiefgreifenden Wandels moderner 'Lebenswissenschaften' in ihrer herausgehobenen politischen Bedeutung scheint eine beständige Reflexion im engen Austausch von Human- und Naturwissenschaften über die Entwicklungen und Beziehungen zwischen Mensch, Technik und Natur geboten, aber kaum stattzufinden. Gerade auch die historische Betrachtung dieser Verhältnisse kann Aufschluss über die Variabilität und Vielfältigkeit der Begriffe, Modelle

---

1 Georges Canguilhem, *Die Herausbildung des Konzeptes der biologischen Regulation im 18. und 19. Jahrhundert*, in: ders., *Wissenschaftsgeschichte und Epistemologie. Gesammelte Aufsätze*, übers. v. Michael Bischoff u. Walter Seitter, hrsg. v. Wolf Lepenies, Frankfurt a. M. 1979, 89-109, 95.

und Vorstellungen von Wissenschaft, Gesellschaft und Leben geben. Sie kann möglicherweise einige moderne Selbstverständlichkeiten und Überheblichkeiten relativieren, als fragwürdig und oftmals gar nicht so modern erscheinen lassen. Sie kann die Macht der Sprache, ihrer Begriffe und Metaphern (je nach erkenntnistheoretischem Status, der ihnen zugemessen wird), über welche die verschiedenen Formen und Gebiete des Wissens eng miteinander verflochten sind, in ihrer Veränderlichkeit aufdecken und das Wissen um die Dinge als ein vorläufiges, nicht auf immer festgeschriebenes überführen.

Begriffe bilden nicht einfach nur ab, sondern machen Dinge sichtbar, bringen Wirklichkeit und Wissen hervor und führen dabei ein komplexes Eigenleben. Wissenschaft, welche die Realitäten hinter den Begriffen sucht, letztlich um diese Begriffe in Beziehung zu setzen, sie umzuordnen und durch neue zu ersetzen, erzeugt in ihrem Spiel mit Dingen und Begriffen wiederum neue Realitäten. Insofern muss sich eine historische Untersuchung des Wissens auch mit jenem Suchen und ihrem Ringen um begriffliche Darstellung beschäftigen.

Ziel dieser Arbeit ist es, einen Blick auf die Entstehung und Entwicklung der modernen Begrifflichkeiten des Lebens und im besonderen des Organismus als dessen Manifestation zu werfen und zu ergründen, wie sich diese, mittels der naturwissenschaftlichen Durchdringung der organischen Körper zum Ende des 18. Jahrhunderts, als eine neue zentrale Referenz des Denkens, Sprechens und Handelns konstituieren. Dabei stellen sich die Gleichzeitigkeiten und semantischen Unschärfen zwischen empirischem und metaphorischem Gebrauch jedes begrifflichen Versuchs über das Leben als ein bis heute bestehendes Problem dar. Die Vielfältigkeit und Komplexität von Lebensphänomenen macht es bis heute sehr problematisch eine befriedigende und fächerübergreifende Definition für 'Leben' zu finden, was auch hier nicht angestrengt werden soll.

Vielleicht lassen sich aber dennoch an dieser Stelle grundsätzlich und recht schematisch drei Dimensionen bzw. Fragen zum Lebensbegriff unterscheiden:[2] zum ersten einem eher alltäglichen Verständnis des Lebens als intuitiver Leiberfahrung, als vitaler Zustand des Bestehens zwischen Geburt und Tod bzw. als Lebenslauf in einem auch kulturellen Sinne von Lebenswandel, Lebensunterhalt und Lebenszeit.[3] Die Frage, die sich daraus ergibt, zielt auf den individuellen Zustand eines Lebewesens, ob es lebendig oder tot ist und auch wie man praktisch mit diesen Phänomenen umgeht – gewissermaßen die erste Stufe der Reflexion aus dem existentiellen Erlebnis des Lebens und seiner Gefährdung. Unter einigem Vorbehalt ließe sich dieses Verständnis mit dem griechischen *bios*

---

2 Frei nach Hans Werner Ingensiep, *Lebensbegriffe – der Vergangenheit, der Gegenwart, der Zukunft. Vom Ende der Seelenordnung, von gespaltenen Lebensdiskursen und einer antizipathorischen Bioethik*, in: ders. u. Anne Eusterschulte (Hg.), *Philosophie der natürlichen Mittelwelt* [...], Würzburg 2002, 103-120, v.a. 109.

3 Etymologisch lässt sich das germanische Verb 'leben' (abgeleitet von 'feucht, schleimig, kleben' usw.) als 'fortbestehen' oder 'bleiben' in diesem Sinne deuten; vgl. Günther Drosdowski (Hg.), *Duden Etymologie. Herkunftswörterbuch der deutschen Sprache* (Der Duden, Bd. 7), 2. Aufl., Mannheim u.a. 1989, 409.

beschreiben, welches dabei allerdings ausdrücklich nur den menschlichen Lebenslauf begreift. Die zweite Dimension ergibt sich aus einer mehr empirisch-analytischen Blickrichtung, als ein naturwissenschaftliches bzw. biologisches Verständnis von Leben als Lebewesen, wiederum griechisch als *zoon*, d.h. als Lebewesen innerhalb der vorgeformten Bahnen seiner Gattung. Hier wird gefragt: Was ist ein Lebewesen? Was sind dessen Merkmale? Wie sind sie aufgebaut, wie funktionieren sie, wie entwickeln sie sich und vor allem auch: wie lassen sie sich ordnen? Leben versteht sich hier als ein taxonomischer Begriff für eine spezifische Klasse von Naturkörpern, die es zu sammeln, zu beschreiben und zu ordnen gilt. Die Antwort auf die Frage, was ein Lebewesen ist, läuft in der Regel bis heute auf die Benennung von Eigenschaften und Beschreibungskriterien hinaus (Selbstbewegung, Wachstum, Fortpflanzung, Sensibilität, Stoffwechsel, Evolution, Gene ect.). Eine dritte Dimension des Lebensbegriffs befindet sich quasi auf der philosophischen (bzw. metaphysischen) Ebene der Synthese, Spekulation und Deutung des Lebens als solches und ganzes, sozusagen die ontologisch-abstrakte Dimension des Begriffs. Hier wird absolut gefragt: Was ist Leben? Was ist das Wesen einer spezifischen Seinsweise, in die alle Lebewesen und individuellen lebendigen Zustände eingebunden sind? Die klassisch-aristotelische Antwort auf diese Fragen bestand lange in der *psyche* bzw. *anima* oder auch *Seele* als dem immateriellen Prinzip belebter Körper, ihrer Bewegungs-, Form- und Zweckursache – deren Begriff, Essenz und erste Erfüllung, oder auch deren erste `Entelechie´.

Dieser teleologische, essentialistische und metaphysische Lebensbegriff wird radikal vom cartesischen Bild des an sich leblosen Körperautomaten destruiert. Leben erscheint dort bestenfalls als lebendige Tätigkeit des menschlichen Geistes, strikt getrennt von der korpuskulären Materie, die sich innerhalb eines vollständig physikalisch-mathematisch erklärbaren Kosmos nach rein mechanisch-kausalen Gesetzmäßigkeiten bewegt. Die Ablösung des psychomorphen Weltmodells durch ein technomorphes beeinflusst das neuzeitliche Weltbild grundlegend und lässt das Verstehen und die Beherrschung der Natur durch Technik als möglich erscheinen. Der Unterschied zwischen Maschine und Lebewesen stellt sich hier als rein quantitativ dar und bildet keinen grundsätzlichen Widerspruch. Es sei dahingestellt, inwieweit Descartes seinen Maschinenkörper nur als Hypothese oder heuristisches Modell zur Erklärung der Natur angebracht wissen mochte, entscheidender ist, dass sich damit ein neues Verhältnis zu den Gegenständen der Erkenntnis, d.h. ein praxisorientierteres Naturverständnis einstellt, was bis heute das Verhältnis von Mensch, Technik und Natur entscheidend bestimmt.

Verschiedene theoretische und technische Probleme führen verstärkt ab der Mitte des 18. Jahrhunderts zur Krise und zum allmählichen Niedergang des Mechanizismus in seiner klassischen Form. An dessen Stelle rückt eine Vielzahl von Naturvorstellungen, deren Traditionen weit zurückreichen wie sie auch verschiedene neuartige Elemente beinhalten und die der Neo-Mechanizismus des

19. Jahrhunderts in abfälliger Bedeutung als Vitalismus zusammenfasst. Bestimmendes Merkmal dieser Strömungen ist die qualitative Unterscheidung der unbelebten von der belebten Natur, deren Vorgänge sich nicht berechnen oder aus den Gesetzen der toten Materie allein erklären lassen. Dabei greift man zumeist auf spezifisch organische, mehr oder weniger intelligible, d.h. zweckmäßig vorgehende Lebenskräfte zurück.

Der Vitalismus lässt sich grob in zwei (im Einzelfall oft kaum voneinander unterscheidbare) Richtungen unterteilen. Während ein animistisch geprägter Vitalismus, den alten Gedanken an ein unstofflich-metaphysisches Lebensprinzip mit oftmals neuen Modellen, Erkenntnissen und Begriffen wieder aufleben lässt, glaubt der materialistisch orientierte Vitalismus in spezifischen Eigenschaften der organischen Materie bzw. ihrer spezifisch organischen Organisation die Ursache mechanisch nicht erklärbarer Lebenskräfte zu finden. Ursache und Wesen dieser Kräfte bleiben dabei zumeist im Dunkeln und zumindest vorläufig nicht vollständig erklärbar.

Vielleicht bringt der Vitalismus keine wirklich neuen Gedanken hervor, aber er verschiebt die Gewichte und Blickrichtungen, lässt neue Fragen und Antworten zu, lässt neuartige Kräfte entstehen und betont die Entwicklungsfähigkeit, Spezifität und Exklusivität des Lebens, die erst die Bildung einer Biologie als eigenständige wissenschaftliche Disziplin ermöglicht. Die Emanzipation des Lebendigen von der Physik geht einher mit der Auflösung der mathematischen Taxonomien der klassischen Naturgeschichte bzw. ihrer Fusion mit der physiologischen Betrachtung der Lebewesen und einer enormen (auch politischen) Einflussnahme der medizinischen Wissenschaften. Die Physiologie als Lehre der Funktionalität des Lebendigen, seiner Dynamik und kausalen Zusammenhänge wird damit auch zur Erklärung gesellschaftlicher Prozesse und Zustände beansprucht. Sie steht im Zentrum der Lebenswissenschaften um 1800 sowie darüber hinaus – in einer sehr weiten Auslegung und frühpositivistischen Abgrenzung zur Naturphilosophie – synonym für Wissenschaft überhaupt.

Wissenschaft, bestehend aus Erfahrung, Ideologie und Sprache, unterliegt in dieser Zeit vielfältigen Differenzierungen und Konvergenzen, in denen sich Erkenntnis und Wissen wie die gesellschaftlichen Verhältnisse grundlegend umbilden. Diese Transformationen vollziehen sich im europäischen Wissenstransfer eines komplizierten Netzwerks von Akteuren, Untersuchungen, Spekulationen, Modellen und Begriffen, die einen ungekannten Theoriepluralismus entstehen lassen. Dabei scheint es in der Geschichte der Biologie zum Zeitpunkt ihrer Konstitution weit schwieriger, prägnante Brüche (oder wenn man so will 'Paradigmenwechsel') auszumachen, als dies bei anderen wissenschaftlichen Disziplinen und den politischen Erscheinungen der Fall sein mag. Die Konzentration auf große epistemologische Brüche und Wechsel scheint zumindest für den Bereich des organischen Lebens den Blick auf Kontinuitäten und weniger spektakuläre 'Mikro-Revolutionen' zu verstellen, durch die sich Wesen und Wandel des Wissens vom Leben teilweise besser erklären lassen.

Im Übergang zum 19. Jahrhundert entsteht ein äußerst heterogenes Feld des Wissens um das Lebendige, das im Austausch verschiedenster Disziplinen in der begrifflichen Konzeption von Organismus und Organisation konvergiert. Dabei stellt sich der lebendige Organismus in seinen komplexen, interdisziplinären Zuschreibungen nicht nur als bloße Metapher dar, sondern darüber hinaus als ein zentrales und universelles Organisationsprinzip, als Realität und Utopie der Kohärenz dynamischer Systeme in ihren Außen- und Innenrelationen, als eine bestimmte Struktur des Denkens und der (Re-)Konstruktion von Wirklichkeit. Die Konstituierung eines modernen Begriffs vom Leben im Modell des Organismus geht damit weit über die Physiologie und Biologie hinaus und beeinflusst nicht nur die Bereiche der Philosophie, Technik, Ökonomie, Psychologie, Theologie, Staats- und Gesellschaftslehre, sondern wird innerhalb ihres engen, wechselseitigen Beziehungsgeflechts entscheidend von ihnen mitbestimmt.

Im Zentrum dieser Arbeit steht also die Entwicklung neuartiger Begriffe, Konzepte und Erklärungsversuche des Lebendigen der naturwissenschaftlichen Forschung in ihren Differenzierungen und Wechselbeziehungen zu anderen Wissenszweigen. Zu fragen ist, auf welche Weise die Untersuchung und Erklärung des Lebens als ein neuer, positiver Gegenstand der Wissenschaft die Transformationen, Verschiebungen und Neubildungen von Gesellschaft, Wissenschaft und Wirklichkeit begleitet. Zum Zweck eines systematischen Vorgehens im Umgang mit den vielschichtigen und zuweilen diffusen Austauschprozessen zwischen den Organismus- und Lebensdiskursen um 1800 werden im Folgenden vier grundlegende Begriffskonzepte bzw. Lebenseigenschaften unterschieden, welche jeweils auf exemplarische Weise neue Vorstellungen von organischen Körpern zu veranschaulichen suchen.

Den ersten Aspekt dieser Untersuchung bildet der Komplex der 'Reizbarkeit' bzw. der Irritabilität und Sensibilität als grundlegende Eigenschaften des animalen Lebens auf äußere Einflüsse spezifisch mit Bewegung bzw. Empfindung zu reagieren. Hier stellen die reizphysiologischen Untersuchungen Albrecht von Hallers zur Mitte des 18. Jahrhunderts den zentralen Bezugspunkt einer expandierenden und sich differenzierenden Nervenphysiologie dar, die mit weitreichenden Folgen auch für die sich konstituierende Psychologie und Anthropologie wie für Ästhetik und Pädagogik neue Vorstellungen von Wahrnehmung, Empfindung, Bewegung, Bewusstsein und Seele in Gang bringen.

Den zweiten Aspekt stellt die Betrachtung der 'Reproduktion' als Fähigkeit des lebenden Organismus, auf vielfältige Weise seine spezifische Struktur wiederherzustellen, sich als Individuum und als Vertreter seiner Gattung zu regenerieren bzw. fortzupflanzen. Es war hier in erster Linie das Verdienst der Erforschung von Regeneration, Wachstum und Zeugung der Lebewesen, die mechanische Theorie der Lebewesen unplausibel werden und die Idee ihrer 'Selbstorganisation' denken zu lassen.

Zum Dritten soll die Entstehung eines Konzeptes von 'Regulation' des Organismus als eine Ansammlung von Funktionen betrachtet werden, die es ihm ermöglichen, durch Steuerung und Ausgleich von Störungen seine spezifische Struktur für einen gewissen Zeitraum aufrechtzuerhalten. In diesem Zusammenhang spielen Fragen von Technik und Ökonomie, Rückkopplung und Zirkulation eine entscheidende Rolle und lassen sich aus moderner Sicht auch als eine Vorgeschichte der Kybernetik beschreiben.

Der vierte Teil untersucht schließlich das Feld der 'Organisation' als spezifischen, strukturellen Aufbau des Organismus in seiner zweckmäßigen Ordnung. Organisation und Organismus sind dabei in ihrer engen begrifflichen Verwandtschaft um 1800 kaum auseinander zu halten, werden vielfach austauschbar gebraucht und entwickeln doch eigene Bedeutungsfelder in der Betrachtung biologischer und gesellschaftlicher Phänomene.

Die historische Analyse dieser Begrifflichkeiten in ihrer Entstehung und Offenheit, ihrem interdiskursiven Gebrauch und ihren semantischen Verschiebungen offenbart kein lückenloses, widerspruchsfreies Deutungssystem, sondern versucht sich an der Rekonstruktion eines beweglichen Gefüges der Dreiecksbeziehung von Technik, Natur und Mensch. Bildet die Physiologie auch den Ausgangspunkt der Betrachtung und arbeitet sich mit den organischen Vermögen der Irritabilität, Sensibilität, Reproduktion und Regeneration wesentlich an den bis heute präsenten Widersprüchen zwischen reduktionistischen und vitalistischen Positionen ab, so führen doch insbesondere die Ideen von 'Selbstregulation' und 'Selbstorganisation' auf die Genese modernen Systemdenkens hin, das sich im 18. Jahrhundert auf unterschiedliche Weise manifestiert und nach Begriffen sucht.

Und es stellt sich damit letzten Endes auch die Frage nach eben jenem 'Selbst', welches sich dort reguliert und organisiert, also auch die Frage nach der prekären Stellung des Subjekts und seiner Autonomie, seinen Möglichkeiten und Wirklichkeiten. Dort, wo es mit großem Selbstbewusstsein erscheint, droht es sofort wieder zu verschwinden, wo es die Natur zu unterwerfen sucht, sich zugleich den selbstgeschaffenen Verhältnissen zu unterwerfen, wo es Bedeutungen hervorbringt, sich ihnen auszuliefern und will sich doch nach wie vor als dieses autonome Subjekt verstehen.

II. Reizbarkeit

II. 1 Irritabilität und Gravitation

Die Geschichte der physiologischen Reizbarkeitslehre lässt man für gewöhnlich mit Francis Glisson (1597-1677) und seinem Konzept der Irritabilität beginnen, obgleich die Aufmerksamkeit für das Phänomen körperlicher Reizbarkeit eine sehr viel weiter zurückverfolgbare Tradition besitzt, die eng mit der Entwicklung der Muskel- und Nervenphysiologie verbunden ist. Doch war es Glisson, der den das 18. Jahrhundert so prägenden Begriff der *irritabilitas* konzeptualisierte, bevor dieser in neuer Gestalt, vermittelt durch Albrecht von Haller (1707-77), ins Zentrum von Physiologie, Anthropologie und Naturphilosophie rückt.

Galens (129-216) experimenteller Beobachtung des vom Körper gelösten Muskels, der bei mechanischer Reizung kontrahiert,[4] erfuhr in der Folgezeit kaum Beachtung oder forschendes Interesse. Haller bemerkt dann 1752 in seinem epochemachenden Vortrag *Von den empfindlichen und reizbaren Teilen des Körpers*, dass „das Zappeln des abgeschnittenen Fleisches" schon dem Vergil nicht unbekannt geblieben war, jedoch wisse er von keinerlei Versuchen der Alten „das Fleisch zu reizen".[5] So scheint diese Beobachtung erst durch das Wiederaufleben einer Experimentalphysiologie und der Etablierung einer systematischen Reizmethodik,[6] unter den veränderten technischen und geistigen Bedingungen des 17. und 18. Jahrhunderts, seine Brisanz erhalten zu haben und Anlass für Spekulationen hinsichtlich des Zusammenhanges von Nerven und Muskel, Wahrnehmung und Bewegung, Seele und Körper zu werden. Denn wie lassen sich das Zucken des isolierten Muskels, aber auch die unwillkürlichen bzw. unbewussten Bewegungen der Organe, die Aktions- und Reaktionsfähigkeit des Lebendigen, mit dem Wirken einer Seele einerseits oder allein physikalischen Gesetzen andererseits in Einklang bringen? Wie muss eine solche Seele beschaffen sein? Welcher Mittel, Agenzien und Vermögen bedient sie sich? Welche Bereiche werden von ihr kontrolliert und welche nicht? Kann die Seele noch als ursächlich bzw. synonym für die Lebensvorgänge gedacht werden? Und welche Prinzipien wirken dann möglicherweise an ihrer Stelle?

---

4 Galen, *De motu musculorum* I, 1-3. Galen spekuliert über ein inneres Vermögen des Muskels zur Kontraktion und über dessen Beziehung zu Nerven, willkürlicher Bewegung und Seele (ebd. I, 8); vgl. John F. Fulton, *Muscular Contraction and the Reflex Control of Movement*, Baltimore 1926, 5; Jörg Jantzen, *Physiologische Theorien*, in: Friedrich Wilhelm Joseph Schelling, *Werke* (Historisch-kritische Ausgabe), hrsg. v. Hans Michael Baumgartner u.a., Erg.-Bd. zu Bd. 5-9, Stuttgart 1994, 375-668, 377.
5 Haller, *De partibus corporis humani sensibilibus et irritabilibus*, Göttingen 1753: *Von den empfindlichen und reizbaren Teilen des menschlichen Körpers. Eine Vorlesung in zwei Teilen, gehalten am 22. April und am 6. Mai 1752*, dt. hrsg. u. eingel. v. Karl Sudhoff, Leipzig 1922, 54.
6 Dazu Karl Eduard Rothschuh, *Zur Geschichte der physiologischen Reizmethodik im 17. und 18. Jahrhundert*, Gesnerus 22 (1965), 147-160.

Die Debatten um derlei Fragen kulminieren in den diesbezüglich kontroversen Tendenzen von Animismus und Materialismus zur Mitte des 18. Jahrhunderts, exemplarisch jeweils vertreten durch die Positionen von Georg Ernst Stahl (1660-1734) und Julien Offray de la Mettrie (1709-51) und münden, in vager Anknüpfung an Francis Glisson (1596-1677), aber insbesondere durch die vielbeachtete Forschungsarbeit Hallers, in die Dominanz von Organismuskonzepten um 1800, die sich unter der Bezeichnung eines 'materialistischen Vitalismus' zusammenfassen und charakterisieren ließen. Ungeachtet der Heterogenität physiologischer und naturphilosophischer Vorstellungen verliert die Seele in der Betrachtung des Lebendigen zusehends an Dignität und Transzendenz, um sich gewissermaßen säkularisiert in der modernen Psychologie auf neue Weise zu verwissenschaftlichen, so ihr überhaupt jenseits lyrischer Gemütsbeschreibungen eine Existenzberechtigung eingeräumt wird. Grundlagen dieser Tendenzen lassen sich bereits in der Antike ausmachen. Sie gewinnen aber in der neuzeitlichen Rezeption und ihren Anreicherungen neue Bedeutung um insbesondere in Auseinandersetzung mit der harveyischen Physiologie sowie dem cartesischen Mechanizismus und Dualismus in den Kontroversen des 18. Jahrhunderts ihre ganze Dynamik zu entfalten. An dieser Stelle sei neben den galenischen Einflüssen auf Glissons Konzept auch auf die diesbezüglichen Untersuchungen seines Lehrers William Harvey (1578-1657) hingewiesen, der in seiner Spätschrift *De generatione* (1651) entscheidende Gedanken des Irritabilitäts-Konzepts bereits vorwegnimmt, ohne diese allerdings systematisch auszuformulieren und theoretisch fruchtbar zu machen.

Die galenische Physiologie interpretiert den Zusammenhang von Wahrnehmung und Bewegung in einer vielschichtigen Vermittlung verschiedener Kräfte, Säfte, Vermögen und Sub-Vermögen zwischen den beobachtbaren Lebensprozessen und der Seele als dem final ursächlichen Prinzip. Neben dem so wirkmächtigen humoralpathologischen Vierer-Schema,[7] entwickeln Galen (129-216) und seine Nachfolger im Anschluss an die aristotelische Seelenstufenordnung[8] eine Pneumalehre, welche den drei Seelenteilen konkrete Organsysteme mit entsprechenden, feinstofflichen 'Lebensgeistern' (*pneuma/ spiritus*) zuordnet.[9] Für den Vorgang der Empfindung und willkürlichen Bewegung (*motus animales*) hält Galen die Nerven bzw. den *spiritus animalis* als Vermittler zwischen immaterieller Seelenkraft und materiellem Körper in den Nervenkanälen zum Muskel

---

7 Die hippokratischen Kardinalsäfte (*humores*) Blut, Schleim, gelbe und schwarze Galle stehen bei Galen in einer systematischen Ordnung zu den Elementen, Temperamenten, Jahreszeiten, Planeten usw.; dazu Erich Schöner, *Das Viererschema in der antiken Humoralpathologie*, Sudhoffs Archiv, Beiheft 4, Wiesbaden 1964.
8 Zu 'anima vegetativa', 'anima sensitiva', 'anima rationalis' vgl. v.a. Aristoteles, *De anima* 413a22ff: *Über die Seele*, in: Aristoteles, *Werke in deutscher Übersetzung*, hrsg. v. Ernst Grumach, Bd. 13, übers. v. Willy Theiler, 26ff [II, 2].
9 Leber und Venen mit *spiritus naturalis* [pneuma physikon], Herz und Arterien mit *spiritus vitalis* [pneuma zotikon], Gehirn und Nerven mit *spiritus animalis* [pneuma psychikon].

für unerlässlich,[10] während die unwillkürliche Bewegung (*motus naturales*) auf den *spiritus animales* des Herzens zurückgeht. Damit unterscheidet Galen natürliche und psychische Organe[11] und operiert eklektisch mit vier Säften, drei Spiritus und zwei Bewegungsmodi. Zudem postuliert er organische Vermögen (*dynámeis/ facultates*) bzw. `sub-facultates´ im Körper, die als niedere vegetative oder nutritive Kräfte bestimmte Funktionen für den speziellen Zweck des Organs wie des Gesamtkörpers ausüben.[12] Diese Vermögen bzw. Kräfte sind ihrerseits auch mit einer gewissen sensiblen Fähigkeit bzw. mit Reiz-Reaktionsmechanismen verbunden, so dass Galen eine nervenunabhängige, unbewusste Wahrnehmung selbst auf unterster `naturaler´ Ebene stattfinden lässt.[13] Gleichzeitig trennt er, im Gegensatz zu der von Aristoteles (384-322) ganzheitlich gedachten Seelenstufenordnung, die niederen Naturvermögen von den höheren seelischen Vermögen und belässt deren Beziehung zueinander weitesgehend im Unklaren.

„Wahrnehmung und gewollte Bewegung sind nur den Lebewesen eigentümlich, Wachstum und Ernährung aber haben die Lebewesen mit den Pflanzen gemeinsam; das erste dürfte eine Betätigung der Seele [*psyche*], das andere der Natur [*physis*] sein."[14]

In der galenischen Physiologie zeigt sich, neben dualistischen Andeutungen, eine Tendenz der Verdinglichung, Differenzierung, Funktionalisierung, Hierarchisierung und zuweilen platten Teleologisierung der Seele, ihrer Vermögen und körperlichen Äußerungen.[15] Mit Fernels *Universa medica* (1554)[16] findet dieser Galenismus in der Summe und in Synthese mit aristotelischer Scholastik seinen Höhepunkt und Abschluss. Dieses geschlossene, ausgeformte System der Medizin und Physiologie erfährt besonders durch Harveys Entdeckung des Blutkreislaufs (1628) eine grundlegende Destruktion.[17] Während René Descartes (1596-1650) nun unter dem Eindruck der harveyschen Darstellung in erster Linie den

---

10 V.a. in Galen, *De usu partium corporis humani*; vgl. hier Owsei Temkin, *The Classical Roots of Glisson's Doctrine of Irritation*, Bulletin of the History of Medicine 30 (1964), 297-328, 311; Jantzen 1994, 377.
11 Die Unterscheidung `psychischer´ und `natürlicher´ *dynameis* geht wahrscheinlich auf Herophilos (325-255) zurück [zu Herophilos s. S. 58, Fn. 204].
12 Bei Galen spielt das insbesondere im Zusammenhang mit der Reizung und Entleerung von Magen, Urin- und v.a. Gallenblase durch Qualität oder Quantität der enthaltenen Stoffe eine Rolle; vgl. Galen, *De naturalibus facultatibus* III, 5: *Die Kräfte der Physis (Über die natürlichen Kräfte)*, in: *Werke des Galenos*, Bd. 5, übers. v. Erich Beintker u. Wilhelm Kahlenberg, Stuttgart 1954, 100f ; vgl. dazu Temkin 1964, 306ff; Jantzen 1994, 393.
13 Hier wohl im Rückgriff auf Platons `dritte Form der Seele´(*Timaios* 77b), die nicht über Verstand aber über Empfindungsfähigkeit verfügt, was bei der `vegetativen Seele´ oder auch `Ernährungsseele´ des Aristoteles (*De anima* 415a23) nicht der Fall ist.
14 Galen, *De naturalibus facultatibus* I, 1 (1954, 13).
15 Vgl. Reinhard Löw, *Philosophie des Lebendigen*, Frankfurt 1980, 83.
16 Jean Francoise Fernel (1497-1558), *Universa medica*, Utrecht 1554.
17 Zuvor leitet bereits die anatomische Neubeschreibung des menschlichen Körpers durch Andreas Vesalius (1514-64), *De humani corporis fabrica* (1543) den Niedergang des Galenismus ein, obgleich dieser in der Schulmedizin bis ins 19. Jahrhundert wirkt.

mechanischen Aspekt des Galenismus herauslöst, allgemeingültig macht und einem radikalen Dualismus unterwirft, betont Harvey selbst vielmehr die aristotelischen, ganzheitlichen, wenn man so will `vitalistischen´ Grundlagen des Galenismus, was sich besonders in seinem Spätwerk zeigt.[18] Was die organische Reizbarkeit betrifft, deutet sich bei Harvey bereits in der Schrift *De motu locali animalium* (1627) die Vorstellung einer Eigenaktivität des Muskels bzw. der vegetativen Organe an, denen er eine `primäre Sensibilität´ ohne die Mitwirkung von Nerven zuschreibt.[19] In seiner embryologischen Untersuchung von 1651 schließt Harvey aus der Reaktionsfähigkeit des Hühnerfötus, welcher in der Lage war ohne Gehirn oder Nerven (bzw. eines *sensorium commune*) auf Reizungen durch Nadelstiche mit Bewegungen zu reagieren, auf ein vitales Prinzip des aktiven, selbstbewegten Blutes, welches auch über eine bestimmte Art von Wahrnehmungsvermögen verfügen müsse.[20]

„[...] since it is manifest that sensation and motion exist before the brain, all sensation and motion do not proceed from the brain; from our history it is clearly ascertained that sense and movement inhere in the first drop of blood produced in the egg, before there is is a vestige of the body."[21]

Das Blut nimmt hier den Status eines selbständigen Organs ein, welches primär die Herzbewegung durch von Fermentation bewirkte Ausdehnung und Reizung initiiert und in einem Wechselspiel von Wahrnehmung und Reaktion die eigene Bewegung ständig aufs Neue unterstützt.[22] In enger Anlehnung an Aristoteles beinhaltet für Harvey das Blut das animalische Lebensprinzip schlechthin. Es beherbergt organische Wärme, stoffliche Nahrung, das Prinzip der Bewegung und die Fähigkeit der Wahrnehmung. Es lebt aus sich selbst (*sanguinem per se vivere*). Blut und Seele sind als Prinzip des Lebens gleichbedeutend.

„The life, therefore, resides in the blood, (as we are also informed in our sacred writings,) because in it life and the soul first show themselves, and at last become extinct."[23]
„It [the blood] is both the author and preserver of the body; it is the principal element moreover, and that in which the vital principle [*anima*] has its dwelling-place. [...] The blood, moreover, is that alone which lives and is possessed of the heat whilst life continues. And further, from its various motions in acceleration or retardation, in turbulence and strength, or debility, it is manifest that the blood perceives things that tend to injure by irritating, or to benefit by cherishing it."[24]

---

18 Vgl. dazu Thomas Fuchs, *Die Mechanisierung des Herzens*, Frankfurt a. M. 1992, 29ff.
19 Vgl. Harvey, *De motu locali animalium*, London 1627, 108; zit. n. Fuchs 1992, 82.
20 Vgl. dazu Fuchs 1992, 85ff u. 101ff; Temkin 1964, 322; Walter Pagel, *Harvey und Glisson on Irritability*, Bulletin of History of Medicine 38 (1967), 497-514, 506.
21 Harvey, *Exercitationes de generatione animalium* [...], London 1651: *Anatomical Exercises on the Generation of Animals*, in: Robert Willis (Hg.), *The Works of William Harvey* [...], London 1847, repr. New York/ London 1965, 142-518, 430 [Exc. 57].
22 Vgl. Harvey (1651) 1847, 375 [Exc. 51].
23 Ebd., 376.
24 Ebd., 379f [Exc. 52].

An der zentralen und vitalen Stellung des Blutes interessiert hier vor allem die Auffassung einer elementaren Sensibilität der organischen Stoffe und Gewebe, die es auch unabhängig von Gehirn oder Nervenapparat zu Empfindung und Bewegung befähigt. Auch jenseits einer immateriellen Seele, die über die Körperfunktionen waltet, ist es die organische Materie selbst, die durch die Wirksamkeit eines inhärenten Vermögens lebt und handelt. *Sensus* im Sinne von Reizbarkeit ist für Harvey die Vorraussetzung für Bewegung und augenfälligstes Merkmal des Lebendigen. Dabei denkt sich Harvey jenen primären, natürlichen Sinn als eine Art des unbewussten Tastens (*tactus naturalis*).

„For that which is wholly without sense is not seen to be irritated by any means, neither can it be excited to motion or action of any kind. Nor have we any other means of distinguishing between an animate and sentient thing and one that is dead and senseless than the motion excited by some other iritating cause or thing, which as it incessantly follows, so does it also argue sensation.[...]
But there are some actions and motions the government or direction of which is not dependent on the brain, and which are therefore called *natural*, so also is it to be concluded that there is a certain sense or form of touch which is not referred to the common sensorium, nor any way communicated to the brain, so that we do not perceive by this sense that we feel; [...]."[25]

Mit den Andeutungen von Galen und Harvey sind bereits die wesentlichsten Grundlagen für Glissons Reizbarkeitslehre gelegt, welche eine basale Fähigkeit organischer Substanzen, auch ohne nervale Vermittlung Reize aufzunehmen und darauf auf spezifische Weise zu reagieren, mit dem Terminus der `irritabilitas´ in die Physiologie einführt.[26] Der entscheidende Schritt, obgleich angedeutet in den galenischen *facultates* und im harveyıschen *tactus naturalis*, ist der, von einer Beschreibung des Reizvorgangs zur begrifflichen und konzeptionellen Fassung seiner Voraussetzung, zu einer Eigenschaft der `Reizbarkeit´ zu gelangen. Während Glisson bereits in der Schrift *De rachitide* (1650) die spezifisch organische Reaktion mit `irritatio´ bzw. `iritare´ bezeichnet, wird der Begriff der `irritabilitas´ erstmals in der *Anatomia hepatis* (1654) verwendet, seiner Abhandlung über die Anatomie und Funktionsweise der Leber.[27] Bezeichnenderweise geschieht dies dort, wie bei Galen, im Zusammenhang mit der Reizung und Entleerung der Gallenblase, wobei Glisson diesen Vorgang noch mit der vorherrschenden Nervenspiritus-Lehre erklärt. „The general reason of this is that all sensitive [*sensitivae*] parts (among which the bladder is numbered, since it receives a little nerve from the sixth pair) are irritable [*irritabiles*]."[28]

---

25 Ebd., 432 [Exc. 57].
26 Das Wort findet sich schon bei Apuleius (*De dogmate Platonis* I, 18) als Bezeichnung für die Empfindung des Zorns, die Platon im Herzen situiert; vgl. Temkin 1964, 298.
27 Besaß die Leber im galenischen System eine gewisse Priorität als Organ der Blutbildung, so wurde ihr Status durch Harveys Kreislauf und die aristotelische Position einer Zentralstellung des Herzens fraglich. Glisson `degradiert´ die Leber in seiner anatomischen Beschreibung ihrer Funktionsweise zu einem Organ der schlichten Blutreinigung.
28 Glisson, *Anatomia hepatis* [...] (1654), Amsterdam 1659, 221; zit. n. Temkin 1964, 30.

Die Funktionsweise des *spiritus animales* wurde von Glissons Zeitgenossen zunehmend in einem mechanisch-hydraulischen Sinne interpretiert, wobei die durch die Nervenkanäle einmündende Nervenflüssigkeit den Muskel zum Teil durch Einbindung von chemischen Reaktionen ausdehnt und damit kontrahieren lässt.[29] Glisson entwickelt hier eine andersartige Theorie und führt in seiner späten Schrift *De ventriculo et intenstinis* (1677), in der er auch die Volumenvergrößerung des kontrahierten Muskels experimentell widerlegt, sein Irritabilitätskonzept systematisch ein. Im Gegensatz zu früheren Andeutungen fasst er hier die *irritabilitas* als eine von Nerven unabhängige und jeglichen organischen Substanzen (auch Knochen und Säften) innewohnende Fähigkeit auf. Die Irritabilität der ʻFaserʼ (dem elementaren Grundbaustein der zeitgenössischen Physiologie) ist Ausdruck und Wesen ihrer Lebendigkeit und setzt seinerseits Wahrnehmung und Begehren als Grundlage voraus. Die Irritabilität entspringt der niedersten Stufe der Perzeption, der *perceptio naturalis*.[30] Dementsprechend bilden sich darauf aufbauend die höheren Stufen, die *perceptio sensitiva* „durch die Sinne vermittelt" und die *perceptio ab appetitu animali* „durch das tierische Begehren geregelt".[31] Gemeint sind offenbar eine direkt organische, unbewusste (ohne Nerven und Gehirn), dann eine reflexartig stimulierte, unwillkürliche (mit Nerven ohne Gehirn), sowie eine willkürlich vom Gehirn über die Nerven gesteuerte Perzeption. Glisson wendet dieses Differenzierungsschema auch auf das Begehren (*appetitus*) und die Bewegung (*motus*) an, die gemeinsam mit der Wahrnehmung zum Komplex der Reizbarkeit gehören.

„Die motorische Kraft [*motiva facultas*] der Fibern würde, wenn sie nicht reizbar wäre, entweder beständig ruhen oder beständig dieselbe Bewegung vollführen. Daher beweist die Verschiedenheit und Abwechslung ihrer Tätigkeit ebenso auch ihre Reizbarkeit [*irritabilitas*]. Diese aber setzt Aufnahmefähigkeit [*perceptio*] und Begehren [*appetitus*] als Grundlage voraus, daß sich die Fiber neu errege. Ist aber die Aufnahme (eines äußeren Reizes) gegeben, so werde das Begehren und die Bewegung [*motus*] nach natürlichem Gesetz auf dem Fuße nachfolgen, so daß schon die bloße Annahme einer Aufnahmefähigkeit der Fibern genügt zum offenkundigen Erweis der Reizbarkeit."[32]

---

29 Der Auftrieb der Muskelphysiologie im 17. Jahrhundert lässt eine Vielzahl diesbezüglicher Theorien entstehen: u.a. von Francisco de le Boë Sylvius (1614-72); William Croone (163?-1684); Niels Stenson (1638-86); Giovanni Alfonso Borelli (1608-79); Lorenzo Bellini (1643-1704); vgl. dazu Karl Eduard Rothschuh, *Vom Spiritus animalis zum Nervenaktionsstrom*, Ciba 89, Bd. 8 (1958), 2950-2980, 2956ff; Eyvind Bastholm, *The History of Muscle Physiology*, Kopenhagen 1950; Jantzen 1994, 381ff; Fulton 1926.

30 Auf den engen Bezug von Glissons *perceptio* zu Harvey wurde schon früh aufmerksam gemacht, von Walter Charleton, *Enquiries into Human Nature* (1680): „Dr. Glisson, coming after [Harvey und Campanella mit einem *tactus naturalis*] to consider the thing more Metaphysically, and founding the very life or substantial Energy of Nature wholly upon the same, denominated [...] Percepti[o] Naturalis, [...]"; zit. n. Temkin 1964, 324.

31 Glisson, *Tractatus de ventriculo et intenstinis* [...], London 1677; zit. n. Adolf Singer, *Der Begriff der Irritabilität bei Glisson und Haller*, Regensburg 1937, 12; Jantzen 1994, 394.

32 Glisson, *Tractatus de ventriculo et intenstinis* [...], London 1677; zit. n. Singer 1937, 12.

Glissons Irritablilität umfasst die Bewegung sowie deren Auslösung. Er macht damit, gleich seinen Zeitgenossen, keine grundlegende Unterscheidung zwischen Nerven- und Muskelfaser, welche dann von Haller vorgenommen wird. Jede Faser, wenn auch in unterschiedlichem Maße, ist für Glisson irritabel. Wenn er drei Formen der Reizbarkeit unterscheidet, so sind diese letztlich nur auf der Grundlage der *perceptio naturalis* möglich, welche er aus dem energetischen Prinzip der Materie und einer selbstwahrnehmenden Natur herleitet. Leben stellt einen spezifischen Modus (eine `additionelle Subsistenz´) der unorganischen Materie dar, welche die hinreichenden Grundlagen des Lebens in sich birgt. Die komplexen und mystischen Implikationen seiner metaphysischen Substanztheorie hatte Glisson bereits in seinem naturphilosophischen Hauptwerk *De naturae substantiae energetica* (1672) dargelegt.[33]

In Anknüpfung an Harvey und die neuplatonisch-animistischen Renaissance-Strömungen[34] zeichnen Glissons Vorstellungen einige entscheidende Grundzüge der Naturphilosophien des 18. Jahrhunderts vor, welche der Natur spezifische, immanente Kräfte zusprechen, die sich weder in mechanische Physik, noch in den Konzeptionen einer Seele auflösen lassen. Glissons Lehren sind Ausdruck der Entwicklung einer transzendenten zu einer immanentistischen Naturbetrachtung, die den lebendigen Wesen eine gewisse Selbständigkeit gegenüber höheren, leitenden Instanzen einräumt. Die Seele, von der als solcher bei Glisson kaum die Rede ist, ermöglicht sich hier erst auf der Grundlage materieller Kräfte und nicht umgekehrt. Sie wird zum Akt der Materie, kann modifizieren, aber nicht Leben spenden. Glissons Vorstellung organischer Lebendigkeit, in ihrer elementaren Form als Irritabilität der Faser, einer Einheit von Wahrnehmen, Begehren und Bewegen, beschreibt sich in erster Linie anthropomorph,[35] wohingegen in der Folgezeit eine `technomorphe´ bzw. `mechanomorphe´ Sichtweise der Physiologie dominant wird.[36] Die vom Cartesianismus geprägte Epoche bevorzugt die quantitative Methode, die mathematisch-geometrische Analyse und

---

33 Vgl. dazu Karin Hartbecke, *Metaphysik und Naturphilosophie im 17. Jahrhundert. Francis Glissons Substanztheorie in ihrem ideengeschichtlichen Kontext*, Tübingen 2006; vgl. auch Möller 1975, 6ff; Singer 1937, 7ff. – Glissons Werk beeinflusste auch die leibnizsche Monadologie, die ihrerseits ein dynamisches Prinzip der Natur mit einem Mechanismus der Lebenserscheinungen zu versöhnen suchte.
34 Gemeint ist v.a. auch die alchemistische Naturphilosophie von Paracelsus (1493-1541) und Johann Baptist van Helmont (1579-1644) mit ihrer Zentralkraft des Archeus (als innerem Alchimisten oder `Lebensgeist´).
35 Galen wie Glisson bedienen sich in ihrer Darstellung der Reizvorgänge vielfältig anthropomorpher Modelle (z.B. `Belästigung´ oder `Zorn´ der gereizten Blase), wie schon in der platonischen Bedeutung der *irritabilitas* bei Apuleius [s. S. 17, Fn. 26]. Die Darstellung somatischer Prozesse mit psychologischen Analogien hat dann besonders im 19. Jhd. Konjunktur und auch heute ist ja „gereizt" in diesem doppelten Sinne zu verstehen.
36 Karl Eduard Rothschuh, *Historische Wurzeln der Vorstellung einer selbsttätigen informationsgesteuerten biologischen Regulation*, Nova Acta Leopoldina 37 (1972), Neue Folge 206, 91-106, unterscheidet `psychomorphe´, `mechanomorphe´, `technomorphe´ und `kybernetische´ Modelle der Erklärungen des Lebendigen.

physikalisch-mechanischen Kausalitäten auf der Grundlage allgemeingültiger Prinzipien und Naturgesetze. Glissons Darstellungen hingegen, welche v.a. auf allgemeinen Erfahrungstatsachen und seinem naturphilosophischen System beruhen, wurden vornehmlich als spekulativ abgetan und übten kaum direkten Einfluss aus, obgleich sie latent nachwirkten.

Direkten und einschneidenden Einfluss auf die Naturvorstellungen der Zeit hatte hingegen ohne Frage Newtons mathematischer Nachweis der Gravitationskraft (1687), welcher sich gleichermaßen als fruchtbar wie ambivalent erwies. Ambivalent weil diese Kraft einerseits manifest und quantifizierbar war, womit sie als universales Prinzip Eingang in das mechanische System finden konnte, andererseits aber okkult blieb, weil ihre Ursache unbestimmt war und ihre Distanzwirkung, entgegen den mechanischen Stoßkräften, stark auf die verborgenen Kräfte und `aktiven Prinzipien´ der Natur des Renaissance-Hermetismus verweisen konnte.[37] Obgleich Newton selbst eine Fernwirkung dieser Kraft ohne ein vermittelndes Medium ausschloss und dem Vorwurf, eine magische `qualitas occulta´ wiedererwecken zu wollen, entschieden widersprach, war deren genaue Bestimmung nicht zufriedenstellend. Fruchtbar für die Physiologie wurde Newton u.a. durch seine neue Konzeption des `Äthers´ und eines `elektrischen Fluidums´, welches als *spiritus* auch in den Nervenfasern wirksam sei. Im letzten Abschnitt seiner neu bearbeiteten *Principia* von 1713 bezieht er sich explizit auf die Erregung des physiologischen Körpers. Er gestattet sich ein ...

„[...] gewisses äußerst feines immaterielles Prinzip hinzuzufügen, das dichte Körper durchzieht und in ihnen verborgen ist; durch dessen Kraft und Einwirkung ziehen Teilchen der Körper sich auf kleinste Entfernung wechselseitig an [...]; durch das elektrische Körper auf größere Entfernung hin wirken [...]; durch das jede Empfindung erregt wird; durch das die Glieder der Lebewesen nach Willen bewegt werden, nämlich durch Schwingungen dieses immateriellen Prinzips, die sich durch die festen Fasern der Nerven von äußeren Sinnesorganen zum Gehirn und vom Gehirn in die Muskeln fortgepflanzt haben. Aber diese Dinge können nicht mit wenigen Worten dargelegt werden, und es steht noch keine ausreichende Anzahl von Experimenten zur Verfügung durch welche die Gesetze der Einwirkungen dieses immateriellen Prinzips genau bestimmt und aufgezeigt werden."[38]

Die Idee eines feinstofflichen Spiritus war nun keineswegs neu, wie auch nicht die Theorie tonischer Schwingungen der Nervenfasern,[39] bestenfalls deren Ver-

---

37 Vgl. Heinrich Feldt, *Der Begriff der Kraft im Mesmerismus. Die Entwicklung des physikalischen Kraftbegriffs seit der Renaissance und sein Einfluß auf die Medizin des 18. Jahrhunderts*, diss., Bonn, 49ff; 58: Newton nutzt den Ausdruck „active principle", der auf den Einfluss der Cambridger Neuplatonisten verweist, nach 1705 spricht er stattdessen von einem „electrical spirit".

38 Newton, *Philosophia naturalis principia mathematica* (3. Aufl. 1726): *Mathematische Grundlagen der Naturphilosophie*, hrsg. u. übers. v. Ed Dellian, Hamburg 1988, 230f; vgl. auch Feldt 1990, 60.

39 Neben dem `Saiten´-Modell von Lorenzo Bellini [s. S. 18, Fn. 29] u.a. in *De urinis* [...], Bologna 1683; vgl. Jantzen 1994, 385, ist hier insbesondere Giorgio Baglivis (1668-1707) mechanistische Stimulationstheorie zu nennen. Darin wird aufgrund mikroskopischer Untersuchungen der Fasern und einigen Reizexperimenten ein Körpermodell entwickelt, des-

bindung unter Verwendung eines `elastic and electric spirit´. Doch der unklare Status der newtonschen Gravitation (im übrigen auch seiner Elektrizität) und die Etablierung eines neuen, eher funktionalen Kraftbegriffs, auf den sich in der Folge insbesondere die sogenannte vitalistische Naturforschung berufen sollte, lässt in einer inflationären Zuhilfenahme analoger Kräfte, das 18. zum `Jahrhundert der Imponderabilien´ werden.[40] In der Ambivalenz der Newtonschen Gravitation spiegelt sich auf gewisse Weise die des ganzen Jahrhunderts zwischen aufklärerischem Rationalismus und okkultistischer Naturmystik.

II. 2 Vivisektion und Vitalismus

Zu Beginn des 18. Jahrhunderts prägen zwei medizinische Strömungen wesentlich die Vorstellungswelt der Physiologie. Zum einen die Schule Herman Boerhaaves (1668-1718) in Leiden, die sich explizit an der mechanischen Methode orientiert und – kanonisch dargestellt in den *Institutiones* (1708) – äußerst einflussreiche Verbreitung findet.[41] Sie erfährt eine wichtige Weiterentwicklung durch Friedrich Hoffmann (1660-1742) mit seinen *Fundamenta*, in denen er systematisch Mechanik, Korpuskular- und Kreislauftheorie in die Physiologie integriert und in cartesischer Tradition dem Nerveneinfluss entscheidende Bedeutung beimisst. Die Lebensvorgänge werden dort weniger von Säften als durch die Nerven geregelt, womit sich Ansätze zur Überwindung der alten Humoralpathologie zugunsten einer Solidar- und Nervenpathologie ausmachen lassen.[42] Eine zweite Schule bildet sich um die Lehre von Hoffmanns Hallenser Kollegen Georg Ernst Stahl (1660-1734), welche gemeinhin als Gegenlehre zum mechanischen Zeitgeist gilt. Stahls `Animismus´ unternimmt eine Restauration der Seele (*anima rationalis*) als einheitliches und umfassendes Lebensprinzip:

---

sen harmonisches Zusammenspiel beständig oszillierender Systeme (der Muskel- und der Membranfasern) durch die Zirkulation des Blutes und das Pulsieren der Hirnhäute (*dura mater*) bewirkt wird. Dabei wird in den Muskelfasern eine nervenunabhängige Kontraktionskraft (*vis insita* oder *innata*) ausgemacht, was Hallers Irritabilität [s. S. 23ff] auch in der noch vagen Differenzierung von Muskel, Nerven und Sehnen recht nahe kommt (vgl. v.a. Baglivi, *Specimen de fibra motrice*, Rom 1700); dazu Jantzen 1994, 395ff; Hans-Jürgen Möller, *Die Begriffe „Reizbarkeit" und „Reiz"*, Stuttgart 1975, 12f; Karl Eduard Rothschuh, *Physiologie. Wandel ihrer Konzepte [...]*, Freiburg u.a. 1968, 137ff.

40 Zur Vielschichtigkeit des Kraftbegriffs im 18. Jahrhundert vgl. auch Stefan Metzger, *Die Konjektur des Organismus. Wahrscheinlichkeit und Performanz im späten 18. Jahrhundert*, München 2002, 163ff.

41 Boerhaaves *Institutiones medicae* (Leiden 1708) gilt seinerzeit als wichtigstes medizinisches Lehrbuch.

42 Hoffmann, *Fundamenta medicinae [...]*, Halle 1703; ders., *Fundamenta physiologiae*, Halle 1718; *Medicina rationalis systematica [...]*, 4 Bde., Halle 1718-29; vgl. dazu Jantzen 1994, 428f; Rothschuh 1958, 2963. – Während Boerhaave das hippokratische *enormon* als Bewegungsprinzip des Lebendigen ausmacht, formuliert Hoffmann eine der Materie immanente *vis motrix*.

„Ohne mich durch die vielen Faseleyen älterer und neuerer Zeit irremachen zu lassen, bin ich nach allen bisherigen Untersuchungen berechtigt, dasjenige, welches nicht nur mit Bewusstseyn anschauet, Begriffe bildet, urtheilt und schliesst; sondern auch [... das, was] bewusstlos erfolgt [...], vernünftige Seele [*anima rationalis*] zu nennen und ihr das Vermögen beyzulegen, die Muskelbewegungen sowohl anzufangen als auch zu lenken."[43]

So werden bei Stahl alle bewussten und unbewussten Bewegungen und Empfindungen (die `äußern´ und die `innern´)[44] von der `vernünftigen Seele´ bewirkt und gesteuert. Er spricht in seiner ganzheitlich-psychosomatischen Betrachtung des Lebens dem organischen Körper eine (auch fehlbare) Intelligenz zu und bezieht damit Stellung gegen rein mechanisch-rationale Ableitungen in der Medizin. Stahl ist in diesem Zusammenhang einer der Ersten, der den Begriff `Organismus´ systematisch verwendet und als animistisches Konzept in Abgrenzung zum Mechanismus einführt. Dabei leugnet er keineswegs, dass der ...

„[...] Organismus in so fern Mechanismus [ist], in wie fern er aus Theilen bestehet, die eine bestimmte Gestalt, Grösse, Lage, Beweglichkeit und Bewegung haben. Er ist nur in so fern Organismus, in wie fern seine Theile allein deswegen vorhanden, auf eine bestimmte Weise geordnet sind und bewegt werden, um durch dieses alles einen bestimmten Zweck zu erfüllen."[45]

Stahl setzt als selbstverständlich voraus, dass Organismen mechanischer Einrichtungen bedürfen. Allerdings in einem teleologischen Verhältnis, das die Mechanik dem Organismus bzw. der Seele unterordnet und nicht umgekehrt. Der mechanische Teil des Organismus besetzt nicht den Bereich des Lebens selbst. Organismus und Maschine, eher komplementär als konträr gedacht, beschreiben zwei verschiedene Systemebenen, die der Teile und die des Ganzen, deren ursächliches Prinzip die vorausplanende, alle Lebensvorgänge steuernde und erhaltende Seele darstellt. So bedient sich auch Stahls Organismus mechanischer Erklärungen und ist doch mehr als eine beseelte Maschine, vielmehr eine seelisch-körperliche `synergeia´, die sich qualitativ vom Unorganischen, von bloß `gemischten Körpern´ unterscheidet.[46] Das Herzstück der Stahlschen Medizin ist neben der Seele (bzw. in engster Verbindung damit) eine basale, innere Grund-

---

43 Stahl, *Theoria medica vera* [...], Halle 1708: *Theorie der Heilkunde, Erstes und zweytes Buch*, dargestellt v. Wendelin Ruf, Halle 1802, 206f; vgl. auch *Georg Ernst Stahl's Theorie der Heilkunde, Erster Theil*, hrsg. v. Karl Wilhelm Ideler, Berlin 1831, 244ff u. 259ff (jeweils Teilübertragungen der Theoria).
44 Zur `Theorie der Empfindungen´ (v.a. der `äußern´) vgl. Stahl (1708) 1802, 189ff. Die Kenntnis der `innern´ Empfindungen, „dieser bloßen Seelenhandlungen ist von dem Trosse der Philosophen in eine so ungeheure Verwirrung gebracht, daß es sich der Mühe nicht lohnt, sie an diesem Orte aus ihrer Verwirrung zu entwickeln" (ebd. 204).
45 Stahl (1708) 1802, 24.
46 Vgl. Stahl, *De synergeia naturae in medendo* (1695); dazu Johanna Geyer-Kordesch, *Pietismus, Medizin und Aufklärung im Preußen des 18. Jahrhunderts. Das Leben und Werk Georg Ernst Stahls*, Tübingen 2000, 207f; auch Alfred Gierer, *Stahls konstruktiver Antimechanismus*, Acta Historica Leopoldina 30, Halle 2000, 49-58; Alex Sutter, *Göttliche Maschinen. Automaten für Lebendiges* [...], Frankfurt a. M. 1988, 103ff. – Auf die Entstehung des Organismus-Begriffs bei Stahl wird noch einzugehen sein [s. Kap. V. 2, S. 93ff].

spannung des Körpers (*motus tonicus vitalis*),[47] auf die unser „reflectirender Wille" keinen Einfluss ausübt und die gleichzeitig die Grundlage der über die Nerven vermittelten, willkürlichen wie unwillkürlichen Bewegungen bildet. Die Impulsübertragung der von Stahl hypothetisch angenommenen Nervenkanäle interessiert Stahl weniger, da dies für den Arzt „zu nichts nütze" sei.[48] Stahl stützt sich methodisch, in Kritik an rein theoretischen Vernunftschlüssen, ganz auf die medizinisch-praktische Erfahrung. Seine Diktion erscheint dabei zuweilen recht polemisch, terminologisch inkonsistent und schwer verständlich, was schon Zeitgenossen problematisch empfanden. Sein zentraler Begriff der Seele wird abwechselnd als *anima*, *physis*, *natura*, *vis vitalis*, *principium* oder *agens vitale* gebraucht. Doch in seiner strikten Unterscheidung zwischen Leben und Nicht-Leben und einem innersten bewegenden Prinzip, wird Stahls Medizin zum unmittelbaren Bezugspunkt vitalistischer Strömungen in ganz Europa.[49]

Der Boerhaave-Schüler Albrecht von Haller (1707-77) ist es nun, welcher der Muskel- und Nervenphysiologie in herausgehobenem Maße neue Impulse gibt, sie grundlegend umordnet und der klassischen Iatromechanik seines Lehrers, die er zu ergänzen und modifizieren sucht, zu ihrem Niedergang verhilft, wenngleich er selbst ihr grundsätzlich immer verhaftet bleibt.[50] 'Irritabilität' und 'Sensibilität' (bzw. auch nur 'Reiz') geraten wesentlich durch seine Vermittlung zu Modewörtern der Zeit, weit über die Grenzen von Medizin und Physiologie hinaus. Haller zählt, und das macht einen großen Teil seiner Bedeutung und Wirksamkeit aus, zu den maßgeblichen Organisatoren der Gelehrsamkeit zwischen 1740 und 1760. An seinem Göttinger Lehrstuhl fließt die Korrespondenz europaweiter Debatten zusammen, seine Rezensionen sind vielbeachtet und nicht zuletzt gehört die Lyrik (v.a. die Alpengedichte) seiner Schweizer Jugendjahre zur meist gelesenen im deutschsprachigen Raum dieser Zeit.

Hallers Lehre von den spezifischen Kräften des Lebendigen schien zwei Grundprobleme der mechanischen Physiologie experimentell zu lösen: zum einen das der Selbstbewegung, zum anderen der Empfindungs- bzw. Reaktionsfähigkeit des Organismus. Er unterscheidet dabei neuartig zwischen der Reizbarkeit (Irritabilität) des Muskels und der Empfindlichkeit (Sensibilität) der Nerven, als wesentlichen Kriterien für die Einteilung des Körpers. Dabei hat die Irritabilität Hallers, letztlich bloße Kontraktionsfähigkeit, mit der von Glisson nicht viel mehr als den Namen gemein. Merkmal der irritablen Teile (der Muskeln) ist,

---

47 Stahl, *De motu tonico vitalis* [...], Halle 1692; dazu Geyer-Kordesch 2000, 147, 151ff.
48 Stahl (1708) 1802, 117f u. 205f.
49 V.a. in Edinburgh um den 'Semi-Animisten' Robert Whytt (1714-66 und in Montpellier um Theophile Bordeu (1722-76), Paul-Joseph Barthez (1734-1806), aber auch für Caspar Friedrich Wolff (1734-94) [s. S. 46, Fn. 152].
50 Dazu Richard Toellner, *Mechanismus – Vitalismus: Ein Paradigmenwechsel? Testfall Haller*, in: Alwin Diemer (Hg.), *Die Struktur wissenschaftlicher Revolutionen und die Geschichte der Wissenschaften*, Meisenheim am Glan 1977, 61-72. Toellner deutet Hallers Vortrag (1752) bzw. die entsprechende Akademie-Abhandlung (1753) als „eindeutig fixierbaren Anlaß" für den Umschwung von Mechanismus zum Vitalismus.

dass sie sich auf Reizung verkürzen, während bei den sensiblen (den Nerven) „sich die Seele vorstellet" bzw. sich „offenbare Zeichen eines Schmerzes oder einer Unruhe zu erkennen" geben.[51] Im Vordergrund seiner Arbeit über die reizbaren und sensiblen Teile des Körpers steht die protokollarische Fülle seines experimentellen Materials. Allein 1751 führt Haller nach eigenem Bekunden 190 Reizversuche am lebenden Tier durch,[52] deren ihm „selbst verhaßten Grausamkeiten" er mit dem „Nutzen für das menschliche Geschlecht" rechtfertigt.[53] Hallers Vivisektionen begründen hier eine neue Phase der experimentellen Physiologie hinsichtlich ihrer Grausamkeit, sowie ihres systematischen Charakters.

Der entscheidende Punkt bei Haller ist die auf der Grundlage systematischer Experimente vorgenommene Einteilung des Körpers unter dem Gesichtspunkt der Reizbarkeit und Sensibilität, als den fundamentalen Kriterien seines physiologischen Dualismus zwischen seelisch-nervlichem Bewusstsein und körperlichmuskulärer Bewegung. Ihre Verbindung bleibt jedoch relativ unklar. Irritabilität ist bei Haller eine grundsätzlich von der Seele unabhängige Fähigkeit, die bei willentlicher Bewegung durch Nerven- (bzw. Seelen-) Einfluss geweckt werden kann. Die unwillkürliche Bewegung (v.a. des Herzens) vollzieht sich, im Gegensatz zur weniger reizbaren Skelettmuskulatur und ihren willkürlichen Bewegungen, durch besonders reizbare Muskeln, welche keiner besonderen nervlichen Anregung bedürfen. Haller betonte die Unabhängigkeit der Muskelbewegung von Gehirn und Nervenleitung. Er konstatiert, „daß zwar der Nerv den Willen der Seele dahin [zum Muskel] leite, und die Zusammenziehungskraft nach ihren Befehl belebe, daß aber doch der Nerv nicht Ursache der Reizbarkeit sei".[54] Denn die Irritabilität ist dem Muskel inhärent als eine ihm eingeborene Kraft (*vis innata*) und ihre „physikalische Ursache liegt in dem innern Baue verbor-

---

51 Haller (1753) 1922, 14. – Es gibt schließlich auch Teile die weder sensibel noch irritabel sind (z.B. Knochen und Sehnen).

52 Es muss darauf hingewiesen werden, dass sich Hallers Arbeit zur Irritabilität zu großen Teilen auf die Vorarbeiten seiner Schüler Johann Gottfried Zinn (1726-1759) und v. a. Johannes Georg Zimmermann (1728-1795) stützt. Letzterer hatte zu seiner Dissertation über die Irritabilität (*Dissertatio physiologica de irritabilitate*, Göttingen 1751) diese erstmals umfassend und systematisch mit einer Vielzahl von Reizexperimenten am Tier untersucht und als basales Phänomen des Lebens ausformuliert („Ohne Irritabilität kein Leben"). So ist Hallers Konzept letztlich als Gemeinschaftsarbeit eines großangelegten Forschungsprojekts zu verstehen, welches Haller schon seit spätestens 1739 beschäftigt, und weniger als seine Einzelleistung; vgl. dazu Gerhard Rudolph, *Hallers Lehre von der Irritabilität und Sensibilität*, in: Karl Eduard Rothschuh (Hg.), *Von Boerhaave bis Berger. Die Entwicklung der kontinentalen Physiologie im 18. und 19. Jahrhunder*, Stuttgart 1964, 14-34; Urs Boschung, *Neurophysiologische Grundlagenforschung „Irritabilität" und „Sensibilität" bei Albrecht von Haller*, in: Heinz Schott (Hg.), *Meilensteine der Medizin*, Dortmund 1996, 242-249.

53 Haller (1753)1922, 12. Er legt die zu untersuchenden Teile frei und reizt diese, nach dem sich das Tier beruhigt hat, auf unterschiedliche Weise (mechanisch, chemisch, elektrisch usw.) und bezeichnet den Teil anhand der Reaktion (Kontraktion oder Schmerzäußerung) als irritabel, sensibel oder keines von beiden.

54 Haller (1753) 1922, 55.

gen".⁵⁵ Diese „reizbare Kraft" hat ihren mutmaßlichen Sitz in dem „Leim" (oder „Gallerte") der Muskelfaser, was zudem die Reizbarkeit der „gallertigten Tiere" erklärt.⁵⁶

Über die weiteren Ursachen der Irritabilität möchte Haller nicht mutmaßen, weil darüber keine Aussagen getroffen werden können, „ebenso wie keine wahrscheinliche Ursache des Anziehens oder der Schwere bei der Materie angegeben werden kann."⁵⁷ Der unklare Status dieser physiologischen Kraft (*vis irritabilis*) rechtfertigt sich hier aus der Analogisierung der hallerschen Reizbarkeit zur physikalischen Attraktion (*vis attractiva*) nach dem Modell der newtonschen Gravitation, welche zwar offenbar vorhanden ist, deren Ursache aber unbekannt bleibt. Obgleich sich Haller weitgehend einer Deutung enthält, postuliert er doch Vermögen bzw. Kräfte des lebendigen Organismus, welche nachweisbar, aber vorerst nicht erklärbar sind und leitet damit eine neue Epoche der Spekulation ein. Auch wenn seine protokollarischen Ausführungen keinen Systemanspruch erheben, so ist dieser ihnen doch in gewisser Weise immanent und wird von seinen Anhängern sowie Kritikern auf vielfältige Weise aus- und umgebaut. Die vitalistischen Transformationen seiner Lehre lehnt er selbst ab und bleibt der mechanischen Betrachtung zeitlebens verhaftet. So waren seine Kräfte zwar Kräfte des Lebens, aber keine metaphysischen Lebenskräfte, sondern als Eigenschaften der Materie innerhalb der körperlichen Welt erforschbar. Besonders Hallers weder rein mechanische noch seelische Kraft der Irritabilität besetzt einen neuen, dem animalischen Leben vorbehaltenen Bereich, der sich einer wissenschaftlichen Betrachtung nicht entzieht, wenngleich seine Ursachen vorerst verborgen bleiben. In diesem engen Zwischenraum etabliert sich ein physiologisches Forschungsfeld, welches sich gegen Physik und Metaphysik zu behaupten sucht und in der scharfen Abgrenzung Hallers von La Mettries Materialismus als auch von Stahls Animismus seinen Niederschlag findet. In gewisser Weise können die diesbezüglichen Debatten auch als Vermittlung zwischen den Positionen Stahls und Boerhaaves verstanden werden.

Zur Zurückweisung der vernünftigen und unteilbaren Seele als *principum movens* und oberstes Prinzip des Lebens, wie dies die „Stahlische Sekte"⁵⁸ verficht, genügt Haller der Verweis auf die Reizbarkeit der vom Körper isolierten Teile. Haller widerlegt die physiologische Omnipräsenz der Seele (die er weitgehend auf ihre bewussten Vermögen beschränkt)⁵⁹ mit der Reizbarkeit des Muskels, einer Eigenschaft des Lebens, die auch nach dem Tod eine gewisse Zeit bestehen bleibt und nicht bloß materielle Elastizität ist.⁶⁰

---

55 Ebd., 53.
56 Ebd., 51.
57 Ebd., 53; vgl. auch 13.
58 Haller (1753) 1922, 55.
59 Ebd., 37: „Unsere Seele aber ist es, welche sich bewusst ist, sich ihren Körper, und mit Hilfe des Körpers, die Welt vorstellet."
60 Haller unterscheidet letztlich drei Kräfte der Muskelfunktion: Schnellkraft oder *vis elastica* als elastische Eigenschaft auch unbelebter Substanzen; die *vis innata* reagiert heftiger

"Und wenn ein Finger von meinem Körper abgeschnitten, wenn etwas Fleisch von meinem Schenkel weggenommen worden ist, so geht mich dieser Finger und dieses Fleisch nichts mehr an; ich stelle mir das, was diese Teile leiden, nicht mehr vor, ich habe keine Schmerzen mehr von ihnen, es wird von ihrer Verletzung kein Gedanke mehr in mir erwecket. Dieser abgeschnittene Finger, dieser abgeschnittene Muskel wird nicht von meiner Seele bewohnet [...] gleichwohl bleibt dieser Finger reizbar. Die Reizbarkeit hängt also weder von dem Willen, noch von der Seele ab."[61]

Problematischer erscheint die Abwehr der radikal materialistischen Interpretation der Irritabilität des Julien Offray de la Mettrie (1709-51), von der sich Haller, obgleich er ihr mutmaßlich näher stehen sollte, noch entschiedener abgrenzt. Das mag nicht zuletzt auch durch eine innig gepflegte Feindschaft der beiden Boerhaave-Schüler und durch die Skandalträchtigkeit der Schriften wie der Person La Mettries bedingt sein.[62] Seinen *L'homme machine* (1747) widmet La Mettrie in parodistischer Huldigung dem 'Freund und Lehrer' oder auch 'zweifachen Sohn Apolls', Herrn Haller.[63] Dieser, empört und besonders in religiösen Fragen humorlos, bezichtigt La Mattrie als „Kreatur", die „sich wider ihren Vater und Erhalter so vermessen auflehnt" und warnt vor den Folgen des Materialismus für Tugend und Moral.[64] Haller fühlt sich offenbar, letztlich nicht ganz zu unrecht, durch La Mettries Anzüglichkeiten kompromittiert, denn auf physiologischer Ebene herrscht im Prinzip weitgehende Übereinstimmung. Jenseits satirischer Ironie greift La Mettrie Hallers Forschungsarbeit zur Irritabilität auf, noch bevor diese systematisch dargelegt wird.[65] Benutzt er auch nicht den Begriff selbst, so ist doch das Phänomen für ihn von Bedeutung. Die irritable Reaktion beweist ein Bewegungsprinzip (*principe moteur*) bzw. eine angeborene Kraft (*force innée*), die aus dem Bau des Körpers hervorgeht und vom Einfluss der Nerven nur bei der willkürlichen Bewegung abhängt. La Mettries Erregungsbegriff ist recht unspezifisch gefasst und beinhaltet, an erotischen Beispie-

---

bzw. auch disproportional auf Reiz; die *vis nervosa* entsteht durch Reizung des Nervensaftes bei willkürlicher Bewegung; vgl. dazu Möller 1975, 14f. – Gegen die gängige Hypothese der Reizbarkeit des isolierten Muskels durch Spiritusreste argumentierte bereits Zimmermann [s. S. 24, Fn. 52] mit wiederholten Reizungen ohne nachlassende Reaktion.

61 Haller (1753) 1922, 37.
62 La Mettries Schrift *Histoire naturelle de l'âme* (1745) mit ihren vielfältigen Bezügen zu sexueller Erregung wurde wegen Atheismus und Materialismus auf öffentlichen Beschluss 1746 in Paris dem Feuer übergeben.
63 La Mettrie, *L'homme machine*, Leiden 1747: *Die Maschine Mensch*, hrsg. u. übers. v. Claudia Becker, Hamburg 1990, 7. – Haller und La Mettrie sind sich nie begegnet, wenngleich La Mettrie satirisch gar ein gemeinsames Bordellgelage fingiert (*Le petite homme*, 1751). Bei ihm verschwimmt zunehmend die Grenze zwischen Medizin und Satire in verschiedensten Verwirrspielen und Provokationen. Ursprünglich revanchiert er sich wohl für Plagiatsvorwürfe Hallers.
64 Vgl. Richard Toellner, *Anima et Irritabilitas. Hallers Abwehr von Animismus und Materialismus*, Sudhoffs Archiv 15 (1967), 130-144, 134f; vgl. auch Jantzen 1994, 417ff; Sutter 1988, 114ff.
65 Neben Bezügen zu früheren Arbeiten Hallers nutzt La Mettrie Mitteilungen über Hallers Forschungsarbeit eines unbekannten Zuträgers, was ihm erneut Plagiatsvorwürfe einbringt.

len verdeutlicht, Stimulation, Bewusstwerdung und Bewegung, eng verbunden mit der Einbildungskraft des Gehirns, welches als Muskel die Nervengeister leitet.[66]

„[ ] folgerichtig ist die Seele nur ein Bewegungsprinzip bzw. empfindlicher materieller Teil des Gehirns, den man – ohne einen Irrtum befürchten zu müssen – als eine Haupttriebfeder der ganzen Maschine betrachten kann [...]."[67]

Anstelle der Unterscheidung zwischen seelisch-belebter und unbelebter Materie, setzt La Mettrie die organisierte und nicht-organisierte Materie, wobei er unter Organisation sowohl den materiellen Bau als auch ein einheitliches und umfassendes Bewegung- bzw. Reaktionsprinzip versteht, das auch das Denken und Empfinden einschließt.[68] Der Gedanke einer spezifischen materiellen Organisation im Reich des Lebendigen und einer `Seele´ (für La Mettrie ein „leerer Begriff"), die sich aus den Kräften dieser Organisation ableitet, findet sich hier in kompromissloser Deutlichkeit formuliert.

„Da aber alle Fähigkeiten der Seele so sehr von dem eigentümlichen Bau [*organisation*] des Gehirns und des ganzen Körpers abhängen, daß sie offensichtlich nur dieser organische Bau [*organisation*] selbst sind, so haben wir es hier mit einer gut erleuchteten [*éclairée*: als `aufgeklärter´] Maschine zu tun. [...] Die Seele ist also nur ein leerer Begriff [...]."[69]

Dies ist der entscheidende Schritt, den Haller nicht mitgehen will und dem er letztlich mit derselben Argumentation entgegentritt, die er gegen Stahl anführt. Wenn nämlich dem abgetrennten, aber reizbaren Muskel keine Seele innewohnt, so kann die Reizbarkeit (bzw. das Bewegungsprinzip) auch nicht die Seele sein, denn die Seele ist „vom Bezirke der Reizbarkeit sehr unterschieden".[70] Damit wird La Mettrie unterstellt, er setze Seele und Reizbarkeit gleich, wobei er – ähnlich wie Haller, nur eben unspezifischer – ein Vermögen postuliert, welches ohne Seele zu Empfindung und Bewegung befähigt und auf unterster Ebene auch im isolierten Muskel stattfinden kann. Vielmehr scheint er die Seele als ein Prinzip zu betrachten, welches sich aus der höheren Organisation der Materie, insbesondere des Gehirns, ergibt. Letztlich liegt der eigentliche Streitpunkt weniger in ihren physiologischen als in ihren moralisch-religiösen Positionen über das Wesen der Seele und des Lebens.

Auch abseits der Debatte um den Status der Seele birgt Hallers Neubestimmung des menschlichen Körpers einige Probleme und terminologische Unklarheiten. So ist der Nerv hier zwar `empfindlich´, aber nicht `reizbar´, weil er sich nicht verkürzt. Seine Sensibilität als bewusste Empfindung (also seelisches Er-

---

66 Vgl. La Mettrie (1747) 1990, 97ff, v.a. 101 u. 103ff.
67 Ebd., 111.
68 La Mettrie, *Histoire naturelle de l´âme* (1745), Amsterdam 1753, 92: „Qu´on m´accorde que la Matière Organisée est douée d´un principe moteur, qui seul la différentie de celle qui ne l´est pas [...] & que tout dépend dans les Animaux de la diversité de cette Organisation [...]" (zum Aspekts des `Denkens´ vgl. ebd., 97); zit. n. Jantzen 1994, 420.
69 La Mettrie (1747) 1990, 95f u. 97.
70 Haller (1753) 1922, 57.

leben) ist ohne Gehirn nicht denkbar, muss aber gleichzeitig auch unbewusst erfolgen, wenn der Nerv den Reiz aufnimmt und weiterleitet. So unterscheidet Haller nicht zwischen physiologischer Erregung und psychischem Erleben. Auf der anderen Seite wird bei den 'reizbaren' Muskeln allein an die Reaktion gedacht, doch müssen diese auch reizempfindlich sein, wenn sie sich verkürzen.[71] Das komplexe Phänomen der Reizbarkeit differenziert Haller innerhalb seines dualen Reiz-Reaktions-Schemas (Bewegung oder Schmerz), das sich auf die experimentell hervorrufbare Reizantwort konzentriert.[72] So unterscheidet er erstmals konsequent zwischen Nerv und Muskel, aber nicht zwischen Reizaufnahme, Weiterleitung, Verarbeitung und Reaktion.[73] Um derlei begriffliche und konzeptionelle Differenzierungen und Konkretisierungen wird sich die (v.a. deutsche) Reizphysiologie der folgenden Jahrzehnte bemühen und dabei zumeist der nervlichen Sensibilität (bzw. dem Nervensystem allgemein) Priorität oder zumindest größere Bedeutung gegenüber der Hallerschen Irritabilität des Muskels als erste Ursache der Bewegung einräumen.[74]

Weniger um Differenzierung als um Vereinheitlichung bemüht, betonen auch die an Stahl orientierten 'Vitalisten' in Edinburgh und Montpellier die Sensibilität als das dominante Prinzip des animalischen Lebens,[75] wobei zumeist ein all-

---

71 Vgl. dazu Rothschuh 1958, 2965.
72 Unter besonderer Kritik steht neben der Beweiskraft des Tierexperiments für den Menschen die Reduktion von Sensibilität auf Schmerzempfindlichkeit.
73 Insofern erscheint Glissons metaphysisches Konzept differenzierter als Hallers experimentelle Einteilung.
74 Johann August Unzer (1727-99), *Erste Gründe einer Physiologie der eigentlichen thierischen Natur*, Leipzig 1771, differenziert die Irritabilität in Reizaufnahme der Nerven und Reizreaktion des Muskels. Analog dazu wird bei den Nerven und ihrer „Nervenkraft" die Fähigkeit Reize aufzunehmen und weiterzuleiten (Empfindungsnerven) von der Veranlassung der Organe zur Bewegung (Bewegungsnerven) unterschieden. Im Sinne von Reflexen müssen die auslösenden Reize nicht unbedingt als sinnliche Eindrücke ins Gehirn (als dem Organ der Seele) gelangen, d.h. „Vorstellungen der Seele" werden. Nervliche Empfindlichkeit impliziert also nicht notwendig Bewusstsein bzw. seelische Empfindung. Letzteres wird insbesondere auch von Christoph Ludwig Hoffmann (1721-1807), *Von der Empfindlichkeit und Reizbarkeit der Theile [...]*, Münster 1779, deutlich hervorgehoben, welcher auch Reizungsfähigkeit in Empfindlichkeit (der Nerven) oder Agilität (der Muskeln) und Reizreaktion jeweils in Empfindung oder Bewegung gliedert. Christoph Heinrich Pfaff (1773-1852), *Über thierische Elektricität und Reizbarkeit [...]*, Leipzig 1795, trennt dann zwischen Reizempfänglichkeit der Nerven und „Contractilität" des Muskels; vgl. dazu Möller 1975, 23ff; Jantzen 1994, 438ff; Rothschuh 1958, 2967.
75 Robert Whytt (1714-66) stellt gegen Haller ein empfindendes (*sentient*) Prinzip unter Anleitung der Seele in den Vordergrund, wovon die Irritabilität einen Spezialfall darstellt. Seine 'empfindende Seele', in jedem Teil des Nervensystems gegenwärtig, veranlasst auch die unbewussten Bewegungen. Seine darauf fußende Lehre 'organischer Sympathien' als harmonisches Zusammenwirken in der Natur und im Körper soll zugleich auch ein Modell für politische Kooperationen als soziale Sympathien bilden (vgl. Whytt, *Essay on the Vital and other Involuntary Motions of Animals*, Edinburgh 1751). Er unterhält über 12 Jahre Debatten mit Haller um Fragen von Irritabilität und Seele. – Theophile Bordeu (1722-76) nimmt eine 'Sensitivität' als unmittelbare Eigenschaft der organischen Fasern an, von der

gemeines, spiritualistisches Naturprinzip (als *principe vitale* oder *force vitale*) bemüht wird. Für Paul-Joseph Barthez (1734-1806) verhält es sich ...

„[...] ohne Zweifel so, daß nach einem allgemeinen Gesetz, welches der Schöpfer der Natur so eingerichtet hat, ein vitales Vermögen mit Kräften der Bewegung und Empfindung ausgestattet, notwendigerweise zu der Kombination von Materie hinzutritt, [...oder aber], daß Gott mit der Kombination der Materie, die zur Bildung eines jeden Lebewesens angelegt ist ein Lebensprinzip vereinigt, welches aus sich selbst Bestand hat und das sich beim Menschen von der denkenden Seele unterscheidet."[76]

Gerade durch die Uneindeutigkeit zwischen einer hinzutretenden vitalen Kraft und einem materiellen Organisationsprinzips des Lebens wird die Naturvorstellung der Zeit treffend abgebildet und eine brauchbare Definition des Vitalismus geboten. Somit verblasst hier Hallers dualistische Einteilung zugunsten einer ganzheitlicheren und eher sensitiven Sicht des Lebendigen, die stärker den Gegensatz zwischen Organischem und Nicht-Organischem zum Ausgangspunkt wählt. Diese Tendenz wird in Deutschland im weit verbreiteten Terminus der 'Lebenskraft'[77] gefasst und dabei zum harmonisierenden Prinzip einer Überwindung oder zumindest Überbrückung des Gegensatzes von Geist und Materie. Dabei übernimmt das Nervensystem die wesentliche Vermittlerfunktion, soweit sich Geist und Seele nicht vollständig darin auflösen. Spätestens seit Haller ist der Nerv nicht mehr nur passiver Leiter, sondern erfährt als „Quelle aller Empfindlichkeit"[78] eine entscheidende Aufwertung. Er wird, verbunden mit dem Gehirn, zum aktiven Organ der Wahrnehmung und Empfindung innerhalb eines zunehmend neuronal definierten Organismusmodells. Für Lamarck wie für Cuvier bildet um 1800 die Komplexität des Nervensystems den entscheidenden Anhaltspunkt für die Organisationsformen der animalen Wesen und ist wichtige Grundlage ihrer sonst recht verschiedenen Klassifikationssysteme.[79] Gehirn und

---

alle anderen Kräfte und Phänomene des Körpers abgeleitet werden. Die Primärstruktur des Körpers ist das Nervensystem und nahezu alle vitalen Aktivitäten stehen unter der Kontrolle der nervalen Sensibilität. Obgleich versucht wird, der Seele einen primären Einfluss auf Bewusstsein und Emotion zuzusprechen, wird sie doch von jener Sensitivität in den körperlichen Funktionen überschattet; vgl. Martin S. Staum, *Cabanis. Enlightenment and Medical Philosophy in the French Revolution*, Princeton 1980, 75ff, 80ff; Jantzen 1994, 453ff, 545; Rothschuh 1958, 2966.

76 Barthez, *Oratio academica de principio vitali homini*, Montpellier 31. Okt. 1772/ 1773, 98; zit. nach Rothschuh 1968, 159.

77 Friedrich Casimir Medicus, *Von der Lebenskraft* [...] (1774); Joachim Dietrich Brandis, *Versuch über die Lebenskraft* (1795); Alexander v. Humboldt, *Die Lebenskraft oder der Rhodische Genius* (1795); Johann Christian Reil, *Von der Lebenskraft* (1796).

78 Haller (1753) 1922, 31. Der „Nerv, von welchem alle Empfindung zur Seele gebracht wird [...]" (ebd., 33).

79 „Es [das Nervensystem] ist im Grunde das ganze am Tier. Die anderen Systeme sind nur da um es zu unterhalten." (Cuvier (1812); zit. n. Michel Foucault, *Die Ordnung der Dinge* (1966), übers. v. Ullrich Köppen, Frankfurt a. M. 1971, 326); dazu auch Karl M. Figlio, *The Metaphor of Organization* [...], History of Science 14 (1976), 17-53, 23ff; [zu Cuvier und Lamarck s. Kap. V. 3, S. 100ff].

Nerven sind nicht mehr nur Sitz und Werkzeug von Geist und Seele, sondern bilden die grundlegende vitale Struktur des Organismus und seiner Funktionen. Anstelle einer Trennung der Bereiche Empfindung und Bewegung, erklärt man tendenziell eine einzige Qualität zur dominierenden Eigenschaft des lebenden Körpers.

So versucht William Cullen (1710-90) in Edinburgh (auf Unzer und Whytt aufbauend) eine ganze Pathologie auf dem reizbaren Nervensystem bzw. der 'Nervenkraft' zu gründen,[80] was von seinem Schüler John Brown (1735-88) ausgebaut wird und sich mit durchschlagendem Erfolg vor allem in der romantischen Naturphilosophie Deutschlands verbreitet.[81] Die Erregungslehre des Brownianismus und ihre therapeutischen Maßnahmen fungieren zunehmend als modernere Alternative zur klassischen Humoralpathologie mit ihren Diäten und Evakuationen. Dieser Bedeutungsgewinn geht einher mit einer sich verstärkenden Betrachtung seelischer Vorgänge als Funktionen von Nervensystem und Gehirn, wofür Haller die experimentellen Grundlagen und interpretatorischen Anstöße lieferte.

Haller selbst wie auch seine Forschung erscheinen letztlich äußerst ambivalent und mehrdeutig. Der ontologische Status seiner 'Lebenskräfte' bleibt vage, um gerade dadurch auch in den paradoxen Bereichen zwischen Seele und Materie operieren zu können, in denen sich eine eigenständige 'Wissenschaft des Lebens' allmählich von der Dominanz der Physik und Theologie zu lösen beginnt. Man mag Hallers Mittelweg zwischen Seele und Materie sowie die Widersprüchlichkeit seiner Person und Lehre im Kontext der Frühaufklärung als Konflikt von Glaube und Wissen interpretieren.[82] Gerade die Mischung aus Verteidigung und Überwindung des Mechanismus, aus grausamen Tierversuchen und empfindelnder Naturdichtung, aus Protokollen und Polemiken, Experiment und Glauben in all ihren terminologischen und konzeptionellen Unschärfen, bietet

---

80 Cullen, *Institution of medicine* [...] Edinburgh 1772, definiert erstmals den Begriff 'Neurose' als Nervenkrankheit, d.h. als „widernatürliche Zufälle der Empfindung und Bewegung [...] des Nervensystems [...]"; zit. n. Karl Braun, *Nerventheorie um 1800*, Hölderlin-Jahrbuch, Bd. 30 (1998), 119-124, 123; [zu Unzer und Whytt s. S. 28, Fn.. 74f].

81 Bei Brown beruht das ganze Leben auf Erregbarkeit (*excitabilitas*) als die alle organischen Vorgänge bestimmende Kraft des Nervensystems (die Muskeln waren dem zugehörig), so dass sich auch jede Krankheit auf zu geringe Erregung (Asthenie) oder auf zu viel Erregung (Sthenie) zurückführen, auf einer dualen „Skala der Erregbarkeit" erfassen und therapeutisch behandeln lässt. Gereizte Nerven oder Nervenschwäche bestimmen hier nicht nur die Vorstellungen von Hysterie, Hypochondrie und Melancholie, sondern galten als allgemein prädisponierende Faktoren für Fieber, Entzündungen und Verdauungsstörungen (*Elementa medicinae*, Edinburgh 1780; *Elements of Medicine* [...], 2 Bde., London 1795; bereits 1796 von C. H. Pfaff als *System der Heilkunde* übersetzt und kommentiert). Zum Brownianismus v.a. in Deutschland Joachim Schwanitz, *Homöopathie und Brownianismus 1795-1844*, Stuttgart u.a. 1983; Dietrich v. Engelhardt, *Reizmangel und Übererregung als Weltformel der Medizin*, in: Schott (Hg.) 1996 (s.o), 265-269.

82 Für Stephen d'Irsay (*Albrecht von Haller. Eine Studie zur Geistesgeschichte*, Leipzig 1930, 21) scheint Haller gespalten, denn „Haller denkt und betet."

Anknüpfungspunkte für verschiedene wissenschaftliche und geistige Strömungen der Folgezeit.[83] Über Anregungen für die prägenden Strömungen des Brownianismus, Mesmerismus und den eng damit verbundenen enormen Aufschwung experimenteller, v.a. auch galvanischer Reizphysiologie wie von Nerven- und Hirnphysiologie allgemein dringen Hallers Konzepte und Begrifflichkeiten auf vielfältige Weise in die Sphäre von psychologischer, ästhetisch-literarischer, moralisch-anthropologischer, letztlich allgemein gesellschaftlicher Betrachtung. Dies findet seinen Niederschlag in einem vorrangig neuronal definierten Körpermodell und seinen pathologisch-therapeutischen Erregungslehren, im Diskurs der Sensibilität (bzw. *Sensibilité*) und einer ganzen Kultur der Empfindsamkeit.

II. 3 Sensibilité und Empfindsamkeit

Unter 'sensibilité' versteht man im Frankreich der Aufklärung zunächst zwei recht unterschiedliche Konzepte. Zum einen bezeichnet dieser Begriff die moralische Qualität des Menschen zart, berührt oder bewegt zu sein. In diesem Sinne ist sie die Grundlage für Tugend und Humanität.[84] Zum anderen kennzeichnet er eben jene physiologische Qualität im Sinne einer grundsätzlichen nervösen Erregbarkeit des Menschen. Erst die Reizbarkeit bzw. Sensibilität der Nerven macht aus ihm ein distinktes, wahrhaft lebendiges Wesen. Beide Konzepte verbinden sich und bestimmen den Menschen als moralisch und physiologisch sensibles Wesen. So war Pierre Roussel (1742-1802) „stets davon überzeugt, daß nur in der Medizin die Grundlagen der guten Moral zu finden sind."[85] Dabei müsse deutlich nach Geschlecht unterschieden werden, da die Frau, verglichen mit dem Mann, über eine spezifisch andere, reizempfindlichere körperliche 'Organisation' und damit über ein höheres Maß an sensibilité verfüge. Das dient einerseits der Aufmerksamkeit des Mannes und damit der Fortpflanzung, andererseits zielt es auf einen Ausschluss der Frauen aus der öffentlichen Sphäre.[86]

---

83 Vgl. Toellner 1967, 130f: Bei Haller sind die „Widersprüche wohin man sieht" (zwischen ärztlicher Pragmatik und bildmächtiger Dichtung, Apologie christlicher Dogmen und metaphysikfeindlicher, streng empirischer Naturforschung, Orthodoxie und Pietismus, Vitalismus und Mechanismus etc.) letztlich auch die Antinomien der Zeit. Bei Haller selbst herrsche „Einheit in der Universalität"; vgl. auch Richard Toellner, *Albrecht von Haller. Über die Einheit im Denken des letzten Universalgelehrten*, Wiesbaden 1971, 195.

84 Dazu ausführlich Frank Baasner, *Der Begriff 'sensibilité' im 18. Jahrhundert [...]*, Heidelberg 1988; Gerhard Sauder, Empfindsamkeit, Bd. I: Vorrausetzungen und Elemente, Stuttgart 1974.

85 Roussel, *Système physique et moral de la femme [...]*, Paris 1775, XXXIV; zit. n. Inge Baxmann, *„Gesellschaftskunst". Pierre Jean-Georges Cabanis und die Fusion von Medizin, Ästhetik und Moral*, in: dies. u.a. (Hg.), *Das Laokoon-Paradigma [...]*, Berlin 2000[a], 569-585.

86 Dabei kann er sich auf eine lange Tradition stützen, die Frauen eine überbordende Imaginationskraft (z.B. als Ursache für Monstergeburten) zuspricht. Im Kontext neuartiger Erregungs- und Nerventheorien ließe sich hier eine Vorgeschichte der 'weiblichen Hysterie' im

Eine medizinische 'Anthropologie'[87] in der Physiologie und Moral zusammenfallen, findet sich dann programmatisch bei Roussels engem Vertrauten Pierre-Jean-Georges Cabanis (1757-1808) verarbeitet, dessen 'sensibilité physique' die Quelle aller Ideen und vitalen Funktionen des Menschen darstellt. Die physische Organisation, aus welcher sich die Sensibilität ableitet, bildet die Grundlage für ein moralisches Wissen der Bedürfnisse und Empfindungen als einem spezifischen Anwendungsgebiet der Physiologie.

"Die Sensibilität ist das letzte worauf man bey dem Studio der Phänomene des Lebens und bey einer systematischen Untersuchung über ihre wahre Verbindung stößt. Sie ist aber auch das letzte Resultat, oder wie man gewöhnlich zu sagen pflegt, das allgemeinste Princip, worauf die Zergliederung der intellectuellen Fähigkeiten und der Veränderungen der Seele führt. Physiologie und Psychologie also an ihrer Quelle eins, oder besser und deutlicher: Die Psychologie ist nichts anders als die Physiologie nur unter gewissen besondern Gesichtspuncte betrachtet."[88]

Samuel Auguste Tissot (1728-1797), ein Freund und Übersetzer Hallers, zieht, wiederum in enger Verbindung von Physiologie und Moral, seine Konsequenzen aus Reizbarkeitslehre und Nervenphysiologie mit einem aufklärerischen Feldzug gegen geistige und körperliche Zerrüttung infolge von Masturbation.[89] Damit steuert er diesem öffentlichkeitswirksamen Diskurs um Fragen der Medizin, Pädagogik und Sittlichkeit, der zu Beginn des Jahrhunderts im fortschrittlichen England seinen Ausgang nahm, die wohl berühmteste Schrift bei und einem vorläufigen Höhepunkt entgegen, welcher Onanisten als süchtige Sexualneurotiker (bzw. als „eine Art Junkies des 18. Jahrhunderts")[90] einer elenden Existenz entgegensehen lässt.

Noch größere Aufmerksamkeit erregen besonders im vorrevolutionären Paris die Magnet-Kuren von Franz Anton Mesmer, der (unter direkten Bezug auf Newton) einen 'tierischen Magnetismus' (dem mineralischen Magnetismus ana-

---

19. Jahrhundert ablesen; dazu Jörn Steigerwald, *Phantasia in utero. Weibliche 'imagination' im anthroplogischen Diskurs der französischen Aufklärung*, in: Thomas Dewender/ Thomas Welt (Hg.), *Imagination – Fiktion – Kreation*, Leipzig 2003, 267-289; Anne C. Vila, *Sex and Sensibility. Pierre Roussel's Système physique et de morale de la femme*, Representations 52 (1995), 76-93.

87 Cabanis führt den Begriff 'anthropologie' in Frankreich ein, den er der deutschen Philosophie entlehnt und der seinem Projekt einer aus der Medizin neu zu begründenden 'science de l'homme' [s. S. 109, Fn. 420 u. S. 114, Fn. 445] entspricht.

88 Cabanis, *Rapports du physique et morale de l'homme* (1794/ 1802): *Ueber die Verbindung des Physischen und Moralischen in dem Menschen*, übers. v. Ludwig Heinrich Jakob, 2. Bde., Halle u.a. 1804, I, 1f [1, §1]; ebd., 2: „Ohne Sensibilität wüssten wir nichts von der Gegenwart der äußern Gegenstände, könnten selbst unsere eigene Existenz nicht wahrnehmen oder wir würden vielmehr gar nicht existiren." Zu Cabanis vgl. Baxmann 2000[a]; Staum 1980, v.a. 174ff; Baasner 1988, 254f; Figlio 1976, 21ff.

89 Tissot, *Tentamen de morbis ex manustrupatione* (1758); *L'onanisme* [...] (1760).

90 Braun 1998, 123; vgl. auch ders., *Die Krankheit Onania. Körperangst und die Anfänge moderner Sexualität*, Frankfurt a. M. 1995, v.a. 70-75; Albrecht Koschorke, *Körperströme und Schriftverkehr. Mediologie des 18. Jahrhunderts*, München 1999, 76ff.

log) im ätherisches Nervenfluidum operierend von dem alles durchflutenden Weltäther beeinflusst sieht.[91] Der Mesmerist Nicolas Bergasse versucht die Mischung aus Quacksalberei und Okkultismus seines Meisters auch politisch wirksam zu machen und spricht dem mesmerischen Fluidum eine moralische Kraft zu. In der Manier eines 'mesmeristischen Rousseaus' erklärt er, dass die „natürliche Gesellschaft [...] folgerecht aus den wohlgeordneten Beziehungen unserer Organisation erwachsen muß" und dass eine Reinigung der physischen Ordnung der Nation zu einer „Revolution der Sittlichkeit" führe.[92] Aus der Harmonie der Fluten zwischen den Körpern in Mesmers 'Harmonischen Gesellschaften' ein egalitäres Staatsmodell abzuleiten, erscheint eher fragwürdig, zumal der mit außerordentlichen Kräften ausgestattete Magnet-Heiler zumeist im Zentrum steht. Wenn man sich jedoch auf die Suche nach mentalen Vorzeichen einer revolutionären Geisteshaltung macht, verdienen dieser magnetische Spiritismus und die Diskurse um Sensibilität bzw. Nervosität nicht wenig Beachtung.[93] Unter der Hypothese von wachsender psychischer Reizbarkeit einer sich zunehmend funktional differenzierenden Gesellschaft kann der Mesmerismus als „erster Psychoboom der Gesellschaft" begriffen werden, der mehr oder weniger explizit mit dem Unbewussten operiert.[94]

Der Versuch, die sensibilité (im richtigen Maß) als eine Ordnungsstrategie, als Konzept des sozialen Austauschs zu installieren, sozusagen als „natürlichen Kitt der neuen Gesellschaftsordnung",[95] welcher sich aus einem neuen anthropologischen Wissen herleitet und in einen harmonischen, natürlichen Gesellschaftszustand überleitet, bleibt utopisches Postulat einer optimistischen Menschenkonzeption, mehr ästhetisch-moralische Idee als politische Strategie. Das Konzept der sensibilité hat sicherlich seinen Anteil an der Propagierung von Gleichheit und Brüderlichkeit, weicht allerdings in der revolutionären Praxis dem Stoizismus eines Robespierres und wirkt in äußerst widersprüchlicher Weise fort.[96] Auch wenn die Republikanisierung der sensibilité auf der moralischen Ebene Utopie blieb, avanciert die Medizin (respektive Biologie) zum Leitdiskurs, insofern aus ihr ein transhistorisch gültiges Wissen über den Menschen und seine

---

91 Franz Anton Mesmer (1734-1815), *Schreiben über die Magnetkur von Herrn A. Mesmer* [...], Wien 1775; dazu Robert Darnton, *Der Mesmerismus und das Ende der Aufklärung in Frankreich*, Frankfurt a. M. 1986.
92 Nicolas Bergasse (1750-1832) in einem Brief von 1791; zit. n. Darnton 1986, 104f.
93 Der Arzt Philippe Pinel (1745-1826), der die 'Irren' seiner Anstalt in plakativer Geste als 'Kranke' von ihren Ketten befreit, stellt vor der Revolution eine nie dagewesene Menge an Nervenkrankheiten fest, doch „Kaum ein Jahr ist vergangen, und alles hat sich verändert [...]. 'Ich befinde mich besser seit der Revolution' hört man eine Menge Personen sagen" (in der Zeitschrift Esprit de Journaux (1790); zit. n. Anneliese Ego, *„Animalischer Magnetismus" oder „Aufklärung"* [...], Würzburg 1991, 280).
94 Niklas Luhmann/ Peter Fuchs, *Reden und Schweigen*, Frankfurt a. M. 1996, 185f.
95 Inge Baxmann, *Civilité Republicaine. Faszination des Chaos und Visionen von Ordnung in der französischen Revolution*, in: dies. u.a. (Hg.) 2000[b] (s.o.), 208-226, 214.
96 Vgl. dazu Baasner 1988, v.a. 381-386.

Organisation abgeleitet und neue gesellschaftliche Strukturen legitimiert werden sollen. Die moralische und soziale Neudefinition des Menschen findet im Kontext der Neudefinition seines physischen bzw. physiologischen Wesens statt. Auch wenn in Deutschland vorerst ein politischer Umbruch ausbleibt, eine körperlich-geistige Revolution der Empfindsamkeit findet auch hier statt. Dabei bietet wiederum Haller in seiner Doppelgestalt aus vorempfindsamer Alpendichtung und rationaler Reizphysiologie die Folie für ästhetische, medizinische und damit auch gesellschaftliche Entwicklungen, die eine ganze „Klasse der Empfindsamen" (d.h. „Männer weibisch – Weiber unausstehlich") ins `Werther-Fieber' und die `Siegwart-Liebe' treibt.[97] Der reizbar-nervöse Körper in seiner Gefährdung und wechselseitiger Abhängigkeit zur Seele bildet einen, wenn nicht *den* zentralen Topos eines ästhetischen Sensualismus von der Empfindsamkeit bis zur Romantik und darüber hinaus. Die vermeintlichen Auswüchse der reizbaren Sensibilität und die Verbreitung von `Neurosen' wurden, neben der Mode von Nervenphänomenen, Okkultismus und empfindsamer Literatur, auch auf die demographische Entwicklung in der Großstädten, übermäßigen Kaffe-, Tee- und Tabakgenuss wie auf den Niedergang religiöser Tugenden und übertriebene Aufklärungsschwärmerei (insbesondere auch im sexuellen Sinne) zurückgeführt. So nimmt sich die Pädagogik dieser Zeit auch jenseits von Antimasturbationskampagnen der Empfindsamkeit an, wie u.a. Joachim Heinrich Campe (1746-1818), ein Erzieher der Humboldt-Brüder, der zu beachten rät, ...

„[...] daß gerade dijenigen Menschen, deren Bestimmung eine grössere Porzion Empfindlichkeit ertragen kann, auch schon durch ihre ganze ruhige Lebensarth eine grössere Schwäche und Reizbarkeit der Nerven anzunehmen pflegen, und daher in der Jugend auch äußerst behutsam zu behandeln sind, wenn ihre künftige Empfindsamkeit nicht das Maas überschreiten sol."[98]

Parallel dazu entwickelt sich seit den 1780er Jahren eine kontroverse Debatte um Luigi Galvanis (1737-98) experimentelle `Entdeckung' einer dem animalen Leben innewohnenden `tierischen Elektrizität' insbesondere mit Alessandro Volta (1745-1827) und damit verbunden ein enormer Aufschwung elektrischer Reizexperimente in ganz Europa.[99] Mit der Elektrizität hofft man nicht zuletzt auch das Medium gefunden zu haben mit dem jene Nerven- bzw. Lebenskraft operiert.[100] So transformieren sich die Nerven weiter von kanalisierten, zirkulierenden Säften, gewissermaßen zu Medien, zu modernen, schnell leitenden Netzwerken aus Äther, Magnetismus und Elektrizität, die den Körper durchzie-

---

97 Aus: Medizinisches Wochenblatt 8 (1787), 212; zit. n. Ego 1991, 277.
98 Campe, *Ueber Empfindsamkeit und Empfindelei in pädagogischer Hinsicht* (1779); zit. n. Gerhard Sauder, *Empfindsamkeit*, Bd. III: Quellen und Dokumente, Stuttgart 1980, 12.
99 Dazu Francesco Moiso, *Magnetismus, Elektrizität, Galvanismus*, in: Baumgartner (Hg.) 1994 (s.o.), 165-372, 320ff; Karl Eduard, Rothschuh, *Von der Idee bis zum Nachweis der tierischen Elektrizität*, Sudhoffs Archiv für die Geschichte der Medizin 44 (1960), 25-44.
100 Newton Spekulation ob es sich beim spiritus animales nicht um ein „elektrisches und elastisches Fluidum" handeln könnte [s. S. 20] wurde von Haller ausgeschlossen und erhielt mit Galvani neuen Auftrieb.

hen und strukturieren. Um eben jenem Substrat des Lebens auf die Spur zu kommen, richtet man in zahllosen Versuchsreihen ein wahres „Blutbad" an den Fröschen Europas und Nordamerikas an,[101] wobei sich Forscher, wie Alexander von Humboldt (1769-1859) und Johann Wilhelm Ritter (1776-1810) auch selbst nicht schonen.[102] Lebenskraftlehre, Brownianismus, Magnetismus und Galvanismus bilden elementare Grundlagen für die romantische Naturphilosophie in Deutschland, wie sie allen voran von Friedrich Wilhelm Joseph Schelling (1775-1854) ausgebreitet wird.[103] Der dynamischen Auffassung von Gehirn- und Nervenfunktionen wird hier ein physikalisches Substrat unterlegt, wodurch sich Bewusstseinszustände energetisch beschreiben lassen, was aufs engste mit neuen psychologischen Betrachtungsweisen verbunden ist. Bereits Johann Gottfried Herder (1744-1803) erdichtet im Nervenstrom eine „feine Flammenschrift des Schöpfers" und setzt unter dem Aspekt der Reizbarkeit Physiologie und Psychologie in eins:

> „Meines geringen Erachtens ist keine *Psychologie*, die nicht in jedem Schritte bestimmte *Physiologie* sei, möglich. *Hallers* physiologisches Werk zur Psychologie erhoben und wi- Pygmalions Statue mit Geist belebt – alsdenn können wir etwas übers Denken und Empfinden sagen."[104]

Die Seele büßt in einer solchen Psychologie zunehmend ihren metaphysischen Status ein,[105] indem sie vor allem als 'Seelenorgan' (zumeist synonym für Gehirn) bzw. darin wirksamer 'Ventrikelflüssigkeiten' lokalisiert und diskutiert

---

101 A. Humboldt, *Versuche über die gereizte Muskel- und Nervenfaser* [...], Bd. I (1797), 290; zit. n. Ilse Jahn, *„Biologie" als allgemeine Lebenslehre*, in: dies. (Hg.), *Geschichte der Biologie – Theorien, Methoden, Institutionen, Kurzbiographien* (3. Aufl.), Jena 1998, 274-301, 280.

102 V.a. der 'romantische Physiker' Johann Wilhelm Ritter ruiniert sich in extremen elektrischen Selbstversuchen finanziell und gesundheitlich; vgl. ders., *Beweis, daß ein beständiger Galvanismus den Lebensproceß in dem Thierreich begleite* [...], Weimar 1789; *Das elektrische System der Körper*, Leipzig 1805.

103 Schelling, *Entwurf eines Systems der Naturphilosophie*, Jena u.a. 1799, in: *Werke* (s.o.), Bd. 7 (2001), 172: „Das Wesen des Organismus besteht in Erregbarkeit." Zu Elektrizität und Magnetismus bei Schelling vgl. ders., *Ideen zu einer Philosophie der Natur* (1797) [I, 4. u. 5]. – Dazu Camilla Warnke, *Schellings Idee und Theorie des Organismus und der Paradigmenwechsel der Biologie um die Wende zum 19. Jahrhundert*, Jahrbuch für Geschichte und Theorie der Biologie 5 (1998), 187-234.

104 Herder, *Vom Erkennen und Empfinden der menschlichen Seele*, Riga 1778, in: *Werke*, Bd. 4, hrsg. v. Jürgen Brummack u.a., Frankfurt a. M. 1994, 327-393, 253 u. 340.

105 David Hartley (1704-57), *Observation on Man* [...] (1749), liefert eine Assoziationstheorie in der komplexe Ideen und Handlungen als Reiz-Reaktionsketten in Form von Hirnschwingungen dargestellt werden. Physiologie und Psychologie arbeiten (verschränkt) parallel. Sein Schüler Joseph Priestley (1733-1804), *Disquisitions relating to Matter and Spirit* (1777), setzt in einer deterministischen 'Physik des Nervensystems', Seele und Gehirn gleich. Durch die Materialität seelischer Vorgänge versteht er die Psychologie als Teil der Physiologie.

wird.¹⁰⁶ Demgegenüber werden seit den 1780er Jahren psychische Phänomene zunehmend allgemein gesellschaftsfähig. Ein Indiz dafür ist sicher auch die Gründung eines Magazins für 'Erfahrungsseelenkunde' des empfindsamen Stürmers und Drängers Karl Phillipp Moritz (1756-93),¹⁰⁷ in welchem er übersinnliche Erlebnisse und Träume seines Publikums als 'Selbstgeständnisse' veröffentlicht und so die Seele am Rande des Bewusstseins, auch jenseits von Physiologie und Physik, gleichzeitig ästhetisch und empirisch-phänomenologisch zu greifen sucht.

In gewisser Weise lässt sich mit Johann Christian Reil (1759-1813) die Entwicklung der Reiz-, Nerven- und Hirnphysiologie des 18. Jahrhunderts zusammenfassen. Ganz dem Zeitgeist verpflichtet operiert Reil zentral mit den Konzepten von Reizbarkeit, Lebenskraft und Seelenorgan.¹⁰⁸ Die Klärung einzelner missverständlicher Begrifflichkeiten scheint ihm dabei besonders in seiner Schrift *Von der Lebenskraft* ein besonderes Anliegen.¹⁰⁹ Als 'Seelenorgan', zunächst allein das empfindende Gehirn,¹¹⁰ will er nach späteren Reflexionen ...

„[...] das ganze Nervensystem [...] betrachten, und in dieser Rücksicht eine zerstreute Seele annehmen. [...] Das Gehirn und die Nerven sind der wahre Leib unseres Ichs, die übrige Einfassung ist nur Leib dieses Leibes [...]."¹¹¹

In seiner häufig bemühten politischen Metaphorik ist der tierische Körper, dessen Organe selbständig durch die Wirkung ihrer eigenen Kräfte und zugleich in wechselseitiger Abhängigkeit zur Erhaltung des Ganzen beitragen, „gleichsam

---

106 Emplarisch bei Samuel Thomas Soemmerring (1755-1830), *Ueber das Organ der Seele*, Königsberg 1796; vgl. auch Ernst Platner (1744-18004), *Anthropologie für Aerzte und Weltweise*, Leipzig 1772.

107 'Gnothi sauton' [Erkenne dich selbst] oder *Magazin für Erfahrungsseelenkunde*, Berlin 1783-1793.

108 Zu Johann Christian Reil vgl. Albrecht Koschorke, *Poiesis des Leibes. Johann Christian Reils romantische Medizin*, in: Gabriele Brandstetter u.a. (Hg.), *Romantische Wissenspoetik. Die Künste und Wissenschaften um 1800*, Würzburg 2004, 259-272; Heinz Schott, *Zum Begriff des Seelenorgans bei Johann Christian Reil (1759-1813)*, in: Gunter Mann u.a. (Hg.), *Gehirn – Nerven – Seele* [...], Stuttgart u.a. 1988, 183-210; Reinhard Mocek, *Johann Christian Reil (1759-1813)* [...], Frankfurt a. M. u.a. 1995.

109 Reil, *Von der Lebenskraft* (1795), hrsg. v. Karl Sudhoff, Leipzig 1910. „Lebenskraft zeigt das Verhältnis besonderer Erscheinungen, durch welche sich die lebendige Natur von der toten unterscheidet, zu einer besonders gebildeten und gemischten Materie an [...]." (ebd., 26 [§7]). Dabei bestimmt er den Begriff der 'Kraft' regulativ als „das Verhältnis, welches zwischen Ursache und Wirkung oder zwischen den Eigenschaften der Materie und ihren Erscheinungen vorhanden ist." (ebd., 7 [§2]). Dies geschieht hier offenbar im Rückgriff auf Kants regulative Prinzipien [s. S. 53, Fn. 181].

110 „Die Nerven empfinden also nicht, sondern nur das Seelenorgan allein. [...] Daß das Seelenorgan (das Gehirn) und nicht die Nerven das eigentümliche Werkzeug der Vorstellungen sei, ist wohl unleugbar." (ebd., 48 [§13]).

111 Reil, *Ueber die Erkenntniß und Cur der Fieber*, Bd. IV: Nervenkrankheiten, Halle 1805, 41 [II,§18].

eine große Republik".[112] Besonders deutlich wird dies auch in Reils Unterscheidung von Ganglien- und Cerebralsystem von 1807. Dort hat das Gangliensystem „seinen Heerd nicht im Gehirn, sondern in sich selbst, es hat nicht eigentlich ein contrahirtes, sondern ein disseminirtes, in der Synthesis der Theile zu einem Ganzen begründetes Centrum."[113] Während das Cerebralsystem mit dem Königtum vergleichbar ist und dessen Thron das Gehirn als „Ausdruck der vollkommensten Vereinigung des Ganzen in einem Punkt", besitzt das Gangliensystem dagegen kein Zentrum, sondern eine „völlig republikanische Verfassung, in welcher kein einzelnes Glied sich zum König aufwerfen darf."[114] Es wohnen im Individuum gleichsam zwei Personen bzw. zwei Pole: der `pneumatische´ (cerebrale) der denkenden Seele und der `somatische´ der empfindenden Seele, welcher „durch den Total-Organismus zerstreut sey."[115] Als netzwerkartiges Geflecht über den Körper verteilt, in Abgrenzung und in Kommunikation mit dem Cerebrum, versteht Reil das Gangliensystem als „Repräsentant einer bewußtlosen [...] Spontanität" in der vegetativen Sphäre[116] und versucht damit nicht zuletzt auch eine Erklärung für das populäre Phänomen des Somnambulismus zu bieten. Er unternimmt damit einen recht spekulativen Vorstoß in ein eigenständiges, physiologisches Unbewusstsein und seiner republikanischen Kommunikationsstruktur.

Der hierarchisch geordnete Maschinen-Körper mit seiner straffen Kette von Ursache und Wirkung transformiert sich um 1800 exemplarische bei Reil zu einem wechselseitigen Zusammenwirken funktional differenzierter Untereinheiten. Der physiologische und psychologische Umbau des Menschen von einem mechanisch hydraulischen Körpermodell zu einem stärker horizontal organisierten und neuronal definierten Organismus trägt neuen Komplexitäten Rechnung und lässt neue Komplexitäten entstehen. Das reizbare Nervensystem wird zum Schauplatz einer individualisierten `Innenwelt´, einem einzigartigen Netzwerk von Empfindungen, Verknüpfungen, Imaginationen und Assoziationen im Wechselspiel von Fremd- und Selbstreizungen.

So scheint die Nervenphysiologie ebenso wie die Phänomene des Somnambulismus, Magnetismus und Okkultismus in ihrer Einbettung in eine entstehende moderne Populärwissenschaft die gesellschaftlichen und mentalen Umbrüche um 1800, d.h. die neuen Vorstellungen vom persönlichen Ich und vom gesellschaftlichen Wir in ihren Ansprüchen auf Freiheit und Gleichheit, in stärkerem Maße beeinflusst zu haben und von ihnen beeinflusst zu sein, als dies gemeinhin wahrgenommen wird. Die Transformation der Seele in ein neuronales Selbst –

---

112 Reil (1795) 1910, 59 [§16].
113 Reil, *Ueber die Eigenschaften des Ganglien-Systems und sein Verhältniß zum Cerebral-System*, Archiv für die Physiologie 7, Halle 1807, 189-254, 191.
114 Ebd., 221f.
115 Ebd., 239.
116 Ebd. 216; Schott 1988, 97: spricht zugespitzt von einer Definition der Ganglien als „Organ des Unbewußten".

in ein weithin autoreferenzielles und autonomes Individuum unter Anderen und Seinesgleichen – geht einher mit einer gleichartigen Entwicklung bezüglich der Vorstellungen von Generations- und Formbildungsprozessen, die gegen Ende des 18. Jahrhunderts in neuartige Konzepte der Epigenese und in die Idee einer Selbstorganisation münden.

III. Reproduktion

III. 1 Präformation und Polyp

Für das 18. Jahrhundert lassen sich und zugleich recht grob zwei grundsätzliche Positionen zu Zeugung und Wachstum in der lebendigen Welt unterscheiden: die Theorie der Epigenese und die der Präformation, wobei letztere seinerzeit (nach Haller) als `Evolution´ bezeichnet wird und vorerst als die neue, modernere Vorstellung galt, welche die alte okkulte Epigenese ablösen sollte. Die neue Präformationslehre, konzipiert um einerseits das mechanistische Programm Descartes mit der Theologie zu versöhnen und es andererseits nicht an der eingestandenen Unmöglichkeit einer mechanischen Zeugungstheorie scheitern zu lassen, gerät jedoch sehr schnell in Erklärungsnöte und verliert seit Mitte des 18. Jahrhunderts kontinuierlich an Boden, bis sie schließlich um 1800 hinfällig geworden ist. Es erscheint angesichts der langen Tradition der Epigenese eher fraglich an diesem Theoriewechsel einen Epochenwandel in der Biologie festzumachen, da hier, ungeachtet der fraglos neuen Qualität der Epigenese, vielmehr Kontinuitäten als Brüche festzustellbar sind. Als eigentliche Diskontinuität erscheint eher das mechanistische Intermezzo einer ständig kriselnden Präformation, welche jedoch in die Reproduktionsvorstellungen neue Begrifflichkeiten, Methoden und Denkstrategien einführt und damit einer neuartigen Epigenese zur Renaissance verhilft. In den kontroversen und weitverzweigten Debatten zwischen Präformisten und Epigenetikern, Ovulisten, Animalculisten und Panspermisten bildet sich eine neue Sicht von Zeugung, Wachstum und Regeneration. Diese Debatten, zu deren wichtigsten Protagonisten hier wohl auch der Süßwasserpolyp gerechnet werden muss, entfalten verstärkt um 1750 ihr Wirken und verhelfen der jungen Präformationstheorie zu einem allmählichen Niedergang, dessen Ende (zumindest in Deutschland) mit Blumenbachs `Bildungstrieb´ ab den 1780er Jahren beschrieben werden kann.

Die klassische Theorie der Präformation bzw. genauer und trennschärfer die Theorie der eingeschachtelt präexistierenden Keime[117] formuliert der Cartesianer Nicolas de Malebranche (1638-1715). Er erklärt, dass alle Generationen von Lebewesen *en miniature* vollständig vorgebildet, in den ineinander verschachtelten Keimen seit dem Schöpfungsakt vorliegen, womit Individuen nicht neu bzw. `spontan´ gezeugt, sondern lediglich vergrößert und ausgefaltet (`ent-wickelt´) bzw. `evolutioniert´ werden.[118] Diese Lehre lässt sich zum einen gut mit den ra-

---

117 `Präformation´ besagt letztlich ja nur das die Form in der einen oder anderen Weise (sei es als Idee oder zielgerichtete Kraft bzw. Trieb) und mehr oder weniger konkret (in der Regel innerhalb des Rahmens von Gattung und Art) vorgegeben ist, was auch bei der Epigenese der Fall ist. Hingegen geht die Präexistenz als radikale Form der Präformation von der vollständigen (zumeist monoparentalen) Vorfertigung jedes Individuums aus.
118 Vgl. Malebranche, *De la recherche de la verité* [...], Bd. I, Paris 1674: *Erforschung der Wahrheit*, Bd. I, übers. v. Artur Buchenau, München 1920, 66 [I, 6, 1].

tionalistisch-mechanischen Paradigmen der Zeit vereinbaren, indem sie auf die zeitgemäße Vorstellung einer im Prinzip unendlich teilbaren Materie rekurriert und zum anderen nicht die Hilfe irgendwelcher metaphysischen oder organischen Kräfte bzw. Stoffe beanspruchen muss. Für Charles Bonnet (1720-93), einem der letzten und hartnäckigsten Streiter für die Präformation, der sich, nachdem er sich mit mikroskopischen Studien die Augen verdorben hatte, ganz der Theorie zuwendet, ist die Hypothese der Einschließung „einer von den größten Siegen des Verstandes über die Sinne."[119]

> „Zu einer Zeit, da die rechte Naturkunde noch in der Wiege war, und die Köpfe sich noch nicht mit einer etwas scharfen Logik vertraut gemacht hatten, nahm man oft seine Zuflucht zu verborgenen Kräften, bildenden Naturen, wachsthümlichen Seelen, um alle Hervorbringungen und Wiederhervorbringungen des Pflanzen- und Thierreichs zu erklären. Man betraute diese Naturen oder diese Seelen mit dem Geschäfte die Körper zu organisieren; man bildete sich ein, sie wären die Baumeister der Gebäude welche sie bewohnten, und müssten die selben unterhalten und ausbessern."[120]

Mit der Präexistenz verlegen sich jegliche teleologischen Überlegungen auf den Schöpfungsakt und beantworten damit die Frage der Zeugung (die sich als solche gar nicht stellt) theologisch. Zum anderen lässt sich damit eine ontologische Homogenität, eine rationalistisch-mechanistische Einheit der Welt darstellen, die keinen Graben zwischen einer unbelebten und einer belebten Welt zieht, da alle Körper den gleichen physikalischen Bewegungsgesetzen unterworfen sind. Doch hielten die dem mechanistischen Denken verpflichteten Präformisten die Epigenese für 'mechanisch' und gerade deshalb für unplausibel. Indem die Mechanik als Grundlage aller Naturvorgänge verstanden wurde, musste sie gleichzeitig für die Zeugung verworfen werden, da diese eben mechanisch kaum erklärbar schien. In diesem Sinne fragt sich Bonnet:

> „Wenn die organischen Körper nicht vorhergebildet sind, so folget, daß sie sich nach den Gesetzen einer besondern Mechanik alle Tage bilden. Nun aber sage man mir, nach welcher Mechanik werden Herz, Gehirn, Lunge, und so viele andere Organe gebildet?"[121]

Descartes selbst ging noch von einer besonderen, sehr theoretischen Art der Epigenese aus, einer spontanen Zeugung nach mathematischen Gesetzen, fern jeder Einschachtelung oder Präexistenz der Keime.[122] Doch gerät die Spontani-

---

119 Bonnet, *Considerations sur les Corpes Organisés, Où l'on traite leur Origine, de leur Développement, de leur Reproduction* [...] , 2 Bde., Amsterdam 1762: *Betrachtungen über die organisirten Körper*, hrsg. u. übers. v. Johann August Ephraim Goeze, Erster Theil, Berlin 1775, 2 [I, 1, §3].
120 Bonnet, *La Palingénésie Philosophique, ou Idées sur l'etat futur des êtres vivans* [...], 2. Bde., Genf 1769: *Herrn C. Bonnets, verschiedener Akademiens Mitglieds, Philosophische Palingenesie* [...], Erster Theil, übers. v. J.C. Lavater, Zürich 1770, 437f.
121 Ebd., 112.
122 Descartes, *Traité de la formation du foetus* [= *La Description du Corps humain et de toutes ses fonctions*] (verfasst 1648), erstmals veröffentlicht mit der Ausgabe seines *Traite de l' homme* (verfasst 1632) von 1664; vgl. hier Jantzen 1994, 574ff.

tätslehre zunehmend in Misskredit[123] während das alte Kontinuitätsprinzip mehr denn je Universalgültigkeit erlangt und nun auch eine Kontinuität zwischen Ei (bzw. Spermatozoon) und Embryo anstrebt.[124] So avanciert auch durch die Unterstutzung von Gottfried Wilhelm Leibniz (1646-1716) die Präformation zur beherrschenden Generations-Theorie, gewissermaßen als mechanistische Zuspitzung der Kontinuitätslehre.[125] Dabei ist die Präformationlehre eng verbunden mit der Entwicklung der frühen Mikroskopie und scheidet ihre Anhänger nach Entdeckung der Spermatozoen (1677) in ˋOvulisten´ und ˋAnimalculisten´.[126]

Doch gerät die Hypothese von der Einschachtelung und Präexistenz der Keime, trotz ihrer theologischen, philosophischen und vermeintlich empirisch-mikroskopischen Legitimationen, sehr schnell (v.a. ab den 1740er Jahren) in Erklärungsnöte. Problematisch stellen sich insbesondere die Phänomene der Kreuzung, Vererbung, Deformation und Regeneration dar. An vorderster Stelle verursacht hier die einschneidende Untersuchung des Süßwasserpolypen (1744) von Abraham Trembley (1710-84), einem Vetter Bonnets, große Verunsicherung.[127] War auch die Regenerationsfähigkeit bestimmter Tiere allgemein bekannt, so erregten doch die Fähigkeiten der ˋHydra´ in der Wissenschaftswelt ein außerordentliches Aufsehen. Der Polyp reagiert auf Reize mit Kontraktionen, orientiert sich aber auch zum Licht und vermehrt sich durch Knospung, womit sich die Frage stellte, ob man es mit Tier oder Pflanze zu tun habe. Man glaubte zum Teil, im Sinne einer allgemein angenommenen ˋStufenleiter der Wesen´, mit diesem Wesen den ˋmissing link´ zwischen Tier- und Pflanzenwelt gefunden zu haben, dessen Existenz Leibniz vorhergesagt hatte.[128] Der Polyp, bald als Tier identifiziert, lässt sich desweiteren umstülpen, ohne dass dies seine

---

123 So wurde die aristotelische Theorie der spontanen Generation (vorerst) experimentell widerlegt von Francesco Redi (1626-98), *Esperienze intorno alla generazione degl'insetti*, Florenz 1668; vgl. Jantzen 1994, 578; – [s. dazu auch S.48, Fn. 162].

124 Kontinuitäts-Prinzip: Alles ist kontinuierlich in der Welt (ˋnatura non facit saltus´) in einer "Stufenleiter des Seins" als kosmologischer Ordnung einer ununterbrochenen Reihe, übergangslos vom einfachsten, unendlich Kleinen bis zur komplexen Organisation des Menschen und darüber hinaus; klassisch dazu Arthur O. Lovejoy, *Die große Kette der Wesen* (1936), Frankfurt a. M. 1993.

125 Leibniz bekennt sich zur Präformation u.a. in seiner *Theodizee* (1710), Préface u. § 90, wie auch in seiner *Monadologie* (1714), §73f.

126 Malebranche bezieht sich auf die mikroskopischen Untersuchungen von Marcello Malphigi (1628-94) und v.a. Jan Swammerdam (1637-80); gemeinsam mit Redi, Bonnet u.a. gehen sie frei nach Harvey (ˋOmnia ex ovo´) von einer präformativen Generation aus dem weiblichen Ei aus. Die Sichtung sogenannter *animalcula* im Samen verschiedener Tiere von Antoni van Leeuwenhoek (1632-1723) und Nicolaas Hartsoeker (1656-1725) führte zu einer männlich dominierten präformistischen Zeugungs- und Vererbungstheorie (auch bei Leibniz, Boerhaave u.a.). Eine dritte Position wäre der ˋPanspermismus´ frei existierender Keime, v.a. Claude Perrault (1628-1703); dazu Jantzen 1994, 566ff.

127 Trembley, *Mémoires pour servir à l'histoire d'un genre de Polypes d'eau douce, à bras en forme de cornes*, Leiden 1744. Trembley experimentiert mit der ˋHydra´ seit 1739, der Mikroskopiker Antoni van Leeuwenhoek (1632-1723) beschrieb sie erstmals 1702.

128 Dazu Lovejoy (1936) 1993, 177 u. 281.

Lebensfunktionen besonders beeinträchtigen würde und bei variiert wiederholter Durchtrennung entwickeln sich jeweils neue Polypen aus den einzelnen Teilen. Diese außerordentliche Regenerationsfähigkeit versucht Bonnet durch die Zerstreuung von selbstfruchtbaren Keimen in gewissen Organismen präformativ zu erklären,[129] wobei er sich auch auf eigene Untersuchungen zur `Parthogenese´ von Blattläusen stützen kann.[130] Dabei stellt sich ihm im Zusammenhang mit dem Polypen auch die interessante Frage nach einer Präexistenz der Seele, die Bonnet im Prinzip bejaht und damit jedem Keim als einem „vermischten Wesen" eine Seele zuspricht, welches ein Ich wird „so bald die Organa genugsam entwickelt sind, und den Eindruck der äußeren Gegenstände zur Seele bringen."[131]

Trembleys Arbeit am Polypen bewirkt einen enormen Aufschwung des Interesses an den Phänomenen der Regeneration, die das 18. Jahrhundert gemeinhin als `Reproduktion´ bezeichnet.[132] So wurde zwischen Reproduktion und Regeneration nicht eigentlich unterschieden, nicht zuletzt aufgrund der Erfahrungen mit dem Polypen. Die regenerative Rückbildung stellt hier in gewisser Weise das Modell für ein Verständnis der Reproduktion dar. Georges-Louis Leclerc de Buffon (1707-88) war es, der offenbar zuerst den Begriff in einer allgemeineren Form gebrauchte, als `Reproduction en général´, im Sinne sowohl tierischer als auch pflanzlicher Entwicklung und Fortpflanzung, gebunden an die Vorstellung der Art.[133] Im Zusammenhang mit Buffons neuem Artbegriff wurden verstärkt Paarungsversuche angestellt, wobei besonders das Auftreten von Hybriden wie dem Maultier, nur schwer mit der monoparentalen Präformation vereinbar war.[134]

Wurde die Entstehung von Missbildungen bzw. `Monstren´ noch zumeist auf Zufälligkeiten bzw. mechanische oder auch imaginative Einwirkungen im Wachstumsprozess zurückgeführt, war die Erklärung von Bastarden, Kreuzun-

---

129 Bonnet, *Contemplation de la Nature*, Amsterdam 1764: *Betrachtung über die Natur*, Leipzig 1766, 233 [IX, I].
130 Bonnet entdeckte die ungeschlechtliche Fortpflanzung weiblicher Blattläuse; *Traité d'Insectologie* (1745).
131 Bonnet (1764) 1766, 239 [IX, 1].
132 Erstmals bei René-Antoine Ferchault de Réaumur (1683-1757), *Sur les diverses Réproductions [...]*, Paris 1712, einer Untersuchung zur Regeneration bei Krebsen, Krabben u.ä.; vgl. dazu Beate Moeschlin-Krieg, *Zur Geschichte der Regenerationsforschung im 18. Jahrhundert*, Basel 1953.
133 Buffon, *Histoire Naturelle des Animaux*, Paris 1748 (Kap. II: »*De la Reproduction en général*«): *Allgemeine Historie der Natur [...]*, Hamburg u.a. 1750, Ersten Theils, Zweyter Band: *Geschichte der Thiere*, 1-198, 12ff [Kap. II]: »*Von der Hervorbringung seines gleichen überhaupt*«.
134 Buffon definiert die Art als Fortpflanzungs- (bzw. Abstammungs-)Gemeinschaft (Bio-Specie), die in der Lage ist, untereinander fertile Nachkommen hervorzubringen, im Gegensatz zum mathematischen Ähnlichkeitssystem des Carl v. Linné (1707-78), *Systema naturae* (1735/ 1753). In diesem Zusammenhang sind auch die botanischen Kreuzungsversuche Joseph Gottlieb Koelreuters (1733-1806) von großer Bedeutung.

gen und gehäuften Anomalien problematischer. So scheint die Weitergabe der Vererbungsmerkmale beider Eltern, zum Teil offensichtlich, aber insbesondere bei seltenen Anomalien auch mathematisch mehr als wahrscheinlich. In seiner berühmten Untersuchung zur Sechsfingrigkeit in der Berliner Ruhe-Familie, errechnet Pierre-Louis Moreau de Maupertuis (1698-1759) eine Wahrscheinlichkeit von 1 zu 8 Billionen, dass es sich dabei um Zufall handeln könnte und nicht um zweigeschlechtliche Vererbung, da sie sowohl weiblich als auch männlich weitergegeben wurde.[135] Bereits in seiner anonym verfassten Schrift *Venus physique* (geschrieben anlässlich der Begegnung mit einem Albino-Afrikaner) übt er Kritik an der Präformation zugunsten einer Beteiligung *beider* Geschlechter, wobei ein neues „zusammengesetztes Wesen von beyden Samen" entsteht.[136] Die Ähnlichkeit der Kinder mit beiden Eltern, insbesondere bei Mischlingskindern, dient ihm dabei als entscheidendes Argument, wodurch er lange vor Mendel auf das Vererbungsphänomen aufmerksam macht. Im Anschluss an die antike Zwei-Samen-Theorie[137] lässt er bei der Entwicklung auch gravitationsähnliche Kräfte zwischen den im Samen enthaltenen Partikeln wirken. „Warum sollte diese Kraft, wenn sie in der Natur vorhanden ist, nicht bey der Bildung der Körper der Thiere statt finden?"[138] Angenommen wird darüber hinaus eine Art 'Trieb' (oder auch 'Willen'), welcher den bildenden Partikeln eigen ist und ihre sinnvolle Vereinigung bewirkt.[139] In späteren Zusätzen und Schriften wird Maupertius kaum deutlicher bezüglich eines bestimmten *'pincipe d'intelligence'*, durch welche Materie über eine „Art des Verstandes, des Verlangens, des Hasses und des Gedächtnisses" verfüge um Bildung und Vererbung zu ermöglichen.[140] Organisches Leben entsteht für ihn durch intelligente Elemente der Materie, die sich selbst ordnet, durch eine Fähigkeit zur Selbstorganisation, welche vom Schöpfer verliehen sein mag.[141] Seine Theorie vereinigt zentrale Momente einer neuen Diskussion des organischen Lebens. Neben dem Bezug auf Newton,

---

135 Vgl. Maupertius, *Sur la Génération des Animaux* (in: *Lettres de Mr. De Maupertius*, Lettre 17, Dresden 1752): *On the Generation of Animals*, in: Michael H. Hoffmeier, *Maupertuis and the Eighteen-Century Critique of Preexistence*, Journal of History of Biology 15 (1982), 119-144, 138-144, 142f.
136 Maupertius, *Vénus physique* (1745): *Die Naturlehre der Venus*, Kopenhagen 1747, 62 [I, 13]; der Untertitel des Werks lautet: *Eine physikalische Abhandlung bey Gelegenheit eines weissen Negers*.
137 Epikur und Galen denken sich die Vereinigung zweier Samen (im Gegensatz zur Zeugungstheorie der Verbindung von Samen und Blut bei Aristoteles).
138 Maupertuis (1745) 1747, 78 [I, 17].
139 Vgl. ebd., 82f [I, 19].
140 Maupertius, *Système de la Nature. Essai sur la formation des Corps Organisés* (1751): *Versuch von der Bildung der Körper* [...], Leipzig 1761, 23 (§19); vgl auch ebd., 20f (§14): „Die blinde und einförmig anziehende Kraft in den Theilen der Materie kann keineswegs begreiflich machen, wie alle diese Theilchen sich zusammenfügen können, den einfachsten organisirten Körper zu bilden." Dazu auch Jantzen 1994, 603ff; Hoffmeier 1982.
141 Vgl. ebd., 46f (§63). – Maupertius geht es in dieser Schrift u.a. darum einen Verstand der Materie theologisch zu rechtfertigen.

dem Hinweis auf Vererbung und spezifische materielle Qualitäten, gibt er auch frühe Andeutungen zu Mutationen, die die Entstehungen neuer Arten vorstellbar machen.[142]

Ähnlich versucht auch Buffon Präformation und spontane Generation zu umgehen und durch ein Bildungsprinzip in der Materie zu ersetzen. Er postuliert, in grundsätzlicher Unterscheidung organischer und nicht-organischer Materie, organische Partikel, die sich zu unterschiedlich komplexen Gebilden zusammensetzen. In Analogie zur Kristallbildung wiederholt sich die innere Struktur in der äußeren, also fraktal in sich selbst, so wie ein Salzkorn ein „Würfel [ist], der aus unzählich viel andern Würfeln besteht" sind auch organische Gebilde, wie der Polyp, Wiederholungen ihrer selbst.[143]

„Aus den angeführten Schlüssen wird es mir also sehr wahrscheinlich, daß sich in der Natur wirklich unzählich viele kleine organische Wesen befinden, die den großen organischen Wesen, welche sich in der Welt zeigen, vollkommen ähnlich sind, daß diese kleinen organischen Wesen aus belebten organischen Theilen bestehen, die den Thieren und den Pflanzen gemein, daß diese organischen Grundtheile unzerstörlich sind, daß eine Sammlung solcher Theile in unsern Augen, die organischen Wesen ausmacht, und daß folglich die Hervorbringung seines Ähnlichen oder die Zeugung, nur eine Veränderung der Gestalt ist, die durch die Hinzufügung ähnlicher Theile geschieht, wie die Zertrennung der Theile das Ganze zerstört."[144]

Komplexere Organismen mit sexueller Reproduktion bilden im Samen eine Mischung repräsentativer Partikel aus allen Teilen des Körpers, die nach Vereinigung mit der zweiten Samenflüssigkeit, ein neues, vollständiges Lebewesen konzipieren.[145] Dazu wird wieder unter Verwendung attraktiver Kräfte ein Bildungs- und Formungsprinzip beansprucht, das mit dem Ausdruck „innerliche Forme" (*moule intérieur*) belegt wird und sozusagen den Partikeln ihren Platz zuweist,[146] wobei es sowohl die materielle Struktur des Organismus bezeichnet und diesem zugleich vorausgesetzt ist.[147] Hierbei fühlt sich Buffon durch die engen mechanischen Grundsätze der Philosophen eingeschränkt, da viele Naturbegebenheiten darunter nicht zu bringen sind. So möge die Materie noch anderen Eigenschaften zu haben, ...

„[...] die uns allezeit unbekannt bleiben werden; sie kann andere haben, die wir nach und nach entdecken, [...]. Ich habe in meiner Erklärung des Auswickelns und der Fortpflanzung seines gleichen, anfänglich die angenommenen mechanischen Grundsätze zugestanden,

---

142 Vgl. Maupertuis (1745) 1747, 97ff [II.3: *Hervorbringungen neuer Arten*].
143 Buffon (1748) 1750 [Kap. II], 13; bzw. auch, „[...] daß ein Polype aus anderen Polypen besteht." (ebd., 14).
144 Ebd., 16.
145 Ebd., [Kap. IV], 35.
146 Ebd. [Kap. II], 23 u. [Kap. III], 28f. – Dieses Konzept stützt sich in weiten Teilen auf das von Louis Bourguet (1678-1742), *Lettres philosophiques* [...] (1729); – [s. S. 97].
147 Dieses eher individuale Konzept der 'inneren Form' verschiebt sich in späteren Arbeiten Buffons zum allgemeinen 'Prototyp' einer Specie, auch im Rahmen seiner Bestimmung des Artbegriffs.

ferner habe ich auch die durchdringende Kraft der Schwere zum voraus gesetzt, welche man annehmen muß, und vermöge der Aehnlichkeit, dafür gehalten, ich könnte auch andere durchdringende Kräfte annehmen, die sich in den organisirten Wesen zeigten, wie die Erfahrung uns versichert."[148]

Mit Buffon und Maupertuis, wie Haller treue Newtonianer, die dem materialistischen Denken mit einem neuen Kraftverständnis eine andere Gestalt geben und es in der Zeugungslehre etablieren, deutet sich ein Wechsel in den Vorstellungen vom Wesen der lebendigen Welt an. Von einem eher statischen, rein mechanischen und exogen bestimmten Sein zu einer immanenten, stärker prozessualen und dynamischen Qualität eines sich beständig selbst reproduzierenden und verändernden Lebens, welches eher als Analogie, aber nicht als ununterscheidbarer Teil der anorganischen Welt auftritt. Dabei erscheinen Anziehungs- und Abstoßungskräfte der Partikel allein nicht hinreichend zur Formation organisierter Körper, sondern verlangen ein steuerndes, quasi intelligentes Prinzip der Materie, die im Lichte eines Atomismus neuen Typs auch nicht mehr als unendlich teilbar angenommen wird. Nichtsdestotrotz scheint sich der Präformationismus von dieser Krise zu vorerst erholen und sich insbesondere durch Haller in modifizierter Form mehr denn je zu etablieren, um dann nach dessen Tode in den 1780er Jahren recht plötzlich und fast vollständig zu verschwinden.

III. 2 Epigenese und Wesentliche Kraft

Die Theorie der Epigenese ist, wie bereits angedeutet, im 18. Jahrhundert keineswegs neu. Der Terminus wird von Harvey, in engster Anlehnung an Aristoteles, als allmähliches Hervorgehen, Formieren und Wachsen einer Struktur, aus noch nicht geformter Materie (vergleichbar etwa dem Töpfern), eingeführt. Dabei ist der Begriff als expliziter Gegensatz zur *Metamorphose*' konzipiert, welche als ein plötzlicher Umschlag in eine vorher nicht existente, komplexe Gestalt (vergleichbar eher einer Siegelprägung) verstanden wurde.[149] Die später entstehende Präformationslehre, die meist nur die Vergrößerung einer bereits vorhandenen Struktur vorstellt, hat Harvey noch nicht im Blick. Er verwendet zwar den Terminus der Präexistenz scheinbar erstmals im Zusammenhang mit der Zeugung, allerdings nur in der Bedeutung einer potentiellen, nicht aktualen Präexistenz des Foetus im Ei, also nicht als Gegensatz zur Epigenese. Mit der Befruchtung vom Ei (wie diese vor sich geht bleibt allerdings vage) entsteht bei Harvey jener bereits empfindende und pulsierende Blutpunkt in dem auch die formende Kraft (jene alte *vis plastica*) zu wirken beginnt. Dabei trifft Harvey nicht die aristotelische Unterscheidung eines männlich formenden (*causa formalis*) und eines weiblich nährenden (*causa materialis*) Ursachenprinzip. Die zen-

---

148 Buffon (1748) 1750 [Kap. III], 32.
149 Vgl. Harvey (1651), 1847, 336 [Exc. 45]; zu Harvey in diesem Zusammenhang auch Jantzen 1994, 566ff; Fuchs 1992, 92ff.

trale Rolle in seiner Zeugungstheorie spielt das Ei in einem sehr allgemeinen Verständnis, als universales, quasi metaphysisches Lebensprinzip (*Omnia ex ovo*), welches in einer Mittelstellung zwischen den Geschlechtern, zwischen Materie und Form, zwischen Leben und Noch-nicht-Leben erscheint.

„The egg also seems to be a certain mean; not merely in so far as it is beginning and end, but as it is the common work of two sexes and it is compounded by both; containing within itself the matter and the plastic power, it has the virtue of both, by which it produces a foetus that resembles the one as well as the other. It is farther a mean between the animate and the inanimate world; neither is it wholly endowed with life, nor is it entirely without vitality. It is still farther the mid-passage or transition stage between parents and offspring, between those who are, ore were, and those who are about to be; [...]."[150]

So dient Harveys Lehre einerseits, mechanistisch interpretiert, als Referenz für den ovulistischen Präformismus, der sich wesentlich aus den Versuchen einer Bestätigung des Ei-Prinzips entwickelt. Andererseits ist sie aber auch Vorbild für das mit spezifischen Kräften operierenden Epigenese-Konzept, das insbesondere mit Caspar Friedrich Wolff (1734-94) und seiner Dissertation *Theoria generationis* (1759) wieder in die Diskussion zurückkehrt. Wolff hält eine mechanische Medizin, „welche den menschlichen Körper als Maschine und die Lebensvorgänge [...] aus der Gestalt und Art der Zusammensetzung der Theile erklärt," für ein „imaginäres System [...], dem nichts in der Natur der Dinge entspricht",[151] ohne allerdings, ähnlich wie Stahl, den Maschinenkörper als Bezugsmodell zu verwerfen.[152]

„Da also zu jedem Entwicklungsvorgang ausser der wesentlichen Kraft und der Erstarrungsfähigkeit der sich entwickelnden Substanz kein anderes bestimmendes Princip beiträgt und die organische Zusammensetzung von Naturkörpern durch jenen Vorgang bewirkt wird; und da man als in Entwicklung begriffene Körper diejenigen Naturkörper bezeichnet, in denen Entwicklung stattfindet, so ergiebt sich, daß in Entwicklung begriffene Körper nicht Maschinen sind, sondern bloss aus unorganischer Substanz bestehen. Und diese sich entwickelnde Substanz ist von der Maschine, in die sie eingehüllt ist, wohl zu unterscheiden. Die Maschine aber ist als das Erzeugnis derselben anzusehen."[153]

---

150 Harvey (1651) 1847, 271 [Exc. 26].
151 Wolff, *Theoria generationis*, diss., Halle 1759: *Ueber die Entwicklung der Pflanzen und Thiere*, I., II. und III. Theil, hrsg. u. übers. v. Paul Samassa, Leipzig 1896 (repr. Frankfurt a. M. 1999), 165 [III., §255].
152 Wolff bemerkt, keine seiner nichtmechanischen Funktionen des Körpers auf irgendeine Art erklärt zu haben. Er „habe nur den Zusammenhang, der zwischen der Maschine und dem Leben besteht, untersucht, den Ursachen des letzteren aber dort, wo es zu der Maschine keine Beziehung hat, nicht weiter nachgeforscht." Er bekennt sich vorsichtig zu den Ansichten Stahls bzw. Whytts, die seinen am nächsten kämen, was man ihm jedoch nicht als Widerspruch auslegen solle, da er „in der ganzen Abhandlung so gesprochen habe als ob sich Alles auf mechanische Weise vollzöge" (ebd., 175 [Anm. 4]).
153 Ebd., 164 [§253]. – Mechanische Vorgänge im Körper sind z. B. Blutbewegung, Atmung, Ausscheidung, Kauen und Schlucken, aber als „leichte Anhängsel der Thiere" von ihnen selbst zu unterscheiden und nicht bei dem für Wolff wesentlichen Aspekt der Entwicklung des Körpers wirksam (ebd., 167f [Anm. 1]).

Wolff führt den Begriff der 'wesentlichen Kraft' (*vis essentialis* bzw. *vitalis*) ein und beschreibt damit den sowohl im Pflanzen- als auch im Tierreich wirksamen Entwicklungsprozess als Bildungsprozess durch Wachstum und Differenzierung. Seine Beschreibung erfolgt mit großer mikroskopischer Genauigkeit bis auf die Zellebene, wobei er aber keine wirklich neuen Beobachtungen anführt. Entscheidend sind vielmehr seine andersartigen Deutungen. Dort wo die Präformisten keinen Körper (bzw. Teile davon) sehen, weil der vorgefertigte Organismus zu klein oder zu ungefestigt ist, sieht Wolff keinen Körper (bzw. dessen Teile), weil dieser sich in der flüssigen Zeugungsmasse noch nicht ausdifferenziert, noch nicht gebildet hat. Der Unterschied in der Interpretation der Beobachtung besteht zwischen der Annahme eines zunehmend sichtbaren und eines sich bildenden Organismus. Wolff wirft den Präformisten vor, nicht zwischen dem Hervorbringung bzw. der 'Produktion' und der 'Organisation' zu unterscheiden. Er schließt aus seinen Untersuchungen an sich entwickelndem Weißkohl und bebrüteten Hühnereiern, dass es sich dabei nicht schlicht um Vergrößerungen, sondern auch um Vermehrung und die sukzessive Bildung von Strukturen und Organen handelt.[154] Seine empirisch nicht weiter analysierbare 'Kraft', stellt weniger eine positive Kraft, sondern vielmehr eine Hypothese dar, ein abstraktes Erklärungsprinzip, logisch hergeleitet aus der Feststellung, kausale Entwicklung durch Zufall, Fermentation, Mechanik oder Seele ausschließen zu können. Wolff erklärt: „Denn eben dadurch, daß ich die Hypothesen der Prädelination widerlege, vertheidige ich zugleich den Satz, daß die Körper bey der Generation formirt werden."[155]

Wolffs Wachstums- und Zeugungstheorie versteht diese Kraft der Formbildung in erster Linie als einen Stoffwechselprozess, als Bildung und Verfestigung von Blasen (Zellen) durch Umwandlung von Nahrungssäften, die aufgrund einer „besondere[n] Art der anziehenden und abstoßenden Kraft"[156] im Organismus vorangetrieben werden und diesen in einer Art Kettenreaktion, einem „System von Veränderungen", neu bildet.[157] Vereinfacht ließe sich Wolffs Kon-

---

154 Wolff, *Theorie von der Generation in zwo Abhandlungen erklärt und bewiesen*, Berlin 1764 [verkürzte deutsche Fassung seiner Dissertation, v.a. als Reaktion auf die Kritik Hallers und Bonnets formuliert], 163 [§28]: „Ein jeder organischer Körper, oder Theil eines organischen Körpers, wird erst ohne organische Struktur producirt, und alsdann wird er organisch gemacht; Diese Organisation nemlich ist alsdann die Formation der Gefäße oder der Zellen und Bläschen."
155 Ebd., 61
156 Wolff, *Von der eigenthümlichen und wesentlichen Kraft der vegetabilischen, sowohl als auch animalischen Substanz, als Erklärung zu zwo Preisschriften über die Nutritionskraft* [darunter eine von Blumenbach], St. Petersburg 1789, 42 [§79]; zit. n. Boris E. Rajkov, *Caspar Friedrich Wolff*, Zoologische Jahrbücher. Abteilung Systematik, Ökologie und Geographie der Tiere 91 (1964), 555-626, 589.
157 Wolff 1764, 228 [§78]. Zur wesentlichen Kraft auch 163 [§29]: die „determinirte Distribution, diese so genau bestimmte Vertheilung der Säfte"; vgl. auch 249f [§93]: 'Conception' als eine besondere Art der Nutrition.

zept als Anwendung der Vorstellungen einer Lebenskraft auf die Zeugungstheorie beschreiben. Er betrachtet diese Kraft, mittels welcher „die Flüssigkeiten durch die Pflanze vertheilt und ausgeschieden werden",[158] als wesentliches Merkmal des Lebens, lässt ihr aber letztlich eher vage und unsystematische Erklärungen zukommen.

„Ich habe mich in meiner Dissertation noch nicht weiter um dieselbe bekümmert, als daß ich sie für eine den vegetabilischen Körpern eigene und wesentliche Kraft erklärt habe. Es ist auch genug, wir wissen, daß sie da ist, und wir kennen sie ihrer Würkung nach, als welche einzig und allein nur erfordert wird, um die Entstehung der Theile daraus zu erklären. An dem Nahmen, womit wir sie benennen, liegt noch weniger; nur dieses muss ich erinnern, daß sie diejenige Kraft ist, durch welche durch welche in den vegetabilischen Körpern alles dasjenige ausgerichtet wird, deswegen wir ihnen Leben zuschreiben; und aus diesem Grunde habe ich sie die wesentliche Kraft dieser Körper genennet; weil nemlich eine Pflanze aufhören würde, eine Pflanze zu seyn, wenn ihr diese Kraft genommen würde. In den Thieren findet sie eben so wohl statt wie in den Pflanzen, und alles dasjenige, was die Thiere mit den Pflanzen gemein haben, hängt lediglich von dieser Kraft ab.[159]

Die Überlegungen Wolffs stoßen insbesondere bei Haller, der sich erst 1758 von der Epigenese abgewandt hatte, nach anfänglichem Wohlwollen, auf scharfe Kritik, obgleich seine Theorie der Wolffs in vielen Punkten sehr ähnlich ist.[160] Neben der problematischen Debatte um ungeformte oder nur unsichtbare bzw. flüssige Strukturen (insbesondere der Gefäße), akzeptiert Haller wohl am wenigsten die Hypothese der Wolffschen Kraft, welche für Haller intelligent organisierend vorgehen muss, aber nicht kann, da materielle Kräfte einfach und gerichtet, also mechanisch wirken und damit blind sind.[161] Wolffs Epigenesetheorie bleibt so vorerst ohne größeres Echo und die Präformation nicht zuletzt Kraft der Autorität Hallers und Bonnets weiterhin dominant bzw. gelangt erst zu ihrem Höhepunkt.[162] Die zunehmend gereizten und polemischen Kommentare auf Wolffs Festhalten an der Epigenese (v.a. auch Bonnets, der sich weigert dessen Schriften überhaupt zu lesen) haben scheinbar einigen Einfluss auf seine Ent-

---

158 Wolff (1759) 1896, 143 [III, §233]; vgl. auch ebd., 12 [I, §1].
159 Wolff 1764, 160 [§26].
160 Haller wechselt vom (animalculistischen) Präformismus seines Lehrers Boerhaave unter dem Eindruck des Polypen zur Epigenese um sich 1758 nach eigenen Untersuchungen an Hühnereiern zu einer modifizierten Präformationslehre zu bekennen, bei der sich nichteingeschachtelte, flüssig vorgefertigte Strukturen im Ei verfestigen – Die Kontroverse mit Wolff begleitet ihn bis zu seinem Tod; dazu Shirley A. Roe, *Matter, Life and Generation. Eighteenth-Century Embryology and the Haller-Wolff debate*, Cambridge 1981.
161 Vgl. auch Toellner 1971, 184ff; Jantzen 1994, 611ff.
162 Auch die Untersuchungen Lazzaro Spallanzanis (1729-99), *Opusculi di fisica animale, e vegetabile*, Modena 1776, unterstützten die Präformationslehre, indem sie die ursprünglich aristotelische Theorie der 'Urzeugung' bzw. der 'spontanen Generation' (seinerzeit vertreten v.a. von John Turberville Needham (1713-81), *Observations upon the Generation, Composition and Decomposition of Animal and Vegetable Substances*, London 1748) auf neuerliche Weise widerlegen konnten. Epigenese und spontane Generation wurden als Sprung vom Unorganisierten zum Organisierten zumeist zusammengedacht.

scheidung 1767 einem Ruf nach St. Petersburg zu folgen, womit er weitgehend aus dem Blickfeld der Debatten in Deutschland gerät.

Nichtsdestotrotz bleibt die Epigenese in der Diskussion. Im Todesjahr Hallers veröffentlicht Johann Nicolas Tetens (1736-1807) seine *Philosophischen Versuche*, in denen er auch die Epigenese mit der Evolution zu versöhnen und darüber hinaus diese Synthese als psychologisch-poetisches Modell für eine schöpferische `Reproduktion der Phantasie´ und ein `Dichtungsvermögen´ einzuführen sucht. Die Seele verwaltet und ordnet darin Vorstellungen nicht nur „wie der Aufseher über eine Galerie die Bilder", sondern erfindet und verfertigt auch neue Gemälde. „Diese Verrichtungen gehören dem Dichtungsvermögen zu; einer schaffenden Kraft, deren Wirksamkeitssphäre einen größern Umfang zu haben scheinet, als ihr gemeiniglich zuerkannt wird. Sie ist selbstthätige Phantasie [...]."[163] Dabei benutzt er Wolffs `wesentliche Kraft´ als „ein Analogon von der vorstellenden, associirenden und dichtenden Kraft der Seele."[164] Die Entwicklung des Körpers erfolgt analog dem der Seele, so wie sich auch die Physiologie analog der Psychologie betrachten lässt. Dabei setzt die Entstehung neuer Formen eine Entwicklung und Verbindung schon vorhandener Formen voraus, die in einer harmonischen Vermischung und nicht in einer schlicht mechanischen Kombination eine organische Einheit entstehen lässt.[165] „Diese Epigenesis durch Evolution scheint die allgemeine Entstehungsart organisirter Wesen zu sein."[166]

Blieben diese theoretischen Positionen Tetens zu Generation und Formbildung auch ohne größere Resonanz, so verdeutlichen sie doch zumindest die Tiefenwirkung und Übertragungsqualitäten der Zeugungsdiskussion jenseits rein physiologischer Betrachtung. Die Betrachtung von Evolution und Epigenese als verschiedene Aspekte derselben Sache, sozusagen als Erinnerung und Neubildung, zeigt, neben dem Postulat einer kreativen, selbsttätigen Natur, ein Grundproblem zeitgenössischer Generationstheorie auf. Die Gewährleistung einer gewissen Konstanz der Art und das Einräumen einer offensichtlichen Variabilität der einzelnen Wesen einer Art. Darüber hinaus wird auch die Besonderheit einer selbstbewegten, materiellen Organisation herausgestellt, die keine bloß Zusammensetzung von Teilchen ist.

„Organische Formen sind solche Verbindungen der unorganischen Partikel, wodurch Bewegungen möglich werden, die es sonsten durch die bloße Vereinigung der Materie nicht gibt. [...] So viel wird erfordert, daß durch die Art, wie die hinzukommende Partikel mit vorhandenen Partikeln verbunden wird, ein Ganzes entstehet, dessen Verbindungsart es aufgelegt macht gewisse Bewegungen anzunehmen oder hervorzubringen, die von seiner Masse allein nicht abhängen."[167]

---

163 Johann Nicolas Tetens, *Philosophische Versuche über die menschliche Natur und ihre Entwicklung*, 2 Bde. Leipzig 1777, Bd. I, 107; dazu Johannes Bierbrodt, *Naturwissenschaft und Ästhetik 1750-1810*, Würzburg 2000, 160ff.
164 Tetens 1777, II, 552.
165 Vgl. ebd., I, 115ff. Er führt hier das Beispiel eines geflügelten Pferdes an.
166 Ebd., II, 500.
167 Ebd., II, 480 u. 484; vgl. dazu auch Bierbrodt 2000, 198.

In diesem Zusammenhang muss wiederum auf Herder hingewiesen werden, der sich bereits früh, wenn auch sehr allgemein, unter Bezug auf Harvey und Wolff zu einer `genetischen´ bzw. `lebendigen, organischen Kraft´ bekennt:

„Präformierte Keime, die seit der Schöpfung bereit lagen, hat kein Auge gesehen; was wir vom ersten Augenblick des Werdens eines Geschöpfes bemerken, sind wirkende organische Kräfte. [...] Bildung (genesis) ists, eine Wirkung innerer Kräfte, denen die Natur eine Masse vorbereitet hatte, die sie sich zubilden, in der sie sich sichtbar machen sollten."[168]

III. 3 Bildungstrieb und Selbstorganisation

Es ist der Haller-Schüler Johann Friedrich Blumenbach (1752-1840), welcher der Epigenese in Form seiner Theorie des `Bildungstriebes´ (*nisus formativus*) zum Durchbruch verhilft und damit gleichzeitig einen ersten Höhepunkt des Vitalismus in Deutschland einläutet. Ausgangspunkt seiner Überlegungen ist ums andere Mal die Regenerationsfähigkeit des Polypen, die er in Analogie zur Wundheilung betrachtet um daraus eine allgemeine Theorie der Generation und Reproduktion des Lebens zu formulieren.

„Daß in allen belebten Geschöpfen vom Menschen bis zur Made und von der Ceder zum Schimmel herab, ein besondrer, eingebohrner, Lebenslang thätiger würksamer Trieb liegt, ihre bestimmte Gestalt anfangs anzunehmen, dann zu erhalten, und wenn sie ja zerstört worden, wo möglich wieder herzustellen. Ein Trieb (oder Tendenz oder Bestreben, wie mans nur nennen will) der sowol von den allgemeinen Eigenschaften der Körper überhaupt, als auch von den übrigen eigenthümlichen Kräften der organisirten Körper ins besondre, gänzlich verschieden ist; der eine der ersten Ursachen aller Generation, Nutrition und Reproduction zu seyn scheint, und den ich hier um alle Misdeutungen zuvorzukommen, und um ihn von den andern Naturkräften zu unterscheiden, mit dem Namen des Bildungs-Triebes (Nisus formativus) belege."[169]

Der `Bildungstrieb´ dürfte zumindest terminologisch nicht ganz unbeeinflusst von Tetens immer wieder angeführten `Wachstumstrieb´ und von Hermann Samuel Reimarus (1694-1768) `Kunsttrieb´ entstanden sein, obgleich er sich nicht direkt darauf bezieht.[170] Der `Trieb´ geriet im späten 18. Jahrhundert (nicht erst mit Blumenbach) zu einem Modewort mit großem Assoziationspotential.[171] Blumenbach betont mit seinem Bildungstrieb v.a. das Zielgerichtete, in Abgren-

---

168 Herder, *Ideen zur Philosophie der Geschichte der Menschheit*, Riga u. Leipzig 1784/85, in: *Werke*, Bd. 6, hrsg. v. Martin Bollacher, Frankfurt a. M. 1989, 171f [I, 5, II]; vgl. auch 270f [II, 7, IV].

169 Johann Friedrich Blumenbach, *Über den Bildungstrieb und das Zeugungsgeschäfte*, Göttingen 1781, 12f [§2].

170 Reimarus entwickelt eine Lehre von zweckmäßigen Instinkthandlungen als Mittleres zwischen Mechanik und Intelligenz, in: ders., *Betrachtung über die Triebe der Tiere, hauptsächlich über ihre Kunstriebe*, Hamburg 1762.

171 Der Trieb findet sich in den verschiedensten Formen u.a. bei dem Theologen Johann Friedrich Wilhelm Jerusalem (1709-89) als `Trieb zur Geselligkeit´, als Lessings `Trieb nach Wahrheit´ oder Schillers `Formtrieb´. Novalis erklärt: „Gesellschaftstrieb ist Organi-

zung von den anderen natürlichen, 'blinden' Kräften. Er bestimmt ihn positiv (insbesondere gegenüber Wolffs *vis essentialis*)¹⁷² als das Gemeinsame von Zeugung, Nutrition und Reproduktion (hier im Sinne von Regeneration),¹⁷³ jeweils Modifikationen derselben Kraft.

„Ein Trieb, der folglich zu den Lebenskräften gehört, der aber eben so deutlich von den übrigen Arten der Lebenskraft der organisirten Körper (der Contractilität, Irritabilität, Sensilität etc.) als von den allgemeinen physischen Kräften der Körper überhaupt verschieden ist; der die erste wichtigste Kraft zu aller Zeugung, Ernährung und Reproduction zu seyn scheint [...]."¹⁷⁴

Der Bildungstrieb wird hier als eine gerichtete Lebenskraft vorgestellt, deren weitere Ursachen analog der Gravitation unbekannt bleiben. Blumenbachs Verweis auf Newton erscheint dabei auf den ersten Blick kaum noch originell, jedoch nimmt er es damit offenbar genauer und gewissermaßen auch 'vitalistischer' als seine Vorgänger. Definiert er 1781 einen 'eingebohrnen' so wird daraus 1789 ein 'allgemeiner' Trieb, nun versehen mit vormals fehlenden Newton-Zitaten, womit Blumenbach auf dessen Unterscheidung von eingeborenen (bzw. essentiellen) Eigenschaften der Körper (wie Trägheit oder Ausdehnung) und der allgemeinen (bzw. universellen) Eigenschaft der Gravitation anzuspielen scheint. Letztere setzt nun immer ein System voraus und lässt sich nicht als eine wesentliche Eigenschaft der Partikel beschreiben. Es muss also eine zusätzliche, empirisch geforderte, 'allgemeine' Kraft angenommen werden.¹⁷⁵ Somit verfährt der Vitalismus des 18. Jahrhunderts mehr oder weniger nach der Formel: Leben ist 'Materie plus Lebenskraft' und gibt sich, wenn man so will, als konsequenter Newtonianismus in der Biologie.¹⁷⁶

---

sationstrieb."; dazu Ulrike Enke, *Der „Trieb in uns, das Ungebildete zu bilden ..." Der Begriff 'Bildungstrieb' bei Blumenbach und Hölderlin*, Hölderlin-Jahrbuch 30 (1998), 102-118. Zu Fichtes 'Bildungs-Trieb' als „ein sich selbst produzierendes Streben" vgl. Helmut Müller-Sievers, *Epigenesis. Naturphilosophie im Sprachdenken Wilhelm von Humboldts*, Paderborn 1993, 77ff; Hartmut u. Gernot Böhme, *Das andere der Vernunft. Zur Entwicklung von Rationalitätsstrukturen am Beispiel Kants*, Frankfurt a. M. 1983, 132ff.

172 In der ersten Ausgabe zitiert Blumenbach Wolff [s. S. 48, Fn. 159] und erklärt, dass der Unterschied leicht zu sehen sei (Blumenbach 1781, 17f [§5]), während er in späteren Ausgaben Wolffs Kraft als eine „Kraft wodurch der Nahrungsstoff in die Pflanze getrieben wird" bezeichnet und damit nur ein Aspekt seines Bildungstriebes darstellt (Blumenbach, *Über den Bildungstrieb*, Göttingen 1789, 31). Damit wird er Wolffs Kraft allerdings kaum gerecht und lässt es fraglich erscheinen, inwieweit er selbst tatsächlich darüber hinausgeht.

173 Vgl. Blumenbach 1781, 19 [§7]. Die drei Prozesse decken sich im wesentlichen mit dem was Buffon (1748) unter *Reproduction en général* versteht: *nutrition, développement* und *generation*.

174 Blumenbach 1789, 24f.

175 Vgl. dazu Gideon Freudenthal, *Atom und Individuum im Zeitalter Newtons. Zur Genese der mechanistischen Natur- und Sozialphilosophie*, Frankfurt a. M. 1982, 42ff.

176 Peter McLaughlin, *Blumenbach und der Bildungstrieb. Zum Verhältnis von epigenetischer Embryologie und typologischen Artbegriff*, Medizinhistorisches Journal 17 (1982), 357-371, 371f u. 360.

Der Bildungstrieb als Lebenskraft stellt einen relativ flexiblen und offenen Begriff für eine empirische Leerstelle dar, wobei er sich von anderen, spezifischeren Kräften bestimmter Teile des Körpers wie Irritabilität und Sensibilität unterscheidet,[177] da er sich auf das Ganze des Organismus richtet und sich damit einer strikten systematischen Erfassung entzieht. Der Bildungstrieb, welcher erst nach der Zeugung rege wird und der Formation ihre Richtung gibt, erklärt den Übergang von Anorganischem zum Organischen nicht, sondern setzt ihn voraus. Er schwankt zwischen einer *qualitas occulta*, einem regulativen Prinzip, einer vitalistischen Lebenskraft und einer besonderen Fähigkeit organisierter Materie. In ihm versteht sich Leben als ein dynamisches Ganzes in beständiger Reproduktion, als besondere Qualität organischer Körper, die sich nicht physikalisch oder chemisch ableiten lässt. Blumenbach erklärt: „Man kann nicht inniger von etwas überzeugt seyn, als ich es von der mächtigen Kluft bin, die die Natur zwischen der belebten und unbelebten Schöpfung, zwischen den organisirten und unorganischen Geschöpfen befestigt hat [...]."[178] Blumenbachs Bildungstrieb selbst ist der stärkste Ausdruck dieser Kluft und nach Hallers `Kräften´ ein entscheidender Schritt zur Konstitution einer eigenständigen `Wissenschaft des Lebens´. Der Bildungstrieb erklärt die Zeugung nicht, wie der Vitalismus nicht das Leben. Doch werden Grundlagen gelegt, die `Leben´ als einen positiven, empirischen Gegenstand einer eigenständigen und das gesamte Organische umfassenden Wissenschaft betrachten lassen, die sich einerseits zur Physik und Chemie abgrenzt wie sie andererseits Physiologie und Naturgeschichte verbindet.[179]

Nach Blumenbach hält kaum jemand an der Präformation fest. Und das trotz (oder gerade wegen) des Unspezifischen seiner Theorie, welche vormals entscheidende Fragen (wie die nach dem Ursprung) offen lässt bzw. als nicht dem Bereich der Naturforschung zugehörig begreift und dadurch unhaltbare metaphysische Konstruktionen zu vermeiden sucht. Der Erfolg der Blumenbachschen Epigenese verdankt sich zu großen Teilen dem Einfluss mit der Philosophie Immanuel Kants (1724-1804).[180] So fungiert der Bildungstrieb (bzw. die Epige-

---

177 Der Blumenbach-Schüler Carl Friedrich Kielmeyer (1765-1844) verwendet in seinem `System der organischen Kräfte´ eine `Reproduktionskraft´ statt des Bildungstriebs. Er differenziert in seiner berühmten Rede (1793) Sensibilität, Irritabilität, Reproduktions-, Sekretions- und Propulsionskraft die kombinatorisch wirken; vgl. dazu Dorothea Kuhn, *Uhrwerk oder Organismus. Carl Friedrich Kielmeyers System der organischen Kräfte*, in: Kai Thorsten Kanz (Hg.), *Philosophie des Organischen in der Goethezeit. Studien zu Werk und Wirkung des Naturforschers Carl Friedrich Kielmeyer (1765-1844)*, Stuttgart 1994, 33-49.
178 Blumenbach 1789, 71. – Letztlich scheint diese Aussage noch prägnanter die Idee des `Vitalismus´ zu beschreiben als die Analogie von Lebenskraft und Gravitation.
179 Mit dem Bildungstrieb verbindet sich Embryologie und Klassifikation, indem durch ihn die bestimmte Form und der „Totalhabitus" aller einzelnen Gattungen (in einer gewissen Varianz) erhalten bleibt, womit auf dieser Grundlage ein vollständiges Natursystem gebildet werden kann (Blumenbach, *Handbuch der Naturgeschichte*, Göttingen 1797 [§10]; zit. n. McLaughlin 1982, 369).
180 Zu Kant vgl. hier v.a. Löw 1980; Timothy Lenoir, *The Strategy of Life*, Dortrecht 1982; Peter McLaughlin, *Kants Kritik der teleologischen Urteilskraft*, Bonn 1989.

nese) bei Kant gleich seinem 'Naturzweck' als ein regulatives Prinzip für die menschliche Urteilskraft und ist damit kein „die Bestimmung der Objekte selbst angehender Begriff".[181] Die sich selbst bildenden und sich selbst bewegenden Organismen sind nicht vollständig kausal-mechanisch erklärbar. Sie erfordern zusätzlich eine „besondere Art der Kausalität, wenigstens eine ganz eigene Gesetzmäßigkeit derselben"[182] und zwar in dem „eigentümlichen Charakter der Dinge als Naturzwecke", welche als solche existieren wenn sie „von sich selbst [...] Ursache und Wirkung" sind.[183]

> „In einem solchen Produkte der Natur wird jeder Teil so, wie er nur durch alle übrigen da ist, auch als um der andern und des Ganzen willen existierend, d. i. als Werkzeug (Organ) gedacht: welches aber nicht genug ist (denn er könnte auch Werkzeug der Kunst sein und so nur als Zweck überhaupt möglich vorgestellt werden); sondern als ein die andern Teile (folglich jeder den andern wechselseitig) hervorbringendes Organ, dergleichen kein Werkzeug der Kunst, sondern nur der allen Stoff zu Werkzeugen (selbst denen der Kunst) liefernden Natur sein kann: und nur dann und darum wird ein solches Produkt, als organisiertes und sich selbst organisierendes Wesen, ein Naturzweck genannt werden können. [...] Ein organisiertes Wesen ist also nicht bloß Maschine; denn die hat lediglich *bewegende* Kraft; sondern es besitzt in sich selbst *bildende* Kraft und zwar eine solche, die es den Materien mitteilt, welche sie nicht haben (sie organisiert): also eine sich fortpflanzende bildende Kraft, welche durch das Bewegungsvermögen allein (den Mechanismus) nicht erklärt werden kann."[184]

Unterstellte Haller noch in polemischer Absicht der wolffschen Kraft die Fähigkeit zur 'Selbstorganisation',[185] so wird dies bei Kant zur bestimmenden Formel. Die philosophisch-teleologische Definition organisierter Körper als Naturzwecke, ist durch das eigentümliche Verhältnis des Ganzen zu seinen Teilen und der Teile untereinander, die sich selbst und wechselseitig Mittel und Zweck, Ursache und Wirkung sind, bestimmt. Der biologische Begriff von dem, was Kant philosophisch als Naturzweck versteht, ist von dem heuristischen Prinzip einer zeugenden und zugleich bildenden Kraft der Natur getragen und erklärt sich durch seine dreifache Reproduktion: zum einen der 'Gattung' (im Sinne von Fortzeugung), zum zweiten des 'Individuums' (Wachstum) und zum dritten als wechselseitige Erhaltung der Teile (Ernährung, Regeneration).[186]

---

181 Kant, *Kritik der Urteilskraft* (A 1790/ B 1793), hrsg. v. Heiner F. Klemme, Hamburg 2001, 318 (§76) [A404/ B343f]. 'Naturzweck' ist ähnlich dem 'Grundsatz der Vernunft' „eigentlich nur eine Regel", ein regulatives und kein konstitutives Prinzip (Kant, *Kritik der reinen Vernunft* (A 1781/ B 1787), hrsg. v. Jens Timmermann, Hamburg 1998, 602 [A509/ B537]). Die Unterscheidung konstitutiver und regulativer Prinzipien verschwimmt jedoch weitgehend in der Kant-Rezeption der romantischen Naturphilosophie.
182 Kant (1790/ 93) 2001, 261 (§61) [A359/ B268].
183 Ebd. 274 (§64) [A370/ B286].
184 Ebd., 279ff (§65) [A373f/ B373ff].
185 Haller spricht im Bezug auf Wolff ablehnend von „Erzeugung aus sich selbst" (Haller, *Anfangsgründe der Phisiologie des menschlichen Körpers*, 8. Bd, Berlin u.a. 1765, 191; zit. n. Bierbrodt 2000, 190)
186 Vgl. Kant (1790/ 93) 2001, 275ff (§64) [A371f/ B286ff].

Kants epistemologischer Ansatz, wenn auch nicht sein Organismusbegriff,[187] bleibt doch letztlich mechanistisch, gerade durch die Erkenntnis, dass organisierte Körper mit Blick auf ihre Reproduktion (Kant selbst benutzt diesen Begriff nicht), durch die Gesetze der Mechanik unterbestimmt sind, hingegen im Rahmen der 'eigentümlichen Beschaffenheit unseres Verstandes' und der Methode der modernen Naturwissenschaft gar nicht anders als kausal-mechanisch erklärt werden können. So bedarf es zur Auflösung dieser Antinomie einer regulativen, zwecksetzenden Idee des Ganzen, welche die planvolle Bildung der sich wechselseitig bedingenden und erhaltenden Teile zu erfassen sucht.[188] Insofern tritt auch ein Bildungstrieb dort sinnvoll auf, wo der Mechanismus an seine Grenzen stößt, zumindest solange bis eine mechanistische Reduktion gelungen ist. Doch hält Kant einen 'Newton des Grashalms' bekanntermaßen für sehr unwahrscheinlich.[189] Kant befindet sich genau am theoretischen Übergang zwischen mechanischer Kausalität und organischer Selbstorganisation, bei der paradoxen Frage nach der Teleologie eines Lebendigen, dass sich nunmehr des Metaphysischen weitgehend entledigt hat, ohne vollständig im Physikalischen aufzugehen, und so 'Leben' als eine Transzendentalie erscheinen lässt.

Obgleich Kant entscheidenden Einfluss auf die Popularität von Bildungstrieb und Epigenese ausübt, steht er den Kräften und Modellen des Vitalismus doch kritisch gegenüber und lässt sie nur als regulative Prinzipien gelten. Trotzdem sich keine eindeutigen Beweise für die Richtigkeit der Hypothesen von Präformation oder Epigenese anführen ließen, gibt Kant nunmehr letzterem den Vorzug,[190] nicht nur weil empirisch mehr dafür spräche, sondern auch weil man „so doch mit dem kleinstmöglichen Aufwande des Übernatürlichen alles Folgende vom ersten Anfange an der Natur überläßt" (ohne aber über diesen Anfang etwas zu bestimmen).[191] Der Organismus als ein sich selbst organisierendes Gebilde ist kein unmittelbares Produkt Gottes, sondern der Natur bzw. seiner selbst. In ähnlichem Sinne wendet Kant bereits in der Neuformulierung zentraler Positionen seiner Erkenntnislehre, das Epigenese-Modell auf das zentrale Problem der Apriorität der Kategorien an, die er gleichsam einem „System der Epi-

---

187 Bei Kant ist hier noch nicht vom 'Organismus' die Rede sondern von 'organisierten Körpern' u.ä. (s. S. 84, Fn. 378).
188 Lenoir 1982 spricht in diesem Zusammenhang durchgängig von 'Teleomechanism'.
189 Kant (1790/ 93) 2001, 313 (§75) [A400/ B337f]: „[...] es ist für Menschen ungereimt [...] zu hoffen, das noch etwa dereinst ein Newton aufstehen könne, der auch nur die Erzeugung eines Grashalms nach Naturgesetzen, die keine Absicht geordnet hat, begreiflich machen werde; sondern man muß diese Einsicht den Menschen schlechterdings absprechen."
190 Er bezeichnet Epigenese auch als „System der generischen Präformation" (Ebd., 344 (§81) [A423/ B376]). So impliziert die Epigenesis des Individuums doch die Präformation der Gattung. Kants Positionierung zugunsten der Epigenese ist damit auch keine völlig eindeutige.
191 Ebd. 345f (§81) [A424/ B378]; daran anschließend findet sich auch der direkte Verweis auf Blumenbach.

genesis der reinen Vernunft" als „selbstgedachte erste Prinzipien *a priori* unserer Erkenntnis" und nicht als vom Urheber eingerichtete „eingepflanzte Anlagen", also einer „Art von Präformationssystem der reinen Vernunft" verstehen möchte.[192]

In Schellings Naturphilosophie gewinnt im Organismus, als Produzierendes und Produziertes gleichen Ursprungs, die ʻReproduktionʼ zentrale Bedeutung:

> „Es ist schlechterdings kein *Bestehen* eines Products denkbar, *ohne ein ständiges Reproducirtwerden*. Das Produkt muß gedacht werden *als in jedem Moment vernichtet*, und *in jedem Moment neu reproducirt*. Wir sehen nicht eigentlich das Bestehen des Produkts, sondern nur das beständige Reproducirtwerden."[193]

Georg Wilhelm Friedrich Hegel (1770-1831) sieht in seiner logischen Begriffsbestimmung die Reproduktion, im Gegensatz zu Schelling, den anderen beiden „abstracten Bestimmungen" (Irritabilität und Sensibilität) übergeordnet, denn „[...] in der Reproduction ist das Leben *Konkretes* und Lebendigkeit, es hat in ihr, als seiner Wahrheit, erst auch Gefühl, und Widerstandskraft."[194]

Die Übertragung des Reproduktionsbegriffs auf eine ökonomisch-gesellschaftliche Ebene, am einschlägigsten sicherlich bei Marx, wird in Francois Quesnays (1694-1774) *Tableau économique* (1758) bereits vorformuliert, welches eine ʻGesamt-Reproduktionʼ innerhalb einer ausformulierten ökonomischen Kreislauftheorie darstellt und die Konzepte von Zirkulation und Reproduktion in einer ʻnatürlichenʼ gesamtgesellschaftlichen Betrachtung der Wirtschaft verknüpft.[195] Auf weitere Implikationen des physiologischen und ökonomischen Kreislaufs in der Physiokratie und ihren Nachfolgern, wird unter dem Aspekt der Regulation einzugehen sein. Es bleibt an dieser Stelle darauf hinzuweisen, dass der Kom-

---

192 Kant, *Kritik der reinen Vernunft* (2. Aufl. 1787) 1998, 204 (§27) [B167].

193 Schelling [s. S. 35], *Einleitung zu dem Entwurf eines Systems der Naturphilosophie* [...] (1799), in: *Werke* (s.o.), Bd. 8 (2004), 45 [§6, 4]. Gemeinsam mit Irritabilität und Sensibilität bildet dort die Reproduktion die drei „Systeme", die die Gestalt des tierischen Organismus ausmachen.

194 Hegel, *Wissenschaft der Logik, Zweiter Teil: Die subjektive Logik oder Lehre vom Begriff* (1816), in: *Sämtliche Werke*, hrsg. v. Hermann Glockner, Bd. 5, Stuttgart-Bad Cannstatt 1964, 254f [III, 1, A, 3]. Zu Hegel und Reproduktion vgl. Kristian Köchy, *Perspektiven des Organischen. Biophilosophie zwischen Natur- und Wissenschaftsphilosophie*, Paderborn u.a. 2003, 439ff.

195 Quesnay, *Tableau économique* (1758ff). Jene Schrift markiert als Grundlegung des ökonomischen Systems der Physiokraten gemeinhin den Beginn der ökonomischen Wissenschaft, allerdings mit einigen gewichtigen Einschränkungen: So bleibt die Physiokratie als Naturwerttheorie (statt einer Arbeitswerttheorie) explizit auf die Agrargesellschaft bezogen, in der eigentlich nur die Natur produziert. Sie ist das Konzept einer nationalen und rationalen Agrarwirtschaft, in Kritik zur merkantilistischen Außenhandelsökonomie. In einer engen Verbindung von Wert- und Klassentheorie, basiert ökonomisches Wachstum hier auf der Grundlage von Mehrprodukt und Reproduktion. Es bedarf dabei der Unterstützung der natürlichen (Re-)Produktionsprozesse durch Investitionen. Der reale Zuwachs von Reichtümern wird nicht durch die Menge des erzeugten Produktes, sondern durch die Fähigkeit definiert, diesen Zuwachs wiedererstehen zu lassen, zu reproduzieren.

plex von Selbstorganisation und Reproduktion im Begriff der `Autopoiesis´ eine zentrale Stelle der soziologischen Systemtheorie Niklas Luhmanns besetzt, der diese Bezeichnung dem Vokabular biologischer Debatten entnimmt und damit die alte Tradition der wechselseitigen Übertragungen vom natürlichen und sozialen Körper erneuert.[196]

„In diesem Sinne lassen sich auch psychische als autopoietische Systeme charakterisieren, das heißt als Systeme, die die Elemente, aus denen sie bestehen, durch die Elemente, aus denen sie bestehen, reproduzieren. Die Individualität ist nichts anderes als die Autopoiesis selbst, nämlich die zirkuläre Geschlossenheit der Autoregeneration des Systems. Die Elemente des Systems partizipieren an der Individualität des Systems, indem sie in der autopoietischen Reproduktion mitwirken, durch sie entstehen und in ihrem Vollzug vergehen. Das gilt im Falle sozialer Systeme für jede Kommunikation, im Falle psychischer Systeme für jeden Akt des Bewusstseins."[197]

Damit scheint bei Luhmann noch ein weiteres Element angesprochen, das die Selbstreferenzialtät geschlossener Zirkulationsprozesse biologischer, psychischer und sozialer Systeme analogisiert. Stärker unter dem Aspekt der (Selbst-) Steuerung und Erhaltung, als dem der Selbsterschaffung, lassen sich hier im Rahmen einer `sozialen Kybernetik´ auch Konzepte anführen, die in der engen Verflechtung technischer, physiologischer und gesellschaftlicher Modelle, dem Gedanken der Selbstregulation um 1800 zur Konjunktur verhelfen.

---

196 Den Begriff und das Grundkonzept der `Autopoiesis´ über nimmt Luhmann von den Neurobiologen Humberto R. Maturana u. Francisco J. Varela, *Autopoietic Systems. A Characterization of the Living Organization*, Urbana 1975: *Autopoietische Systeme. Eine Bestimmung der lebendigen Organisation*, in: H. R. Maturana, *Erkennen. Die Organisation und Verkörperung von Wirklichkeit. Ausgewählte Arbeiten zur biologischen Epistemologie*, übers. v. Wolfram Köck, Braunschweig u. Wiesbaden 1985, 170-235.
197 Niklas Luhmann, *Gellschaftsstruktur und Semantik, Studien zur Wissenssoziologie der modernen Gesellschaft*, Bd. III, Frankfurt a. M. 1989, 227f.

IV. Regulation

IV.1 Kreislauf und Maschine

Der Gedanke der Regulation ist eng mit den Konzepten von Gleichgewicht, Selbsterhaltung und Kreislauf verbunden. Er war darin bereits früh angelegt und diskutiert, wobei er zumeist auf göttliche, seelische oder okkulte Kontrollinstanzen bezogen war. Regulative Mechanismen, die jenseits der Theologie und Metaphysik im Bereich des analytisch Erfassbaren lagen, beschränkten sich damit zunächst in erster Linie auf Anwendungen von Technik und juridischer Verwaltung, bis man in Form von Maschinenkörper (*machina animalis*) und Tierökonomie (*oeconomia animalis*)[198] auch das Lebendige verstärkt unter dem Aspekt der technischen Anordnung und häuslich-politischer Verwaltung zu betrachten begann.[199] In der Physiologie wird der Begriff schon bei Harvey (1651) und Glisson (1677) angedeutet, findet als 'Regler' (*régulateur*) bei Lavoisier (1789) konkretere Bestimmung, um schließlich als 'Regulation' im 19. Jahrhundert, insbesondere von Lotze (1842) und Bernard (1878) konzeptionalisiert, endgültig Einzug in das Vokabular der Physiologie zu halten.

Im Folgenden geht es speziell um die Herausbildung einer modernen Konzeption von Regulation in einem Verständnis als 'Selbstregulation' bzw. als 'selbsttätige, informationsgesteuerte Kreisprozesse',[200] die klassische Hierarchien und Teleologien unterlaufen. Ein frühes Modell physiologischer Regulation ließe sich in diesem Sinne bei Descartes in Auseinandersetzung mit dem Blutkreislauf Harveys ausfindig machen. Dies scheint angesichts des strikten Dualismus und der Beschränkung der Seele auf das Bewusstsein insofern naheliegend, da dort auf der Grundlage einer rein mechanischen Betrachtung des Körpers keine regulierenden seelischen Vermögen oder metaphysischen Kräfte zur Aufrechterhaltung der unwillkürlichen und unbewussten Vorgänge bemüht werden sollen.

Vorläufer und beständige Begleiter verschiedenster Regulationsmodelle sind die klassischen Vorstellungen einer dynamischen Balance gegensätzlicher Prinzipien in der Natur und der daran anknüpfenden, verstärkt frühneuzeitlich diskutierten Idee der Selbsterhaltung. Die antike Medizin von Alkmaion und Hippo-

---

198 Scheinbar erstmals gebraucht von den cartesianischen Ärzten Cornelius van Hoghelande (1590-1651), [...] *Oeconomiae corporis animalis* (1646) und Walter Charleton (1619-1707), *Exercitationes physico-anatomicae de oeconomia animalis* (1659). Von einer 'oikonomia' der Lebewesen sprach aber schon Erasistratos (ca. 305-250); vgl. Johannes Büttner, *Von der oeconomia animalis zu Liebigs Stoffwechselbegriff* [...], in: ders. u.a. (Hg.), *Stoffwechsel im thierischen Organismus: Historische Studien zu Liebigs „Thier-Chemie"*, Seesen 2001, 60-83, 62f.
199 Vgl. Georges Canguilhem, *Die Herausbildung des Konzeptes der biologischen Regulation im 18. und 19. Jahrhundert*, in: ders., *Wissenschaftsgeschichte und Epistemologie. Gesammelte Aufsätze*, übers. v. Michael Bischoff u. Walter Seitter, hrsg. v. Wolf Lepenies, Frankfurt a. M. 1979[a], 89-109, 95.
200 So definiert bei Rothschuh 1972, 91.

krates bis Galen verstand unter Gesundheit (bzw. Leben generell) die mehr oder weniger ausgeglichene Mischung gegensätzlicher Kräfte, Qualitäten und Säfte, ausbalanciert von zumeist übermateriellen Prinzipien.[201]

Selbstregulation findet sich in der Antike vor allem als technisches Phänomen. Erste Belege solcher Mechanismen beschreiben in Form von Schwimmreglern zum selbsttätigen Ausgleich von Flüssigkeitsständen einen einfachen technischen Regelkreis.[202] Darüber hinaus sind komplexe hydraulisch-mechanische Apparaturen und Automaten, insbesondere des Heron von Alexandria, überliefert, die durch Wasserdampf, Pressluft oder Unterdruck mit Pumpwerken und Hebelwaagen betrieben werden.[203] Die späthellenistische Technik der Hydrauliker bzw. ´Pneumatiker´ wie auch die Einflüsse der atomistischen Naturphilosophie bereiteten schon im Altertum einer mechanischen Betrachtung physiologischer Prozesse den Erkenntnisraum. So lassen sich wiederum v.a. aus Alexandria Fragmente einer solchen Medizin finden, die in einer quantitativen Betrachtung den Gedanken eines Ausgleichs von Nahrung, Ausscheidung und Ausdünstung zwischen ´oikonomia´ und pneumatischer Mechanik beschreiben.[204] In der davon beeinflussten galenischen Physiologie schwankt die Vorstellung vom ´pneuma´ (bzw. ´spiritus´) noch zwischen stofflichen und überstofflichen Charakter, wenngleich der Gedanke, spirituelle Hierarchien durch autoregulative Mechanismen zu ersetzen, keine tiefere Beachtung findet.

Das hippokratische Prinzip der selbstheilenden Kraft der Natur (*vis medicatrix naturae*) aufnehmend, besteht auch Paracelsus (1493-1541) auf eine Kraft der Selbstheilung, die jedem Teil des Körpers immanent ist. Damit verbunden entwickelt sich aus der Rezeption der stoischen Idee einer kosmischen und organisch-triebhaften Selbsterhaltung ein „signifikanter Leitbegriff" des frühneuzeitlichen Denkens, der einen fundamentaler Wechsel der Ontologie von einer mit-

---

201 Vgl. Edward F. Adolph, *Early concepts of physiological regulations*, Physiological Reviews 41 (1961), 737-770, 739ff: „Balance of Opposites" in der antiken ´Physiologie´. – Jenseits dessen wäre auch das kosmologische Denken einer ´Harmonie der Gegensätze´ Heraklits (DK 22B 8), einer Balance der ´Mischung der Elemente´ Parmenides (DK 28B 12) oder eines ´Kreislaufs´ der Gegensätze bei Empedokles (DK 31B 26) zu anzuführen.
202 So bei Ktesibos in Alexandria (3. Jhd. v. Chr.) als Schwimmerventil für die gleichmäßigen Flüssigkeitszufuhr seiner Wasseruhr, zur Niveauregelung einer Öllampe bei Philon von Byzanz (ca. 230 v. Chr.), wie im ´Weinautomat´ und dem ´unerschöpflichen Krug´ des Heron von Alexandria (ca. 60 n. Chr.); dazu Otto Mayr, *Zur Frühgeschichte der technischen Regelung*, München u.a. 1969, 17ff.
203 Vgl. *Herons von Alexandria Druckwerke und Automatentheater*, hrsg. v. Wilhelm Schmidt, Leipzig 1899.
204 Bestes Beispiel ist Erasistratos (ca. 305-250), weniger auch Herophilos (ca. 325-255), gemeinhin als erste Anatomen verstanden, die bereits Vivisektionen durchführten, erstmals Nerven und Herzklappen beschrieben, und im Rahmen einer atomistisch-pneumatischen Medizin eine Stofflichkeit der Seele annahmen, vgl. Heinrich von Staden, *Alexandria als das Zentrum der medizinischen Forschung. Herophilos und die frühe Menschenanatomie*, in: Schott (Hg.) 1996 (s.o.), 67-73; Henry E. Sigerist, *Große Ärzte. Eine Geschichte der Heilkunde in Lebensbildern*, München 1959, 32ff.

telalterlichen Fremderhaltungslehre hin zu einem Ideal der Selbsterhaltung markiert und einen Abbau bzw. eine „Inversion des Teleologieprinzips" befördert.[205] In der Physiologie lassen sich grob zwei Formen der Selbsterhaltung unterscheiden: zum einen jene klassische, chemistisch geprägte Idee der Selbstheilung und des Ausgleichs der Säfte, woraus sich verschiedene Konzepte der Regeneration und des Stoffwechsels im 18. und 19. Jahrhundert entwickeln, zum anderen das Prinzip der Selbsterhaltung als Verhalten (bzw. auch Selbstverteidigung) in einem ursprünglich stoizistischen Verständnis als angeborener Instinkt (bzw. Trieb) oder in einem eher mechanischen Sinne als Reflextätigkeit v.a. des Nervensystems, welches man mit Descartes *Meditationen* (1641) beginnen lassen könnte.[206]

> „Ich bemerke schließlich, daß, da eine jede von den Bewegungen, die in dem Teile des Gehirns vor sich gehen, der unmittelbar den Geist beeinflusst, ihm nur eine einzige Empfindung mitteilt, welche im höchstem Grade und am häufigsten zur Erhaltung des gesunden Menschen beiträgt."[207]

Im Zusammenhang mit einer solchen Idee der Regulation als Fähigkeit des Organismus auf Veränderungen durch Bewegungsteuerung (bzw. Verhalten) zum Zweck der Selbsterhaltung zu reagieren, ist eine enge Verbindung zum Aspekt der Reizbarkeit und der Bedeutung des Nervensystems zu erkennen. Erste vage Hinweise auf regulierende Mechanismen im Körper finden sich bei schon Galen und Glissons *Tractatus* (1677) in den bereits angedeuteten Reizreaktionen bei Entleerung der Galleblase.[208] Van Helmont erklärt, in Weiterentwicklung und Differenzierung der paracelsischen Alchemie, den *Pylorus* (`Pförtner´ des Magens) zur organischen Leitungs- und Steuerinstanz über Verdauung und Appetit, welche relativ unabhängig von der inneren Zentralkraft des *Archeus* (`Herrscher´) agiert.[209] Die pneumatische und hermetische Medizin operiert dabei be-

---

205 Zur Begriffsgeschichte der `Selbsterhaltung´ (in der Stoa, Hobbes *Leviathan* (1651), Spinozas *Ethik* (1677), Newtons `Trägheitskraft´ (1687), Stahls `erhaltendem Prinzip´ der Seele (1708) usw.), vgl. Hans Blumenberg, *Selbsterhaltung und Beharrung* [...] (1969), in: Hans Ebeling (Hg.), *Subjektivität und Selbsterhaltung* [...], Frankfurt a. M. 1996, 144-207; Georg Toepfer, *Zweckbegriff und Organismus* [..], Würzburg 2004, 144ff.

206 Vgl. Adolph 1961, 743f; Georges Canguilhem, *Die Herausbildung des Reflexbegriffs im 17. und 18. Jahrhundert* (1955), München 2007, zeigt hingegen, dass der Reflexbegriff zuerst von der vitalistisch geprägten Tradition der Naturforschung definiert wurde, namentlich vom englischen Arzt und Naturphilosophen Thomas Willis (1621-1675), *Cerebri anatome* (1664).

207 Descartes, *Meditationes de prima philosophia* (1641): *Meditationen über die Grundlagen der Philosophie*, übers. v. A. Buchenau (1915), Berlin 1965, 75 [Meditation VI, 39].

208 Glisson verwendet den Terminus selbst in sehr vager Bedeutung im Zusammenhang mit der Irritabilität, wo die willkürliche Bewegung administrativ durch das tierische Begehren geregelt ist („ab appetitu animali regulata"), in: ders., *Tractatus de ventriculo et intenstinis* (1677); zit. n. Singer 1937, 12; – [s. S. 18, Fn. 31f].

209 Van Helmont [s. S. 19, Fn. 34], *Pylorus rector* (1648): „The pylorus, director of the completion of digestion and of appetite in the stomach, governs, through the long course of the intestines, their contents to even as great a degree as the excessive contents of the

vorzugt mit anthropomorphen Bezeichnungen und Beschreibungsmodellen, was die magischen Übertragungen und Austauschprozesse von Körper und Kosmos auch auf einer weltlich-sozialen Ebene reflektiert. Die Andeutungen regulativer Automatismen physiologischer Teilprozesse bleiben letztlich überlagert von intelligiblen metaphysischen Instanzen und Kräften, welche diese Prozesse überwachen und leiten bzw. überhaupt erst ermöglichen. Harvey spricht hinsichtlich der Variabilität von Druck und Puls des sich selbstbewegenden (in diesem Sinne auch selbsterhaltenden) Blutkreislaufs von einem zusätzlichen „inneren, regulierenden Prinzip" um auf äußere Einflüsse zu reagieren, mit dem letztlich die Seele auf das sonst geschlossene System des Kreislauf einwirken kann.[210]

Descartes, der Harveys Kreislauftheorie aufnimmt, sucht sein Körpermodell von vitalen Vermögen und seelischen Einflussnahmen, die sich der mathematisch-mechanischen Methode entziehen, zu befreien. Er entwickelt ein Modell der unbewussten und unwillkürlichen Bewegungen, als automatischen Reflexbogen ohne eine Mitwirkung der Seele.[211] Die Steuerung dieser Bewegungen erfolgt hier als Regelkreis von Meldung und Rückmeldung mittels eines mechanischen Röhren- und Ventilsystems der Nerven vom Sinnesorgan über das Gehirn zum Muskel und wieder zu den Sinnen. Der *spiritus animales*, der den `feineren Teil´ des Blutes darstellt und dessen Bewegung ursprünglich von der Erhitzung im Herzen ausgelöst wird, fließt unablässig von den Arterien über das Gehirn in die Nerven und steuert darüber wieder die Bewegung der Herzmuskel wie der ganzen `Körpermaschine´.[212]

Bei willkürlicher Bewegung wird der *spiritus* von der Seele durch Kippen der Zirbeldrüse gelenkt, so wie umgekehrt bei bewusster Wahrnehmung, die Bewegungen des *spiritus* auf die Zirbeldrüse übertragen werden. Die inneren Wahrnehmungen (wie Hunger, Durst, Schmerz) und die Gefühle (wie Zorn, Freude, Furcht etc.) haben ihren Ursprung primär im Körper selbst und gelangen erst als `Widerspiegelungen´ körperlicher Regelprozesse (v.a. der Herzbewegung) ins Bewusstsein, um diese Prozesse mit seelischer Hilfe im Sinne der Selbsterhaltung zu unterstützen. Bei Descartes findet somit nicht nur eine Trennung, sondern auch eine Umkehrung im Verhältnis von Seele und Körper auf der Ebene der Empfindungen statt. Seelische Zustände jenseits rein geistiger Inhalte erscheinen mehr als Begleitphänomene, als dass sie den Körper lenken und ver-

---

neighboring veins"; zit. n. Adolph 1961, 743. – Der Magen spielt bei Paracelsus und Van Helmont eine zentrale Rolle als Sitz des Archeus.
210 Vgl. Fuchs 1992, 88. Harvey spricht nur ein einziges Mal von der Seele als `regulierendes´ Prinzip (*anima regulator*) im Zusammenhang mit dem Kreislauf (Harvey (1651) 1847, 375). Letztlich steht die Blutbewegung unter ständigem seelischen Einfluss bzw. kann selbst als beseelt betrachtet werden; vgl. Fuchs 1992, 102f.
211 Insofern entwickelt Descartes eine sehr frühe Physiologie der Reflexe (ohne diese so zu bezeichnen).
212 Vgl. Descartes, *Traité de l´homme* (verfasst 1632, posthum erschienen 1662); *Les passions de l´âme* (1649); vgl. hier Fuchs 1992, v.a. 135f; ebd., 141: „Mit der Anbindung an das Nervensystem wird der Kreislauf zum Regelkreis."

walten würden. Anstelle einer relativen Autonomie des Lebewesens und seiner einzelnen Organe, verliehen durch seelisch-vitale Vermögen, tritt ein physikalischer Automatismus des Körpers, in dem die Mechanik nicht mehr nur ein Element, sondern der Träger des Ganzen ist und die immaterielle Seele auf Bewusstseinsphänomene reduziert wird, die zudem überwiegend physikalischer Herkunft sind. Erst in einer solch weitgehend seelenlosen Körpermechanik erhält die Regulation (v.a. über das Nervensystem) eine gewisse Eigenbedeutung, da der Mechanismus hier mittels neuronaler Rückkopplungen seine Informationen prinzipiell selbst verarbeiten, steuern und energetisch koordinieren muss. Der Organismus erscheint hier weniger als ausbalanciertes, sensibles Gleichgewicht, sondern, in moderner Terminologie, als 'physikalisches Regelkreissystem'.[213]

Herons *Pneumatik* wird 1575 in lateinischer Sprache gedruckt und stößt auf reges Interesse einer technikbegeisterten Epoche, die dem (auch politischen) Aspekt der Selbstregulation, im besonderen bei der Konstruktion mechanischer Uhren und selbstbewegten Automaten, dabei nur zaghaft größere Beachtung schenkt.[214] So konstruiert auch Descartes zwar einen physiologischen Regelkreis, ohne diesen allerdings in ein allgemeines Konzept autoregulativer Mechanismen fassen zu können, welches sich gänzlich teleologischer Prinzipien enthält. Er zieht die bekannten Vergleiche mit Uhren, Orgeln, Mühlen und Wasserspielen, womit sich Tiere als selbstbewegte, letztlich aber programmgesteuerte Automaten darstellen. Der Gedanke einer Selbstbewegung und Selbststeuerung des Körpers erscheint in erster Linie als innere Verarbeitung äußerlicher Impulse, welche in letzter Konsequenz göttlichen Ursprungs sind. So ist das Lieblingsmodell der frühen Neuzeit das Uhrwerk, dessen Komplexität und weite Verbreitung ein kausal-mechanisches Denken und eine stärkere Angleichung der Naturerscheinungen an technische Modelle (wie der Technik an natürliche) beförderte.[215] Der Uhrenmechanismus erfährt besonders durch Christiaan Huygens (1626-95) zwei entscheidende Neuerungen mit der Patentierung der Pendeluhr (1657) und der Federunruh (1675),[216] welche auch für Leibniz das entscheidende Bezugsmodell seines Uhrengleichnisses stellen.[217]

---

213 Vgl. hier wiederum Fuchs 1992, v.a. 139ff.
214 Otto Mayr, *Uhrwerk und Waage. Autorität, Freiheit und technische Systeme in der frühen Neuzeit*, übers. v. Friedrich Griese, München 1987, versteht Uhren als technische Modelle für 'Autoritäre Systeme' und streng hierarchische Vorstellungen. Er weist darauf hin, dass Regelungstechniken (z.B. die Herons) v.a. in der islamischen Welt rege Anwendung und Weiterentwicklung erfuhren.
215 So erscheint v.a. Jaques de Vaucansons (1709-82) mechanische Ente (1738) als verspätetes Demonstrationsobjekt des cartesischen Körperautomaten, einem selbstbewegten, programmgesteuerten Mechanismus.
216 Die Idee der Pendeluhr hatte schon Galilei (1641) und die der Federunruh bereits Robert Hooke (1658). – Die Drehzahlregulation ('Ballance') geschieht im Wechselspiel des Taktgebers (hier Pendel oder Unruh) mit der 'Hemmung', Spindel (14. Jhd.) bzw. Anker (ca. 1676), welche die Entleerung des Energiespeichers (Federwerk oder Gewichtsaufzug) nach dem Takt freischaltet und so die Reibungsverluste ersetzt. Die Federunruh wird bei

Als äußerst prägend für den Aspekt der Regulation zu Beginn des 18. Jahrhunderts erscheint dabei die leibnizsche Vorstellung einer universellen `prästabilisierten Harmonie' und ihrer Entsprechung im Organismus, als präformierte `göttliche Maschine'. Das gesamte Universum ist hier von Anbeginn geregelt und bedarf im Prinzip keiner weiteren Regulierung.

> „Es bleibt demnach nur meine Hypothese übrig, d. h. *der Weg der prästablilisierten Harmonie,* der darauf hinausläuft, daß durch göttliche, vorausschauende Kunst von Anfang der Schöpfung an beide Substanzen in so vollkommener und geregelter [*parfaite et réglée*] Weise und mit so großer Genauigkeit gebildet worden sind, daß sie, indem sie nur ihren eignen Gesetzen folgen, doch wechselseitig mit einander in Einklang stehen: genauso als ob zwischen ihnen ein gegenseitiger Einfluß bestände, oder als ob Gott stets noch neben seiner allgemeinen Mitwirkung im Einzelnen Hand anlegte."[218]

Leibniz widerspricht im Rahmen seiner Kontroverse mit Clarke, der Newtonschen Auffassung von Gott, als Aufseher und Lenker seiner Schöpfung, der „von Zeit zu Zeit seine Uhr aufziehen, [...] reinigen und sie sogar reparieren" müsse.[219] Unter dem Aspekt der Regulation bleibt der determinierte, dynamisch und teleologisch geordnete Kosmos von Leibniz ein statischer und selbstgenügsamer. Statt einer ausgleichenden Reaktionsfähigkeit im Sinne einer Anpassung auf Störungen bzw. Veränderungen ist er strikt an der Erhaltung der Ausgangskonstanten orientiert.[220] Determinismus und Zufall stellen darin keinen Wider-

---

John Harris, *Lexicon technicum* [...] (1704) als `Regulator' bezeichnet: „a small Spring belonging to the Ballance of new Pocket-Watches."; vgl. ebd. `Ballance': „which by its Motion regulates and determines the Beat".

217 Leibniz vergleicht das Verhältnis von Körper und Seele mit der Synchronizität zweier „Wanduhren [*horloges*] oder Taschenuhren [*montres*]", die weder verbunden (wie das Huygensche Doppelpendel durch einen Holzbalken), noch von einem Uhrmacher ständig in Übereinstimmung gebracht würden, sondern durch die Genauigkeit der Herstellung gleich getaktet sind bzw. `prästabilisiert Zusammenstimmen' (Leibniz, *II. Éclaircissement du Système de la Communication des Substances* (Jan. 1696): *Zweite Erläuterung des Systems des Verkehrs der Substanzen,* in: *Philosophische Schriften,* Bd. 1, hrsg. u. übers. v. Hans Heinz Holz, Darmstadt 1985, 239). Leibniz versucht sich auch selbst ein Uhrwerk zu erdenken, „das sich selbst korrigieren sollte"; nach Marielle Echelard-Dumas, *Der Begriff des Organismus bei Leibniz: „biologische Tatsache" und Fundierung,* Studia Leibnitiana VIII/ 2 (1976), 160-186, 164, Fn. 11. – Ursprünglich stammt das Uhrengleichnis von dem Cartesianer Arnold Geulincx (1624-69), *De virtute* (1665).

218 Leibniz, *III. Eclaircissement du Nouveaux Système* (Sept. 1696): *Zur prästabilisierten Harmonie,* in: *Hauptschriften zur Grundlegung der Philosophie,* Bd. 2, übers. v. Arthur Buchenau, hrsg. v. Ernst Cassirer, Leipzig 1904, 273f. – In der `Zweiten Erläuterung' benutzt Leibniz in der entsprechenden Passage noch nicht die Wendung „parfaite et réglée" (vgl. auch in: *Philosophische Schriften,* Bd. 1 (s.o.), 244, wo Holz diese Veränderung auch gar nicht mit übersetzt).

219 Leibniz, Brief an Prinzessin Caroline von Wales (Nov. 1715); zit. n. Mayr 1987, 125.

220 Vgl. Canguilhem 1979[a], 93: „Für Leibniz ist das Verhältnis von Regel und Regelung (règlement) im Sinne der Verwaltung (police) des Staates oder der Steuerung (réglage) von Maschinen etwas wesentlich Statisches und Friedliches. Zwischen Regel und Regelmäßigkeit besteht keine Differenz. Regelmäßigkeit ist nicht das Ergebnis eines regulierenden

spruch dar. Kontingenz erscheint als Element des geregelten Weltlaufs, konstruiert Ereignisketten, Möglichkeiten und Tendenzen eines beweglichen Kräftefeldes, das sich in seiner Totalität als mathematisches Nullsummenspiel auflöst. Jenseits solch abstrakter Physiko-Theologie der Regulation konzipiert Leibniz auch technische Modelle für Geschwindigkeitsregelungen an Windmühlen und ein komplexes wind- und wassergetriebenes Kreislaufsystem zur Nutzung im Harzer Bergbau. Letzteres skizziert den Plan eines optimierten Mikrokosmos, der in der ineinandergreifenden Kombination, Speicherung und Zirkulation aller verfügbaren Bewegungskräfte den veränderlichen Umweltbedingungen die größtmögliche Regelmäßigkeit und Effizienz abzutrotzen sucht, was auch administrative, geologische, kartographische Tätigkeitsfelder einschließt.[221]

Die Dominanz der Ideen von Zirkulation und Mechanik erscheint zunächst sehr fruchtbar für die Entwicklung der Idee einer körperlichen Selbstregulation. Doch gibt es vorerst keine physiologische Modelle, welche diesen Aspekt konzeptionalisieren und auf eine breitere empirisch-experimentelle Grundlage stellen würden. Stattdessen tritt ab der Mitte des 18. Jahrhunderts die physikalisch-mechanische Denkweise zugunsten vitalistischer Kräfte von ungeklärtem Status zurück, während gleichzeitig der Gedanke einer ökonomischen Zirkulation weiter an Bedeutung gewinnt und weitreichende medizinische, technische und gesellschaftliche Konsequenzen nach sich zieht.

Der neue physiologische Körper, seit Harvey als zirkuläres, weitgehend geschlossenes System verstanden, bildet zunehmend eine ökonomische Einheit, deren Umlaufmenge konstant bleiben muss und der seine Kräfte und Säfte nicht mehr in Form von Aderlass, Onanie und unangemessener Diät verströmen lassen darf. Anstelle einer klassischen Heilkunst des Heraustreibens, der Erleichterung und Verschwendung, entsteht ein ökonomischeres Leibverhältnis, welchem es gilt, den Lauf der körperlichen Funktionen nicht zu stören oder zu schwächen, dem Kreislauf nichts abzuziehen.[222]

Die Schärfung des Blicks für Energieverluste im ökonomischen Umgang mit Kräften und Stoffen zur Steigerung von Leistung und Wirkungsgrad bildet sich geradezu idealtypisch an der Entwicklung der Dampfmaschine ab, welche eine

---

Eingriffs, sie wird nicht gegen eine Instabilität gewonnen oder gegen eine Abweichung zurückgewonnen, sie ist vielmehr eine ursprüngliche Eigenschaft."
221 Leibniz arbeitet im Auftrag des Herzogs von Braunschweig-Hannover seit 1679 als Geschäftsführer der Erzminen im Harz, vgl. Joseph Vogl, *Kalkül und Leidenschaft. Poetik des ökonomischen Menschen*, München 2002, 156ff. – Jenseits dessen finden sich im Mühlenbau des 18. Jahrhunderts eine ganze Reihe von Selbstregulierungen zur Anpassung an Stärke und Richtung des Windes; vgl. dazu Mayr 1969, 87ff.
222 Koschorke 1999, 54ff spricht hier von „Der Verschließung des Körpers" im Sinne eines eingeschränkten Austauschs mit der Umwelt, im Gegensatz zu einer inneren und äußeren Durchlässigkeit stetiger wechselseitiger Einflussnahme (*influxus* und *refluxus*) in der klassischen Humoralpathologie, innerhalb derer der Körper mit dem Chemismus des gesamten Kosmos verbunden ist und im Krankheitsfall mit der Öffnung des Körpers (bzw. der Beseitigung von Stockungen) der Austausch wiederhergestellt werden soll.

Vielzahl von Regulationsmechanismen aufnimmt und zusehends das Uhrwerk als technische Leitmetapher abzulösen beginnt. Eine erste, originär neuzeitliche Selbstregelungstechnik, dem Prinzip der Dampfmaschine nicht ganz unähnlich, erdenkt Cornelius Drebbel (1572-1633) mit dem Thermostat. Zur Aufrechterhaltung konstanter Temperatur in Öfen von Brutkästen (ca. 1620) steuert die Expansion von Alkoholdampf über einen entsprechenden Mechanismus die Menge der dem Feuer zugeführten Luft. Denis Papin (1647-1712), zeitweilig Assistent Huygens, entwickelt 1681 ein Sicherheitsventil für den Dampfkessel, dessen Dampfdruck sich gegen das Gewicht des Ventils reguliert. In der 'Feuermaschine' von Thomas Savery (1650-1715) findet Herons Schwimmerventil eine Wiederauferstehung im Speisewasser-Vorratstank der Dampfpumpe.[223] Schließlich entwickelt James Watt (1736-1819) eine Reihe von grundlegenden Maßnahmen zur Effizienzsteigerung, welche der Dampfmaschine erst jenen Wirkungsgrad verleihen, mit dem sie eine solche Bedeutung erlangen konnte.[224] Mit der Konstruktion des Fliehkraftreglers (*whirling regulator* oder *governor*) liefert er 1788 dem Aspekt der technischen Rückkopplung einen eindrucksvollen und anschaulichen Mechanismus, der mit seinen rotierenden Kugelgewichten ein prägnantes Merkmal der Boulton-Watt-Maschine und damit gewissermaßen der ganzen Dynamik des industriellen Zeitalters darstellt.[225] Als eine von Energie- und Wasserzufuhr abhängige Wärmekraftmaschine, in ihren arbeitsteiligen, sich selbst bzw. wechselseitig bedingenden Kreisläufen von Wärme, Kühlung und Bewegung, drängt sich die Dampfmaschine auch als Modellgrundlage für physiologische Vergleiche auf. Doch verläuft ihr Aufschwung vorerst parallel zum Niedergang des Mechanismus und seiner Körper-Maschine-Vergleiche, bis diese nach dem Abkehr vom Vitalismus ab den 30er Jahren des 19. Jahrhunderts in einer Deutung des Körpers durch 'Thermodynamik' und 'Stoffwechsel' eine Renaissance erleben. So erklärt 1870 der Physiologe Carl Ludwig, einer der konsequentesten Reduktionisten seiner Zeit, „daß die Dampfmaschine keiner

---

223 Thomas Saverys, *The miners friend, or an engine to raise water by fire* (1704; patentiert 1698) diente dem Auspumpen von Bergwerksstollen, welches seinerzeit zumeist mit Mühlen bewerkstelligt wurde. Saverys Maschine hatte einen äußerst geringen Wirkungsgrad und fand kaum Verbreitung, aber nicht wenig Beachtung.
224 Die Dampfmaschine von Thomas Newcomen (1712) verbesserte Watt erheblich v.a. durch Kondensator und Isolierung des Zylinders (patentiert 1769), der Bewegung des Kolbens von beiden Seiten durch Dampf und die Übertragung in eine Drehbewegung mittels Schubkurbel (1782).
225 Dazu ist anzmerken, dass das Fliehkraftpendel bereits für Windmühlen von Thomas Mead patentiert war (*Regulators for wind and other mills*, Patentschrift Nr. 1628, London 1787) und Watt scheinbar von seinem Partner Matthew Boulton darauf aufmerksam wurde. – Die Bewegung des Fliehpendels, dessen Gewichte sich bei steigender Geschwindigkeit von der Achse entfernen, überträgt sich auf das Einlassventil zur Dampfzufuhr und hält damit die Drehzahl konstant, ohne dass ein ständiger Eingriff des Maschinisten notwendig wäre.

Wissenschaft größere Dienste als der unsrigen geleistet hat".[226] Wiederum Leibniz ist es, der bereits außerordentlich früh ein Körpermodell dieser Art vorstellt, wenn er 1711 in der Auseinandersetzung mit Stahl erklärt:

„Daß der Körper eine hydro-pneumatische Feuermaschine ist, daran kann nur Zweifel haben, dessen Gemüt von chimärischen Prinzipien eingenommen ist wie etwa teilbaren Seelen, plastischen Naturen, Willensakten, operativen Ideen, hylarchischen Prinzipien und anderen Urkräften, die keinerlei Bedeutung haben solange man sie nicht in Mechanik auflöst."[227]

Doch erst Lavoisier gibt einem Vergleich zwischen Dampfmaschine und tierischem Körper eine gewisse physiologische Plausibilität, indem er Stahls Phlogisthon-Theorie der Verbrennung (1697) widerlegt und durch seine Theorie der Oxidation ersetzt (die auch das Prinzip der Atmung darstellt), einen Stoffwechselkreislauf von Atmung, Transpiration und Verdauung skizziert und diesen mit dem technischen Konzept des `Reglers´ verbindet.

IV. 2 Regler und Stoffwechsel

In der Geschichte der physiologischen Regulation nimmt das Werk von Antoine Laurent de Lavoisier (1743-94) zentrale Bedeutung ein. Neben Lavoisiers maßgeblicher Rolle in der Begründung einer modernen Chemie, der er eine algebraisch-analytische Sprache, eine neue Nomenklatura und den Element-Begriff verleiht sowie neue Theorien der Verbrennung, Wärme, Oxidation, Salz- und Säurebildung liefert,[228] beschreibt er durch vergleichende, quantitative Methoden der Elementaranalyse auch das Wesen der Atmung als eine chemische Reaktion, als eine Verbrennung bei niedrigen Temperaturen. So spricht nach peniblen Vergleichen zwischen metallischer Oxidation und dem Sauerstoffverbrauch von Vögeln unter Abschnitt der Luftzufuhr (1777) für Lavoisier einiges dafür, ...

---

226 Carl Ludwig (1816-95), *Leid und Freude der Naturforschung* (1870); zit. n. Maria Osietzki, *Körpermaschinen und Dampfmaschinen. Über den Wandel der Physiologie und des Körpers unter dem Einfluß von Industrialisierung und Thermodynamik*, in: Jakob Tanner u.a. (Hg.), *Physiologie und industrielle Gesellschaft* [...], Frankfurt a. M. 1998, 313-346, 313. Ludwig entdeckt 1866 den depressorischen Herznerv und damit die Regulation des Blutdrucks als nervale Rückkopplung; vgl. Rotschuh 1972, 101ff.

227 Leibniz, `Exceptiones´ (1711), als *Leibnitii replicatio ad Stahlianas observationes*, in: *Opera omnia* (Ed. Ludivico Dutens), Bd. II/ 2, Genf 1768, 149; zit. n. Canguilhem 1979[a], 97; vgl. auch Sarah Carvallo, *La controverse entre Stahl et Leibniz sur la vie, l´organisme et le mixte*, Paris 2004, 116; [Zur Leibniz-Stahl-Debatte s. Kap. V. 2, S. 93ff].

228 Guyton de Moveau/ Louis Bernárd, *Methodé de nomenclature de chimique* [...] (1787) entstand unter seiner Mitwirkung. Lavoisiers *Traité élémentaire de chimie* (1789) fasst sein Theoriegebäude zusammen und gilt als Grundstein der neuen Chemie. Es löst die alte Vier-Elemente-Lehre und Georg Ernst Stahls `Phlogisthontheorie´ (1697) in der Chemie ab; vgl. Irene Strube/ Rüdiger Stolz/ Horst Remane, *Geschichte der Chemie. Ein Überblick von den Anfängen bis zur Gegenwart*, Berlin 1986, 64ff.

„[...], daß ein Antheil, vorzüglich zum Athmen tauglicher Luft, in den Lungen bleibe und sich daselbst mit dem Blute verbinde: man weiß, daß dies eine Eigenschaft der vorzüglich zum Athmen tauglichen Luft ist, dass sie den Körpern und besonders den metallischen Stoffen, mit welchen sie verbunden wird, die rothe Farbe ertheilt [...]."[229]

Zur selben Zeit formiert sich Lavoisiers neue Theorie der Verbrennung (neben der chemischen Sprach- und Zeichenreform seine wohl bedeutendste Neuerung), welche dem Sauerstoff (*air vital* bzw. *oxygène*) als einem Bestandteil der Luft maßgebliche Bedeutung einräumt.[230] In seinen Untersuchungen zur Wärme (1780) stellt er diese, mittels Vergleich von Sauerstoffverbrauch und Wärmeabgabe verbrennender Kohle mit dem eines Meerschweins, in einen neuen Bezug zur Atmung. Entgegen der herrschenden Lehrmeinung, die Atmung als Kühlung betrachtet bzw. „durch ihren Druck den Stoff des Feuers an der Oberfläche der verbrennlichen Körper zurückzuhalten" soll, bestimmt Lavoisier die Luft nicht „wie eine bloße mechanische Ursache, sondern wie ein Grundstoff neuer Verbindungen."[231]

„Man kann die Wärme, welche bei der Verwandlung der reinen Luft, in fixe Luft, durchs Athmen, entbunden wird, also als die hauptsächlichste Ursache der Erhaltung der thierischen Wärme ansehen. – Das Athmen ist also ein, zwar sehr langsames, aber übrigens der Kohle ihrem vollkommen ähnliches, Verbrennen; [...] die, bei diesem Verbrennen, entwickelte Wärme wird dem Blute mitgeteilt, welches durch die Lungen geht und verbreitet sich von daher durch das ganze thierische Gebäude [*systeme animal*]."[232]

Der entscheidende Unterschied zwischen glühender Kohle und dem Meerschweinchen ist hier, dass Letzteres seine Körpertemperatur konstant hält, denn „seine zum Leben erforderlichen Verrichtungen ersetzen ihm unaufhörlich die Wärme wieder".[233] In einer zusammenfassenden Bestätigung seiner Untersuchungen zur Atmung (1789), bei der er auch die Verdauung einbezieht, welche dem Blut den Brennstoff liefert, zieht der den Vergleich zu einer Öl-Lampe,

---

229 Lavoisier, *Expériences sur la respiration des animaux, et sur les changemenes qui arrivent à l'air empassent par leur poumon* (1777/ 80): *Versuche über das Athmen der Thiere und die Veränderungen, welche die Luft, beim Durchgange, durch die Lungen erfährt*, in: *Physikalisch-chemische Schriften*, übers. v. Christian Ehrenfried Weigel, Bd. III, Greifswald 1785, 52.
230 Lavoisier, *Memoire sur la combustion en general* (1777). – Sauerstoff wurde bereits 1774 von Joseph Priestley isoliert und als 'dephlogistisierte Luft' gedeutet. Lavoisier erkennt dessen Bedeutung und formuliert Verbrennung als Oxidation, als Verbindung von Sauerstoff mit dem brennenden Stoff, anstelle einer Zerlegung in Phlogiston und Asche.
231 Lavoisier/ Pierre Simon de Laplace (1749-1827), *Mémoire sur la chaleur* (1780/ 84): Abhandlung von der Wärme, in: *Physikalisch-chemische Schriften* (s.o), Bd. III (1785), 358. – Zur quantitativen Bestimmung der Wärmeabgabe dient das Schmelzwasser eines selbstkonstruierten, mehrwandigen Eisbehälters (Kalorimeter); vgl. ebd., 316ff.
232 Ebd., 386. – Gedanken an eine chemische Verbrennung unter Einbeziehung der Atmung in den Lungen äußerten schon Richard Lower (1631-91), *Tractatus de Corde* (1669) und John Mayow (1641-79), *Tractatus quinque medico-physici* (1674); im Prinzip schon bei Galens 'Herzfeuer'; vgl. dazu Fuchs 1992, 34f, 168ff.
233 Lavoiser/ Laplace (1780/ 84) 1785, 385.

welche erlischt, wenn sie keine Nahrung mehr erhält,[234] um schließlich mit der Transpiration das fehlende Regulationselement in seinem Wärmekreislauf einzuführen.

„[... S]o sieht man die tierische Maschine wesentlich von drei Regulatoren gesteuert: von der Atmung, die Wasserstoff [*hydrogène*] und Kohlenstoff [*carbone*] verbraucht und Wärmekalorien [*calorique*] freigibt; von der Transpiration, welche, je nachdem, ob mehr oder weniger Wärme abgeführt werden muss, ansteigt oder absinkt; schließlich die Verdauung, die dem Blut die Verluste von Atmung und Transpiration ersetzt."[235]

Die Analogien dieser tierischen Maschine zur Dampfmaschine sind augenfällig. Selbst wenn Lavoiser diesen Vergleich nicht zieht, nimmt er doch direkten Bezug zum Ausdruck und Konzept des technischen Reglers. Die kooperierenden, sich wechselseitig bedingenden Strukturen von Blutkreislauf, Atmung, Verdauung und Transpiration, die physiologisch-chemischen Prozesse und Regelungen der Lebewesen Nährstoffe aufzunehmen, umzuwandeln, in Wärme und Bewegung umzusetzen und die Reststoffe auszuscheiden, lässt sich hier am Modell des Motors beschreiben, anstelle einer bloß mechanischen Zusammenstellung von Werkzeugen und Geräten.[236] Auch die Chemie Lavoisers bildet letztlich eine modifizierte, methodisch erweiterte Form des Mechanismus. Sie unterwirft lebendige Vorgänge der strikt quantitativ-mathematischen Analyse, der alles nach Gewicht und Zahl messbar erscheint und dabei einen Begriff der physiologischen (bzw. kalorischen) Arbeit skizziert. „So könnte man auch den mechanischen Anteil in der Arbeit des Philosophen beim Denken, des Schriftstellers beim Schreiben und des Musikers beim Komponieren berechnen."[237]

Deutet sich bei Lavoiser die Regulation auch als das Phänomen eines mehr zufallsbestimmten Verhältnisses zwischen Organismus und Umwelt an, welches auf variable äußere Einflüsse und Störungen mit immanenten Anpassungs- und Ausgleichsmechanismen reagiert, so sind diese doch letztlich – und insofern eine Theorie des 18. Jahrhunderts – nur ein Aspekt der „unveränderlichen Gesetzen unterworfenen und schon lange zu einem nicht zu störenden Gleichgewichtszustand gelangten physikalischen Ordnung".[238] An Letzteres anschließend stellt Lavoiser seine Untersuchungen zur `*économie animale*´ auch in den Zu-

---

234 Antoine Lavoisier/ Armand Seguin (1767-1835), *Premier mémoire sur la respiration des animaux* (1789/ 93), in: *Oeuvres de Lavoiser*, Bd. II, Paris 1862, 688-703. – Unter dem Aspekt der Regulation ließe sich auch eine Brücke bis zu den seit Philon [s. S. 58, Fn. 202] gebräuchlichen Niveauregelungen an Öl-Lampen schlagen.
235 Laviosier/ Seguin (1789/ 93) 1862, 700 (Übers. v. Verf.) – Lavosiers Konzept der Atmung [OO-XX+H+C=CO-X+HO+X], insbesondere das Wesen der Wärme als `Wärmestoff´ [X], ist natürlich nicht ganz korrekt, worauf es hier aber nicht ankommen soll.
236 Der chemische Aspekt des Mechanismus war allerdings immer präsent (z.B. bei Descartes `Fermentation´), wenn auch nicht dominant, und stand damit in keinem prinzipiellen Gegensatz, wobei der alte `Iatrochemismus´ zumeist auch eine eher alchemistisch-vitalistische Note anschlägt, die bei Lavoisier nicht zu finden ist.
237 Laviosier/ Seguin (1789/ 93) 1862, 697 (Übers. v. Verf.).
238 Ebd., 699; vgl. dazu auch Canguilhem 1979[a], 98f.

sammenhang moralischer und gesellschaftlicher Ordnung, in der „ähnliche Ausgleiche existieren, welche es dem Menschen erlauben, seinen Bedürfnissen und Wünschen folgend, ein aktives in einem friedlichen Leben zu verbringen."[239] In seiner Arbeit zur Transpiration erklärt er 1790:

> „Man kommt nicht umhin das System der allgemeinen Freiheiten zu bewundern, welches die Natur in allem, was mit den Lebewesen zusammenhängt, einzurichten wünschte. Sie schenkte ihnen Leben, spontane Bewegung, aktive Kraft, Bedürfnisse und Empfindungen, erlaubt ihnen sie zu gebrauchen, sie sogar zu missbrauchen; aber versah sie, vorsichtig und weise, mit Regulatoren und lies Übersättigung dem Vergnügen folgen. [...]
> So hat die moralische Ordnung, wie die physikalische Ordnung, ihre Regler; und wäre es anders, die menschlichen Gesellschaften bestünden lange nicht mehr, oder vielmehr, hätten nie bestanden."[240]

In Lavoisiers moralischen Exkursen zeigen sich deutliche Bezüge zu physiokratisch-liberalistischen Ökonomie-Modellen der Zeit, welche ihn als einen der bedeutendsten Akteure der französischen Finanzwelt beschäftigt haben dürften. Als Generalsteuerpächter (1768),[241] Vorsitzender der Diskontbank (1789) und Kommissar der Trésorerie National (1791) legt er nicht nur der Analyse der tierischen Ökonomie eine rigorose arithmetische Kalkulation zugrunde.[242] Und so wird der 'Regler' bei Lavoisier zu einem allgemeinen Prinzip, zu einem interdisziplinären Konzept von Technik, Physiologie, Ökonomie und Moral.

Ist Lavoisiers tierische Ökonomie noch am Gedanken eines steten, zirkulären Gleichgewichts ausgerichtet, so bildet sich unter dem Eindruck von Brownianismus und Oxidationstheorie (v.a. in der deutschen Naturphilosophie) ein Verständnis vom Wesen des Lebendigen als permanenter Störung des Gleichgewichts. Schelling formuliert in seiner Interpretation chemischer Lebensprozesse:

> „Da aber das Eine jener negativen Principien (das Oxygene) dem Körper immer neu zugeführt wird, so kann das Gleichgewicht nur momentan seyn, und muß, sobald es erreicht ist, auch wieder gestört werden, in welcher continuirlichen Herstellung und Störung des Gleichgewichts eigentlich allein das Leben besteht."[243]

Auch dem deutschen Philosophen und physiologischen Theoretiker Hermann Lotze (1817-81) ist die Störung das bestimmende Prinzip des Stoffwechsels und

---

239 Laviosier/ Seguin (1789/ 93) 1862, 700 (Übers. v. Verf.).
240 Lavoiser/ Seguin, *Premier mémoire sur la transpiration des animaux* (1790/ 97), in: *Oeuvres des Lavoisier*, Bd. II, Paris 1862, 713 (Übers. v. Verf.).
241 Seine Tätigkeit in der verhassten 'Ferme', die ihm Geld und Zeit für seine aufwendigen Experimente verschafft, und sein Einsatz für den Bau einer Zollmauer um Paris, führt 1794 letztlich zu seiner Hinrichtung.
242 Er vergleicht in physiokratischer Manier nationale Produktion mit Konsumption (*De la richesse territoriale du royaume de France*, 1791) und gilt als ein Wegbereiter der nationalen Statistik und des nationalen Steuerwesens; vgl. dazu Jean-Pierre Poirier, *Antoine Laurent de Lavoisier. Fermier général – Banquier à la caisse d'escompte – Commissaire de la trésorie nationale*, übers. v. G. Mädler, in: *Auf den Spuren des Chemikers Lavoiser [...]*, zusammengestellt v. Manfred Gütlein, Frankfurt a. M. 1995, 50-67.
243 Schelling, *Von der Weltseele. Eine Hypothese der höhern Physik zur Erklärung des allgemeinen Organismus*, Hamburg 1798, in: *Werke* (s.o.), Bd. 6 (2000), 201.

der Regulation.[244] Dabei stellt sich für ihn der lebende Körper „als ein System zusammengeordneter und in sich verwickelter physikalischer Massen"[245] und damit kaum als weniger abstrakt und spekulativ dar, als die romantischen und vitalistischen Betrachtungen von denen sich Lotzes Physikalismus so vehement abzugrenzen sucht. Anstelle einer verwaltenden Lebenskraft besetzt das Nervensystem die Funktion der Koordination und Auslösung der regulativen Prozesse.

„Der Stoffwechsel giebt zwar die Möglichkeit einer Ausgleichung an die Hand, allein wenn irgend eine Störung geschehen ist, so kann doch die Regulation nicht anders als so erfolgen, dass sie selbst durch mechanische Prozesse provoziert oder ausgelöst wird. Wir dürfen hier nicht wieder das Unmögliche verlangen, dass die Lebenskraft als ein höherer Zuschauer den Zustand des Systems gewahr werde, und nicht nur das Zweckmäßige wähle, sondern auch vollziehe; die Rückwirkung muß vielmehr selbst durch die Folgen der Störung hervorgehoben werden und mit einer mechanischen Federkraft hervorspringen. Diese mechanische Sollicitation zur Auslösung der regulativen Thätigkeiten zu geben ist das Nervensystem [...] bestimmt."[246]

Lotze errichtet gegen die Ideen transzendenter Lebens- und Naturheilkräfte eine technische Theorie der Regelung bzw. Steuerung, die durch ein System selbsttätiger v.a. nervöser Rückwirkungen einen Mechanismus bildet, der keine regelnde Kraft benötigt und etabliert damit ein allgemeines Konzept physiologischer Regulation als einer Hauptaktivität des Lebens.[247]

„Da wir erfahrungsmäßig finden, daß der Stoffwechsel im thierischen Körper zur Regulirung der Störungen benutzt wird, so dürfen wir glauben, hierin den Mittelpunkt des organischen Mechanismus zu sehen, um den sich alle übrigen Processe der thierischen Oekonomie anknüpfen lassen."[248]

Auch Justus Liebig (1803-73) integriert in seiner populären *Thier-Chemie* den organischen Stoffwechsel (ganz in der Tradition Lavoisiers) in ein mechanisches Denken von Arbeit, Wärme, Kraft und Widerstand, wobei allerdings der Aspekt der Regulation keine Beachtung und der Begriff der Lebenskraft äußerst widersprüchliche Verwendung findet.[249]

---

244 Lotze, *Leben. Lebenskraft*, in: Rudolph Wagner (Hg.), *Handwörterbuch der Physiologie*, Bd. I, Braunschweig 1842, IX-LVIII. „Der lebende Körper als Mechanismus betrachtet unterscheidet sich von allen anderen Mechanismen dadurch, daß in ihm ein Princip immanenter Störungen aufgenommen ist, die durchaus keinem mathematischen Gesetze ihrer Stärke und Wiederkehr folgen. [...] Es ist das Princip wechselnder Massen, der Stoffwechsel überhaupt," das diesen Mechanismus im unsteten Gleichgewicht hält (ebd. XLVIII).
245 Ebd., XLVII.
246 Ebd., LII.
247 Lotze deutet auch eine Unterscheidung zwischen Regelung (Kompensation nach der Störung) und Steuerung (präventiv vor Wirksamwerden der Störung) an, wenn auch nicht terminologisch; vgl. Toepfer 2004, 163f.
248 Lotze 1842, IL.
249 Macht er von der Lebenskraft einerseits umfangreichen Gebrauch zur Erklärung seiner physiologischen Chemie (vgl. Jacob 1972, 106ff; Büttner 2001, 77f), bezeichnet er sie dann als „Pestilenz des Jahrhunderts"; zit. n. Osietzki 1998, 321. Der Begriff des 'Stoffwechsels' wird maßgeblich durch Liebig allgemein gebräuchlich.

„Der Contact der belebten Körpertheile mit Nahrungsstoff wird dem Thierorganismus bedingt durch eine mechanische Kraft, welche ihm selbst erzeugt wird und gewissen Organen die Fähigkeit giebt, Ortsveränderungen zu bewirken, eine mechanische Bewegung hervorzubringen, mechanische Widerstände aufzuheben."[250]

Auf der Grundlage seiner Stoffwechselkonzeption, welche sich um die Analyse organischer Produkte, ihrer Umwandlungsprozesse, deren wissenschaftliche Deutbarkeit und praktische Nutzbarkeit verdient macht,[251] dessen Kräfteökonomie allerdings spekulativ bleibt,[252] skizziert Liebig eine industriell-rationale Kulturtheorie der Leistungs- und Effizienzmaximierung.

„Die Cultur ist die Ökonomie der Kraft: die Wissenschaft lehrt uns die einfachsten Mittel erkennen, um mit geringsten Aufwand von Kraft den größten Effect zu erziehlen, und mit den gegebenen Mitteln ein Maximum von Kraft hervorzubringen. Eine jede unnütze Kraftäußerung, eine jede Kraftverschwendung in der Agricultur, in der Industrie und der Wissenschaft, so wie im Staate, charakterisiert die Rohheit oder den Mangel an Cultur."[253]

Mit den mechanischen Vorstellungen idealer Kräfteoptimierung – unter dem bürgerlich-industriellen Paradigmen von Arbeit und Effizienz und den physikalischen Reduktionismen des Organismus mit seinen elektrisch-nervalen Informationsverarbeitungen und Regelungsprozessen – drängt (v.a. in Deutschland) die Physiologie stärker denn je in den Raum der Technik und Physik.[254] Demgegenüber entwickelt Claude Bernard (1813-78), abseits mechanischer oder vitalistischer Konzepte, seine Vorstellung eines sich selbst regulierenden Körpers durch das Zusammenspiel der Flüssigkeiten des inneren Millieus (*millieu intérior*), welches ein konstantes, fluktuierendes Habitat für die Organe gegen schwankende Umweltverhältnisse bereitstellt. Dem 'humoralen Ich' wird das Primat gegenüber dem neuronalen Aspekt der Regulation dadurch eingeräumt, dass es als flüssiges Medium den Informationsaustausch erst ermöglicht.[255] Die-

---

250 Liebig, *Die organische Chemie in ihrer Anwendung auf Physiologie und Pathologie* (ab 2. Aufl. als *Thier-Chemie*), Braunschweig 1842, XII; zit. n. Osietzki 1998, 320.
251 Wichtiger Ausgangspunkt war Friedrich Wöhlers (1800-82) Harnstoffsynthese (1828), welche als chemische Widerlegung der Lebenskraft (als unabdingbar zur Bildung organischer Stoffe) gilt.
252 Hermann von Helmholtz (1821-94) formuliert, u.a. an die Problemstellung Liebigs anknüpfend und mit Messtechnik von bis dahin ungekannter Genauigkeit seine Lehre von der 'Erhaltung der Kraft' (1847) [bzw. später der 'Energie'].
253 Liebig, *Chemische Briefe*, Berlin 1844, 21. Brief; zit. n. Osietzki 1998, 320.
254 Eine Entwicklung die unter dem Aspekt der Regelung und Nachrichtentheorie in Norbert Wieners (1894-1964) *Cybernetics or control and communications in the animal and the machine* (1948/ 1961) ihre prägnanteste Ausformulierung findet. – Arbeiten des 19. Jahrhunderts in dieser Tradition sind u.a. Charles Bell (1774-1842), *Animal Mechanics, or Proof of Design of Animal Frame* (1827); Josef Breuer/ Ewald Hering, *Die Selbststeuerung der Atmung* (1868); Eduard Pflüger (1829-1910), *Die teleologische Mechanik der lebenden Natur* (1877); dazu Volker Henn, *Materialien zur Vorgeschichte der Kybernetik*, Studium Generale 22 (1969), 164-190.
255 Bernard, *Lecons sur les phenomenes de la vie communs aux animaux et aux végétaux* (1878); vgl. Georges Canguilhem, *Theorie und Technik des Experimentierens bei Claude Bernard*, in: *Gesammelte Aufsätze* (s.o.) 1979[b], 75-88, 80ff; Jakob Tanner, „*Weisheit des*

sen 'wiederverflüssigten' Körper, verstanden als eine „fluide Matrix", nimmt Walter B. Cannon (1871-1945) in seinem Begriff der 'Homöostase' auf und bestimmt, unter der alten Analogie von *body physiologic* und *body politic*, die Demokratie als flexible Homöostase (gegenüber der starren Heterostase der Diktaturen) zum angemessenen Modell einer modernen, komplex differenzierten, arbeitsteilig spezialisierten Gesellschaft, welche so vor extremen Zuständen und destruktiver Desintegration bewahrt werden könne.[256]

IV. 3 Physiokratie und Unsichtbare Hand

Der Vergleich zwischen dem menschlichen und dem sozialen Körper ist (wie der zwischen Geld und Blut) ein alter, doch gewinnt er unter dem Paradigma des Kreislaufs neue Bedeutung und Evidenz. Klassisch ist hier das bio-mechanische Modell des *Leviathan* (1651) von Thomas Hobbes (1588-1679), der deutlich an Harvey orientiert, den venösen Strom der Steuern in die Staatskasse (das Herz des Leviathans) lenkt, wo das Geld (bzw. das Metall) mit „Leben erfüllt" wird und in Form von Pensionen, Besoldungen und staatlichen Ausgaben den arteriellen Umlauf von Ackerbau, Handel und Fabrikation stimuliert.[257] Es ist der absolute Souverän des institutionalisierten Territorialstaats, der diesen Kreislauf regulieren soll, gefasst in einen Gesellschaftsvertrag und angetrieben durch das Selbsterhaltungsstreben des Einzelnen.

Jean-Jacques Rousseaus (1712-78) Staatskörper versteht sich etwa ein Jahrhundert später stärker als auch moralisches Wesen innerhalb einer neuronalen Vernetzung von Empfindung und Bewegung, als eine festgefügten Einheit mit 'Gemeinwillen' zum Wohl und Erhalt des Ganzen und als Quelle der Gesetze.

„[... D]ie öffentlichen Finanzen sind das Blut, das von einer weisen Ökonomie, die die Funktion des Herzens ausübt, in den ganzen Körper ausgesandt wird, um Nährstoffe & Leben zu verbreiten; die Staatsbürger sind der Körper & die Glieder, die die Maschine in Bewegung setzen & lebens- & arbeitsfähig machen & und die man an keiner Stelle verletzen kann, ohne daß sich nicht die schmerzhafte Erregung bis zum Gehirn fortpflanze, wenn der Organismus gesund ist. – Das Leben des einen wie des anderen ist das dem Ganzen gemeinsame *Ich*, das Empfinden füreinander & die innere Entsprechung aller Teile."[258]

Körpers" und soziale Homöostase. Physiologie und das Konzept der Selbstregulation, in: ders. u. Philipp Sarasin (Hg.), *Physiologie und industrielle Gesellschaft* [...], Frankfurt a. M. 1998, 129-169, 136ff; vgl. auch Jacob 1972, 199ff; Rothschuh 1972, 100ff.
256 Von Cannon v.a. *The wisdom of the body* (1932); dazu Tanner 1998, 130ff.
257 Hobbes, *Leviathan* [...], London 1651: hrsg. v. Hermann Klenner, übers. v. Jutta Schlösser, Hamburg 1996, 213f [Kap. XXIV]: „Geld ist das Blut des Gemeinwesens".
258 Rousseau, *Economie*, in: Denis Diderot u. Jean le Rond d'Alembert (Hg.), *Encyclopédie, ou dictionnaire raisonné de sciences des arts et des métiers*, Paris 1751-1772, 5. Bd. (1755): Ökonomie, in: *Die Welt der Encyclopédie*, hrsg. v. Hans Magnus Enzensberger, Frankfurt a. M. 2001, 280-294, 281f.

Hier zeigt sich angedeutet so etwas wie eine neuronale Rückkopplung der Empfindung zwischen Peripherie und Zentrum des kollektiven Körpers, in der (neben dem nährenden Herzen) dem Gehirn als Ort der Willensbildung, entscheidende Bedeutung zukommt. Zudem wird ums andere Mal deutlich, dass seinerzeit kein grundsätzlicher Gegensatz zwischen Organismus und Mechanismus (als zwei Aspekten der Beziehungen des Ganzen zu seinen Gliedern) besteht. Die Zirkulation als dem Vitalprinzip des Körpers gerät zur fundamentalen Kategorie der Analyse der Physiologie und Ökonomie, sei sie merkantilistisch, physiokratisch, kameralistisch oder liberalistisch. Nichtsdestotrotz bleibt dabei die Staatsfigur in ihrer Doppelgestalt zwischen dem Haupt der symbolischen-repräsentativen Verkörperung des Gemeinwillens (bzw. Gemeinschaftsvertrags) und der physischen Bewegung ihrer Individuen und Güter, von Hirn- und Herzkreislauf, von Rationalität und Vitalität bestehen.[259]

Francois Quesnay (1694-1774) wird, was den Vergleich zwischen tierischen und sozialen Körper angeht, nie so explizit wie Hobbes oder Rousseau. Sein cartesisch geprägtes Weltbild war der physikalisch-mathematischen Methode verpflichtet, die er sowohl auf die Medizin wie auf die Ökonomie anzuwenden sucht. Der medizinische Einfluss auf seine Wirtschaftsanalyse ist (wenngleich umstritten in seiner Form) doch letztlich nicht von der Hand zu weisen. So scheint es durchaus relevant, dass er Arzt ist, zudem Leibarzt des Hofes, dass er erstmals mit einer Schrift gegen den Aderlass Aufsehen erregt und eine zur tierischen Ökonomie vorlegt, bevor er sich mit der Ökonomie in allgemeiner Form befasst.[260] In seiner Begründung einer `science économique´ steckt der Versuch einer Sozialphilosophie als Universallehre auf ökonomischer Grundlage, in der Ökonomie, Politik und Ethik letztlich zusammenfallen. Sein *Tableau économique* (1758), als ein erstes umfassendes, makro-ökonomisches Modell der Analyse, versteht sich als eine durch Abstraktion gewonnene Formel, als Werkzeug der Erkenntnis zur Berechnung gesellschaftlicher Verhältnisse und implizit auch moralischer Gesetze. Es ist hier vor allem Victor de Mirabeau (der Vater des wohl berühmteren Mirabeau), der als organisatorischer Kopf der physiokratischen Schule, die Arbeit Quesnays popularisierend begleitet und in verallgemeinder Weise zusammenfasst.

„Ein Mann hat die Tabelle, die den Augen die Quelle, den Lauf und die Wirkungen der Circulation vor das Auge malt, zuerst erdacht und erläutert, und sie hernach zum Inbegriff

---

259 Vgl. Ernst H. Kantorowicz, *The King´s Two Bodies* [...] (1957): *Die zwei Körper des Königs. Eine Studie zur politischen Theologie des Mittelalters* (1957), München 1990; Joseph Vogl, *Die zwei Körper des Staates*, in: Jan-Dirk Müller (Hg.): *>Aufführung< und >Schrift< in Mittelalter und Früher Neuzeit*, Stuttgart u. Weimar 1996, 562-574; ders. 2002, 50ff.

260 Quesnay, *Observations sur les effets de la saignée* [...] (1730); *Essay physique sur l´économie animale* (1736). Letzterem steuert er in einer erweiterten Auflage (1747) eine ausführliche Seelenlehre bei, bemüht sich eine Psychologie auf der Physiologie aufzubauen und skizziert bereits die Grundanlagen seiner Sozialphilosophie; vgl. August Oncken, *Geschichte der Nationalökonomie* (1902), Aalen 1971, 316.

und zur Grundlage der ökonomischen Wissenschaft, und zum Compaß für die Regierung der Staaten gemacht."[261]

Die Physiokratie beschreibt ein System der Produktion und des Verbrauchs als zirkulären Tauschprozess zwischen den sozio-ökonomischen Klassen, worin der menschliche Verbrauch nicht einfach Endzweck der Produktion, sondern gleichzeitig seine notwendige Voraussetzung bildet. Auch hier besitzt der gesellschaftliche Körper eine selbsttätig regulierende Heilkraft. Voraussetzung ist seine natürliche Verfassung, die jedoch eine sozusagen ärztliche Politik nicht überflüssig macht, welche sich auf eine gesundheitsfördernde Lebensweise und die Beseitigung von Krankheitsursachen richtet. Eine gute ökonomische Regierung sollte sich aus den ewigen Gesetzen der Natur (*ordre naturel*) ableiten und diese in der praktischen Ausgestaltung gültiger Normen bzw. geschriebener Gesetze (*ordre positif*) verwirklichen, wofür jenes Tableau eine „arithmetische Regel" bieten soll.[262]

„[...] der gesunde Körper, der von der Natur an die vorgeschriebene, und dann vom Arzte geleitete Diät gebunden ist, thut Kraft seiner Constitution selbst, den zu seiner Erhaltung erforderlichen Funktionen genüge. Nun ist diese Constitution nicht das Werk des Arztes, sondern es ist die der physischen Organisation, die er zu studieren hat, um sie in regelmäßigem Gange zu erhalten."[263]

Die ideelle Verwandtschaft der medizinischen und ökonomischen Anschauungsweisen lässt hier, auch vor dem Hintergrund der Krise des Merkantilsystems und der Finanzpolitik Ludwig des XIV., die wissenschaftliche Ökonomie als eine gesellschaftliche Heilkunde entstehen, die sich eines mathematischen Instrumentariums bedient und auf eine natürliche Ordnung rekurriert. Obgleich sich der Körper darin prinzipiell selbst reguliert, bedarf er doch der Aufsicht und Verwaltung einer herausgehobenen Instanz zur Sicherung dieser Ordnung. Dies läuft letztlich auf ein aufgeklärt absolutistisches Gesellschaftskonzept hinaus,[264] einer Mischung von ‛Laissez-faire' und freier Konkurrenz als natürlichem Heilprinzip, einem ambivalenten Verhältnis zum Freihandel und der Forderung einer

---

261 Victor de Riquetti Marquis de Mirabeau (1715-89), *Philosophie rurale* [...] (1763): Landwirthschafts-Philosophie [...], übers. v. Christian August Wichmann, Bd. I, Liegnitz u.a. 1797, XXIII.
262 Ebd., XLVI. - Die Physiokratie ließe sich mit einiger Vorsicht als Protektionssystem des ländlichen 3. Standes charakterisieren (im Ggs. zur merkantilistischen Protektion des städtischen 3. Standes). Grundlage einer natürlichen Ökonomie ist die Landwirtschaft. In diesem Sinne versteht sich auch die agrarische Klassentheorie Quesnays, welche Manufaktur- und Handelsleute als ‛classe stérile' bezeichnet, weil diese zwar nicht wertlos, aber auch nicht produktiv sind, im Sinne eines Überschusses wie in der Landwirtschaft (Sie sind der Wassereimer im Ziehbrunnen, nicht die Quelle); vgl. Oncken (1902) 1971, 342 (ff). (s. S. 46f, Fn. 198).
263 Mirabeau (1763) 1797, XLVI [Vorrede des Verfassers].
264 Quesnays Vorbild ist das patriarchal-agrarische China, dieses „schönsten, bevölkertsten und blühendsten Staatswesens der Welt", welches den ‛ordre naturel' am konsequentesten verwirklicht hat, *Le despotisme de la Chine* (1767); zit. n. Oncken (1902) 1971, 355.

zwecksetzenden Außenhandels- und Finanzpolitik, welche die Preise (v.a. des Getreides) reguliert.[265]

Stehen die politischen Institutionen der physiokratischen Theorie unter voller Kontrolle der menschlichen Vernunft und sind Ergebnis menschlicher Planung, der alles berechenbar scheint (gewissermaßen eine Herrschaft des Volkswirtschaftlers), so konstruiert der englische Liberalismus unter der Prämisse von der Fehlbarkeit dieser Vernunft, ein unpersönliches, selbstregulierendes Wirken der Marktkräfte als Ergebnis individuellen Handelns. Adam Smith (1723-90) entwickelt in eklektischer Aufnahme verschiedener, im einzelnen nicht wirklich neuer Konzepte und Prinzipien ein „einfaches System der natürlichen Freiheiten", welches Ethik, Markt und Staat in einen geschlossenen Kreislaufzusammenhang fasst. Darüber hinaus liefert es in zeitlicher Betrachtung ein spiralförmiges Wachstumsmodell und erhebt letztlich in all seinen Teilen die Idee der Selbstregulation zum herrschenden Prinzip. Fundamentale Grundlage der marktwirtschaftlichen Analytik des *Wealth of Nations* (1776) bilden die sozialpsychologischen Überlegungen Smiths *Theory of Moral Sentiments* (1759), die den Kern der Idee von der 'Unsichtbaren Hand' in einem System des emotionalen Zusammenhalts der Gesellschaft durch wechselseitiges Mitempfinden formulieren.

„How selfish soever man may be supposed, there are evidently some principles in his nature, which interests him in the fortune of others, and render their happiness necessary to him, though he derives nothing from it except the pleasure of seing it."[266]

Antriebskraft und basales Prinzip dieses Systems ist die um Annehmlichkeit und Anerkennung erweiterte Selbsterhaltung als 'Selbstinteresse', welche nun ethisch positiv bzw. sozial nützlich, auch ohne Absicht und Kenntnis des Einzelnen, die Antriebskraft ökonomisch-gesellschaftlicher Prozesse darstellt. Dieses Selbstinteresse wird (gegen egoistische Abirrungen einer grundsätzlichen Konkurrenz um knappe Ressourcen) durch ein natürliches Mitgefühl (*sympathy*) reguliert, welches in wechselseitiger Beobachtung und emotionaler Reflexion einen Zustand relativer Geneigtheit und Selbstkontrolle durch (Selbst-)Beobachtung herbeiführt.[267] So schränkt sich das Eigeninteresse im Sinne wechselseitiger Abhängigkeit, emotionaler Annehmlichkeit und erhoffter Anerkennung selbst ein, wendet also einen Teil seiner Energie zur eigenen Regulierung auf. In

---

265 Vgl. dazu Giorgio Gilibert, *Francois Quesnay (1694-1774)*, in: Joachim Starbatty (Hg.), *Klassiker des ökonomischen Denkens*, Bd. I, München 1989, 114-133.
266 Smith, *Theory of Moral Sentiments*, London 1759 [I, 1f]; zit. n. Horst Claus Recktenwald, *Adam Smith. Sein Leben und Werk*, München 1976, 87.
267 Entscheidend ist in diesem Modell ein angenommener Beobachter (oder auch Gewissen), der das Verhalten des unbeteiligten Beobachters (*spectator*) beurteilt und eine Anpassung des Verhaltens im Sinne von Zustimmung und Anerkennung durch den angenommenen Beobachter erwirken soll; vgl. dazu Recktenwald 1976, 78ff; Albrecht Koschorke, *Selbststeuerung* [...], in: Baxmann u.a. (Hg.) 2000 (s.o.), 179-190, 185ff.

dieser emotionalen, sensiblen Rückkopplung steckt die Ordnungsleistung der Sympathie.[268]

Smith macht eine positive Tendenz in der Natur der ethischen Gefühle aus und koppelt sympathetische Reaktionen zu einem sich selbstregulierenden Mechanismus des Eigeninteresses, welches die konstante ökonomische Antriebskraft bildet. Im Streben nach Sicherheit und Gewinn befördert dabei der Einzelne unbewusst das soziale und wirtschaftliche Gemeinwohl. Er wird dabei „von einer „Unsichtbaren Hand" geleitet, um einen Zweck zu fördern, den zu erfüllen er in keiner Weise beabsichtigt hat."[269] Diese `Hand´, auf den ersten Blick recht okkult, bezeichnet eine dem ökonomischen Prozess selbst innewohnende Kraft, die sich in den Bewegungen und Kommunikationen ihrer Elemente herstellt. Sie erscheint als das abstrakte Prinzip der Regulation der Gefühle und des Marktes, welcher den Schauplatz der Mechanismen von Angebot, Nachfrage, Preis und Kosten bildet, auf dem diese Variablen in Beziehung gesetzt werden und sich in gegenseitiger Rückkopplung selbst regulieren.[270] Die `Unsichtbare Hand´ ist das Prinzip der Autoregulation selbst und deren Theorie schlechthin, für die noch kein allgemein etablierter Begriff bereit steht.[271]

Die physiologisch-medizinischen Aspekte dieser Ökonomie erscheinen eher beiläufig, im Vergleich zu Hobbes, Rousseau oder den Physiokraten. Bei Smith heißt es in Rückblick auf Quesnay, dem ursprünglich sein *Wealth of Nations* gewidmet werden sollte:

„Anscheinend gehorcht wohl der menschliche Körper bei voller Gesundheit einem unbekannten Prinzip der Selbsterhaltung, das die schlimmen Folgen einer grundfalschen Diät in vielerlei Hinsicht zu verhüten oder zu korrigieren vermag. Quesnay [...] scheint vom Staatskörper eine gleiche Vorstellung gehabt und geglaubt zu haben, auch er würde bei einer ganz bestimmten und genau dosierten Diät [...] aufblühen und gedeihen. Er hat offenbar nicht bedacht, daß im Körper eines Gemeinwesens das natürliche Bestreben jedes einzelnen, die eigene Lage zu verbessern, ein Prinzip der Selbsterhaltung ist, das in vielerlei

---

268 Der Begriffsgeschichte der (sozialen) `Sympathie´ ist komplex und steht im engen Verhältnis zu den moralischen Implikationen der `Sensibilität´. Sie hat ihre theoretischen Anknüpfungspunkte u.a. in Hartleys Assoziationstheorie (1749) [s. S. 35, Fn. 105] mit ihren sozialen Effekten der `Verähnlichung´ durch Modifikation, Überlagerung und Mischung sinnlicher Ideen und Gefühle zu `clusters of ideas´ (vgl. Koschorke 2000, 182ff), wie auch in Whytts Lehre `organischer Sympathien´ (1751) [s. S. 28f, Fn. 95], beiderseits entwickelt auf der Grundlage sinnes- und reizphysiologischer Überlegungen. Zur sogenannten `Moral Sense School´ kann auch David Hume (1711-1776), *Treatise of Human Nature* [...] (1739) gezählt werden; vgl. dazu Sauder 1974, 3f, 73ff.
269 Smith, *An Inquiry Into the Nature and Causes of the Wealth of Nations*, London 1776: *Der Wohlstand der Nationen* [...], übers. v. Horst Claus Recktenwald, München 1974, 371.
270 Wobei die Nachfrage die entscheidende Variable darstellt, denn die „auf dem Markt angebotene Menge einer Ware passt sich ganz von selbst der wirksamen Nachfrage an" (ebd., 50). Die `Unsichtbare Hand´ regelt hier auch das Bevölkerungswachstum (ebd., 69f).
271 Vorläufer ökonomischer Regulationstheorien finden sich bei Isaac Gervaise (1680-1720), *The System or Theory of the Trade of the World* (1720) und v.a. Hume [s. Fn. 268], *Of the Balance of Trade* (1750); vgl. dazu Mayr 1986, 199ff.

Hinsicht die negativen Auswirkungen einer Politischen Ökonomie, die in gewissem Sinne parteiisch und bedrückend ist, abzuwehren und zu korrigieren vermag."[272]

Regulation ist hier nicht mehr ein außengesteuerten oder naturgesetzlich programmierter Ablauf, sondern findet im inneren des ökonomischen Prozesses selbst statt, im beweglichen Spiel variabler Kräfte zur Aufrechterhaltung und Anpassung eines Körpers natürlichen wie sozialen Typs. So erscheinen auch die bestgewollten Maßnahmen steuernder Autoritäten auf die autonomen Mechanismen des gegenseitigen Ausgleichs als störend bzw. nutzlos.

Henry John Bolingbroke (1678-1751) beschreibt in ähnlicher Ansicht die Rolle des englischen Königs noch mit einem astronomisch-mechanischen System des automatischen Ausgleichs.

„[...] er kann sich nicht länger auf einer anderen Bahn als sein Volk befinden und dessen Bewegungen von sich aus wie ein überlegener Planet anziehen, abstoßen, beeinflussen und lenken. Er und sein Volk sind Teile des gleichen Systems, eng verbundene und zusammenwirkende Teile, die aufeinander einwirken, einander begrenzen und einander kontrollieren; und wenn er aufhört, in diesem Verhältnis zum Volk zu stehen, steht er in überhaupt keinem Verhältnis mehr."[273]

Dass die Idee des gesellschaftlichen Gleichgewichts seinerzeit gerade in England Konjunktur erfährt, dürfte mit der Erfahrung erstaunlicher Stabilität des konstitutionellen Systems seit 1689 (*Declaration of Rights*) zusammenhängen,[274] welches trotz Störungen weniger auf Weisung einer übergeordneten Autorität, sondern vielmehr durch den relativ freien Lauf ihrer gesellschaftlichen Kräfte Prosperität und Wohlstand zu erlangen schien.

IV. 4 Medicinische Polizey und Romantische Ökonomie

Gegenüber französischer Physiokratie und englischem Liberalismus avanciert im Deutschland des 18. Jahrhunderts der Kameralismus, in systematisierter Ansammlung empirischen Staatswissens und der interventionistischen Politik der polizeylichen Wohlfahrts-Steuerung, zur universalen Gesellschaftswissenschaft. Auch wenn dieses Konzept im Gegensatz zu einer Strategie des Laissez-faire und der Selbstregulation zu stehen scheint, fußt es doch auf sehr ähnlichen Ansätzen und transformiert sich in verspäteter Rezeption liberalistischer Gedanken

---

272 Smith (1776) 1974, 570 [IV, 226].
273 Bolingbroke, *A Dissertation upon Parties* (1733f); zit. n. Mayr 1986, 193.
274 Mit der Thronbesteigung Wilhelms von Oranien und Abwehr der Bedrohung Hollands durch Ludwig XIV. (1689), wird die Idee der Erhaltung eines europäischen Gleichgewichts (*balance of power*) zur Konstante der englischen Außenpolitik und im Sinne von Gewaltenteilung und wechselseitiger Kontrolle (*checks and balances*) auch zum innenpolitischen Prinzip; v.a. bei John Locke (1632-1704), *Treatises on Government* (1689/ 90) u. David Hume, *Of the Balance of Power* (1752).

zu einer modernen Nationalökonomie.²⁷⁵ Die neuen liberalen Rationalisierungsstrategien gegenseitiger Kontrolle und Begrenzung sowie der staatliche Schutz von Leib, Leben, Recht und Eigentum bilden den Rahmen einer wie von selbst funktionierenden, inneren Ordnung. So operiert auch der Kameralismus zentral mit den Kategorien des Ausgleichs und der Zirkulation, die allerdings v.a. durch polizeiliche Moderation garantiert werden sollen. Dabei ist ein wesenhafter Aspekt der kameralistischen Polizey,²⁷⁶ der medizinische. Die Einrichtung einer `medizinischen Polizey´ verweist nicht nur auf die symbolisch-metaphorische Ebene der alten Körper-Gesellschaft-Analogie, sondern konstituiert sich explizit im ordnungspolitischen Zugriff auf den physisch-konkreten individuellen Körper und seine Gesundheit zum Wohl der ganzen Gesellschaft.

Die Vermehrung der Bevölkerung, begründet in der immer anzustrebenden „Vermehrung der Kräfte" des Staates, bildet für Joseph von Sonnenfels (1733-1817) den „Hauptgrundsatze der Staatswissenschaft".²⁷⁷ Dabei richtet die Polizey, so Franz Joseph Bop (1733-1802), ihre Aufmerksamkeit auf alles „was unmittelbar zur Fortdauer und Erhaltung des Lebens gehöret" und hat selbst „den Staat zu beleben, damit er keine Maschine sei".²⁷⁸ Ganz ähnlich hält auch für Johann Jakob Wagner (1775-1841) die Justiz die „Elemente des Staates zwar zusammen, die Polizey aber belebt sie" und ist daselbst das „Organ der positiven Lebendigkeit des Staats".²⁷⁹ So stellt um 1800 die Polizey im Verständnis ihrer Theoretiker keinen Gegensatz zur Idee der Selbstregulation dar, sondern ist nunmehr das `Organ´ dieser Selbststeuerung, wobei sich hier symbolisches und physisches Leben des Staates als Leben der Bevölkerung im Objektfeld der Polizey trifft.

Johann Peter Frank (1745-1821) legt in neun Bänden ab 1779 keinesfalls die ersten, aber wohl die umfassendsten und verbindlichsten Ausformulierungen von Inhalt, Methode und Ziel einer `medicinischen Polizey´ als elementarer Be-

---

275 Vgl. Vogl 2000, 227f. Dort bezeichnet Vogl die „Bruchstelle" zwischen Kameralismus und Nationalökonomie in Deutschland als `Romantische Ökonomie´; vgl. auch ders. 2002, 255ff.
276 Der frühmoderne Staat verstand unter `Polizey´ noch nicht das Vollzugsorgan, sondern den ganzen Komplex der Lehre von Verwaltung, Ökonomie und inneren Ordnung des Gemeinwesens. Dabei ist die ältere Polizey-Literatur vor der im 18. Jhds. entstehenden Polizeywissenschaft zu trennen; dazu Michael Stolleis, *Geschichte des öffentlichen Rechts*, Bd. 1: *Reichspublizistik und Policeywissenschaft 1600-1800*, München 1988, 369ff.
277 Sonnenfels, *Grundsätze der Polizey-, Handlung- und Finanzwissenschaft*, 3 Bde. 1765-1769, Bd. I, 3. Aufl., Wien 1777, 24f; zit. n. Johannes F. Lehmann, *Energie, Gesetz und Leben um 1800*, in: ders. u.a. (Hg.), *Sexualität – Recht – Leben* [...], München 2005, 41-66, 60. – Sonnenfels war auch maßgeblich an der Abschaffung der Folter in Österreich beteiligt (Über die Abschaffung der Tortur, 1775).
278 Bob, *Von dem Systeme der Polizeywissenschaft und dem Erkenntnißgrundsatze der Staatsklugheit und ihrer Zweige*, Freiburg 1779, 107 u. 91; zit. n. Lehmann 2005, 61 u. 53.
279 Wagner, *Grundriß der Staatswirthschaft und Politik*, Leipzig 1805, 67f. „[D]ie Polizei ist die stete Reflexion des Staates auf sich selbst." (ebd. §859); zit. n. Lehmann 2005, 65f u. 64.

standteil einer aufgeklärten Staats- und Verwaltungswissenschaft vor. In einem weitgespannten Bogen, in dem der Lebensweg des Menschen von der Zeugung bis zum Tode nach dessen beeinflussenden Faktoren untersucht wird, werden Anstöße und Vorschläge zu Reformierung und Ausbau des staatlich kontrollierten Gesundheitswesens und der Etablierung einer öffentlichen Gesundheitswissenschaft gegeben. Der von Tissot und Rousseau beeinflusste sozial-gesundheitspolitische Aufklärungsdiskurs erfährt hier (in patriarchaler Prägung erzieherischer Anleitungen, Befehle und Verbote) eine umfassende Systematisierung, welche die Bereiche Hygiene, Ernährung, Kleidung, Wohnung, Fortpflanzung und Erziehung, letztlich alle Aspekte des Lebens, der Sitten, der Gesundheit und des Verhaltens betrifft. Der medizinische Polizeydiskurs ist dabei angesiedelt zwischen theoretischer Formulierung, behördlicher Regelung und sozialer Reformierung des Gesundheitswesens zur Sicherung und Mehrung der staatlichen 'Wohlfahrt'.

Die Freisetzung und Regulierung gesellschaftlicher Kräfte zum größtmöglichen Nutzen der Staatsidee (durch sozial- und gesundheitspolizeyliche Normsetzung, Aufklärung und Kontrolle) erscheint als Ordnungsstrategie einer absolutistisch-bürokratischen Staatsökonomie, doch zielt sie als Modernisierungslehre der Optimierung und Ressourcenmaximierung letztlich auf eine Internalisierung der Normen, auf eine bio- und sozialpolitische Selbstdisziplinierung des Einzelnen und eine weitgehende Selbstregulierung des Gesellschaft.

„So muß eine große Menge von Gegenständen bei einem in der Kultur noch um vieles zurückstehenden Volke anfänglich durch Gesetz befohlen werden, welche, einmal eingeführt, von sich selbst als bloße Gebräuche, ohne daß jenen mehr Meldung geschehe, beobachtet werden."[280]

Im Prinzip sind auch in Franks aufklärungsoptimistischer Einstellung 'Erziehung' und 'Staatsraison' Ausdrücke einer selbstwirkenden Kraft der menschlichen Vernunft, die über vernünftige Gesetze auf den Menschen zurückwirkt und damit zur Erhaltung und Entfaltung des Gemeinwesens beiträgt. Im Zentrum der Überlegungen steht nicht mehr nur ein kompensatorisches Gleichgewicht der Kräfte, sondern ihre regulierte Vermehrung unter dem wachenden Auge direkter und normativer Interventionen. Doch mit der Aufnahme eines Wissens um autoregulative Dynamiken, die sich der souveränen Repräsentation und polizeilichen Steuerung entziehen, verliert das Politische zusehends seinen Ort, wird vage und verlangt nach einer neuen Konzeption funktionaler Strukturen, Prozesse und Symboliken.[281]

Im Anschluss an Kants Begriff „eines organisirten Naturproduktes" liefert Johann Gottlieb Fichte (1762-1814) die Vorlage für eine deutsche Gesellschafts-

---

280 Frank, *System einer vollständigen medicinischen Polizey*, 9 Bde., Mannheim 1779-1819; zit. n. Eduard Seidler, *Anfänge einer sozialen Medizin. Johann Peter Frank und sein „System einer vollständigen medicinischen Polizey"*, in: Schott (Hg.) 1996 (s.o.), 258-264, 261f.

281 Vogl 2002, 255ff spricht hier von einer 'Entortung der Macht um 1800'.

organologie, welche das „ganze bürgerliche Verhältnis" in den rekursiven Effekten der Selbsterhaltung beschreibt.²⁸²

„In dem organischen Verhältnis erhält jeder Theil immerfort das Ganze, und wird, indem er es erhält, dadurch selbst erhalten; ebenso verhält sich der Bürger zum Staat. [... E]s bedarf bei dem einen so wenig wie bei dem andern einer besondern Veranstaltung für diese Erhaltung des Ganzen, jeder Theil, oder jeder Bürger erhalte nur sich selbst in dem durch das Ganze ihm bestimmten Stande, so erhält er eben dadurch an seinem Theil das Ganze: und eben dadurch, daß das Ganze jeden Theil in diesem seinem Stande erhält, kehrt es in sich selbst zurück, und erhält sich selbst."²⁸³

Die organische Gemeinschaft geriert sich, in polemischer Abgrenzung zum künstlichen Zwangsapparat der despotischen Staatsmaschine,²⁸⁴ als „Cultur der Freiheit"²⁸⁵ und weitet doch den Raum der staatlichen Intervention im Sinne des Gemeinwohls auf alle Teile (Individuen, Familien etc.) und Aspekte (häuslichen, medizinischen, etc.) des gesellschaftlichen wie privaten Lebens aus. Dabei fungiert die Polizei bei Fichte und Hegel zentral als vermittelndes bzw. regulierendes Element der organischen Staatskunst und garantiert (bzw. erzwingt) erst den ungestörten Ablauf der natürlichen Prozesse des Staates.²⁸⁶ Postulierte Fichte 1794 noch eine Auflösung des Staates in eine „vollkommene Gesellschaft",²⁸⁷

---

282 Fichte, *Grundlage des Naturrechts nach Principien der Wissenschaftslehre. Zweiter Theil oder Angewandtes Naturrecht*, Jena u. Leipzig 1797, in: *Gesamtausgabe*, hrsg. v. Reinhard Lauth u. Hans Gliwitzky, Bd. I/4 , Stuttgart-Bad Cannstatt Bd. 1970, 18f [§17].

283 Ebd., 19f [§17].

284 „Das Reiben des mannigfaltigen Räderwerkes dieser künstlichen politischen Maschine von Europa [...] war ein ewiger Kampf streitender Kräfte von Innen und von Außen [...], dieses sonderbare Kunstwerk, das in seiner Zusammensetzung gegen die Natur sündigte [...]." (Fichte, *Beitrag zur Berichtigung der Urteile des Publikums über die französische Revolution* (1793/ 94), in: *Gesamtausgabe* (s.o.), Bd. I/ 1 (1964), 249); [s. auch Fn. 287].

285 Ebd., 252 [VI, 101]. – Bei Schelling, der im Übrigen selten vom Staatsorganismus spricht, erscheint dieser als Gegenstand der Historie, als `objektiver Organismus der Freiheit´ (Schelling, *Vorlesungen über die Methode des akademischen Studiums* (1802), in: *Werke*, hrsg. v. Manfred Schröter, Bd. III, München 1927, 334).

286 Bei Fichte fungiert die `Policei´ als „Verbindungsmittel zwischen der exekutiven Gewalt und den Untertanen" und macht den „gegenseitige[n] Einfluß, die fortdauernde Wechselwirkung zwischen beiden erst möglich" (Fichte (1797) 1970, 85 [§21]). Hegel bestimmt die Polizei als wirtschafts- und sozialpolitisches Instrument „einer mit Bewustseyn vorgenommenen Regulirung", einer Vorsorge, Aufsicht und Leitung zu dem Zweck, „das Individuum mit der allgemeinen Möglichkeit zu vermitteln, die zur Erreichung der individuellen Zwecke vorhanden ist." (Hegel, *Grundlinien der Philosophie des Rechts oder Naturrecht und Staatswissenschaft im Grundrisse* (1821), in: *Sämtliche Werke* (s.o.), Bd. 7 (1964), 313f [§236]; vgl. Tetsuhi Harada, *Politische Ökonomie des Idealismus und der Romantik. Korporatismus bei Fichte, Müller und Hegel*, Berlin 1989, 22ff, 28ff u. 141ff.

287 „Das Leben im Staate gehört nicht unter die absoluten Zwecke des Menschen [...], sondern es ist nur unter gewissen Bedingungen statt findendes Mittel zur Gründung einer vollkommenen Gesellschaft. Der Staat geht, ebenso wie alle menschlichen Institute, die bloße Mittel sind, auf seine eigene Vernichtung aus: es ist der Zweck aller Regierung, die Regierung überflüssig zu machen." (Fichte, *Einige Vorlesungen über die Bestimmung des*

lässt er diese 1796 wieder in einer schützenden (und zu schützenden) staatsbürgerlichen Vertragskörperschaft aufgehen.

„Der Einzelne wird, zufolge dieses Vereinigungsvertrages, ein Theil eines organisirten Ganzen, und schmilzt sonach mit demselben in Eins zusammen. Wird er seinem ganzen Seyn und Wesen nach damit verwebt; [...]."
„So fügt die Natur im Staate wieder zusammen, was sie bei Hervorbringung mehrerer Individuen trennte. Die [...] Naturverstaltung des Staats hebt diese Unabhängigkeit vorläufig auf, und verschmelzt einzelne Menschen zu einem Ganzen, bis die Sittlichkeit das Ganze Geschlecht in Eins umschafft."[288]

Leitet sich bei Fichte die Legitimation des Staates aus einem rationalistisch begründeten Naturrecht ab, als Mittel zum Zweck sozialer und geistiger Selbstverwirklichung des Individuums in einer sittlichen Gemeinschaft, so findet in der Romantik die Unterscheidung von Sittlichkeit und Recht, von Bürger und Staat, von Mann und Frau, bereits in der alles verbindenden Zirkularität und Polarität der belebten Natur seine harmonische Einheit. Die Romantik kann hier als ein Versuch betrachtet werden ein kohärentes 'organisches' Modell von Staat und Gesellschaft zu fassen und im naturphilosophischen Organismusbegriff zu reformulieren. Nun lässt sich das 'Romantische' in seiner Heterogenität, seinem emotionalisierten Subjektivismus und seiner proklamierten Rätselhaftigkeit, besonders im Hinblick auf sein polit-ökonomisches Wesen, nicht ohne Probleme auf simple Formeln herunterbrechen. Doch erscheint der Gedanke der Selbstregulation und des Regelkreises als ein wesenhafter Aspekt romantischen Denkens. Das gilt in beispielhafter Weise für Novalis (1772-1802).

Wiederholt Novalis die geläufigen Körperbilder, wie: „Gold und Silber sind das Blut des Staats",[289] so geht er doch auf der Suche nach einer neuen, allgemeinen Theorie des Wissens, einer Vernetzung und Analogisierung verschiedener Disziplinen über die klassische Figur der Zirkulation hinaus. Novalis enzyklopädisches Projekt eines „System[s] des wissenschaftlichen Geistes",[290] „in welchem Erfahrungen und Ideen aus verschiedenen Wissenschaften sich gegen-

---

Gelehrten (1794), in: *Gesamtausgabe* (s.o.), Bd. I/3 (1966), 37). Vgl. auch [Schelling/ Hegel?], *Erstes Systemprogramm des Deutschen Idealismus* (1796), in: Dokumente zu Hegels Entwicklung, hrsg. v. Johannes Hofmeister, Stuttgart 1936, 219f: „Nur was Gegenstand der Freiheit ist, heißt Idee. Wir müssen also über den Staat hinaus! – denn jeder Staat muß freie Menschen als mechanisches Räderwerk behandeln; und das soll er nicht; also soll er aufhören." – Fichte unterscheidet Staat als Vertragskonstruktion von Gesellschaft als „physische Beziehung Mehrerer auf einander [...], als Verhältniß zu einander im Raume" (Fichte (1793/94) 1964, 276).

288 Fichte (1797) 1970, 15 u. 14 [III, 203f; §17].
289 Novalis (Georg Friedrich Philipp Freiherr v. Hardenberg), *Glauben und Liebe oder Der König und die Königin* (1798), in: *Schriften*, hrsg. v. Paul Kluckhohn u. Richard Samuel, Bd. II, Stuttgart u.a. 1981[a], 486 [Nr. 10].
290 Novalis, *Das Allgemeine Brouillon* (*Materialien zur Enzyklopädistik* 1798/99), in: *Schriften* (s.o.), Bd. III, (1983), 249 [Nr. 59].

seitig erklären, unterstützen und beleben sollten",[291] gibt fragmentarische Hinweise, die ihn als einen frühen ʾTheoretiker des Regelkreisesʿ ausweisen.[292] In der theoretischen Reflexion über die Prozesse des Geld- und Sprachverkehrs lösen sich nunmehr die Zeichen und Wörter von ihrem konkreten Gegenstand.[293] Sie erhalten ihren Wert, ihre Bedeutung im zirkulären Spiel mit anderen Zeichen und abstrahieren sich zu Medien selbstreferenzieller Systeme. In einer „Poëtisirung der Finanzwissenschaften",[294] welche die *„Schöne, liberale Oeconomie"* als „Bildung einer poëtischen Welt um sich her" als „Dichten mit lebenden *Figuren*"[295] und als „eigentliche[s] Element der gebildeten Menschen" begreift,[296] entwickelt Novalis eine interdisziplinäre Theorie der Rückkopplung zur Beschreibung von künstlerischen, technischen, natürlichen und sozialen Systemen am Beispiel der galvanischen Kette und des Fliehkraftreglers als Modelle ʾindirecter Wirckungʿ.

„Jedes Werckzeug modificirt also Einerseits, die Kräfte und Gedanken des Künstlers, die es zum Stoffe leitet, und umgekehrt – die Widerstandswirckungen des Stoffs, die es zum Künstler leitet. *Reihe von Werckzeugen.* Kette von Sinnen – die einander Suppliren und Verstärken. Directe und indirecte Wirckungen – z.B. dir[ecte] Wir[ckung] ist die Wirck[ung] eines Kunstrads aufs Gestänge – hingegen das Ausströmen der Dämpfe und des Wassers – indem das Kunstrad das Ventil aufdrückt, ist nur eine indirecte Wirckung. Sind die Erscheinungen des Galvanism directe (noth-[wendige]) oder indirecte (zufäll[ige]) Wirckungen der Schließung und Trennung der Ketten? Indirecte. Sind die Wirckungen der Außenwelt auf unsre Seele etc. directe oder indirecte Wirckungen? Indirecte[.]"[297]

Mit der Konstruktion eines Regelkreises über ein vermittelndes Medium (bzw. ein ʾindirectes Werckzeugʿ) – das nicht nur bloßes Instrument direkter Wirkung, sondern selbst Teil dessen ist, worauf es wirkt – bildet sich eine neue Art syste-

---

291 Ludwig Tieck, *Vorbemerkungen zur Herausgabe der Schriften von Novalis* (1802); zit. n. Hans-Joachim Mähl, *Einleitung*, zu: Novalis (1798/99) 1983, 238.
292 Vogl 2000, 235 u. ders. 2002, 263f beschreibt Novalis als einen „der ersten Theoretiker des Regelkreises".
293 Seit dem 26. Feb. 1797 verzichtet die Bank von England auf die ständige Deckung des umlaufenden Papiergeldes; vgl dazu Vogl 2002, 270ff. – Zum Repräsentationismus in der in der Sprachphilosophie formuliert Wilhelm v. Humboldt (1776-1835): „Dass eine Sprache bloss Inbegriff willkührlicher, oder zufällig üblich gewordener Begriffszeichen sey, ein Wort keine andre Bestimmung und Kraft habe, als einen gewissen, ausser ihm entweder in der Wirklichkeit vorhandenen, oder im Geiste gedachten Gegenstand zurückzurufen [...], sind Meynungen, die man wohl bei niemanden mehr voraussetzen darf, welcher der Natur der Sprachen auch nur einiges Nachdenken gewidmet hat." (ders., *Über den Einfluss des verschiedenen Charakters der Sprachen auf Literatur und Geistesbildung* (1821); zit. n. Müller-Sievers 1993, 95).
294 Novalis, *Vorarbeiten zu verschiedenen Fragmentsammlungen* (1798/99), in: *Schriften* (s.o.), Bd. II (1981), 647 [Nr. 473].
295 Novalis (1798/99) 1983, 469 [Nr. 1097].
296 Novalis, Brief an Caroline Schlegel (20. Jan. 1799), in: *Schriften* (s.o.), Bd. IV (1998), 275.
297 Novalis (1798/99) 1981, 553 [Nr. 120]; vgl. dazu Vogl 2000, 235 u. ders., 2002, 261ff.

mischer Kausalität, deren Organe sich selbst Ursache und Wirkung, Anfang und Ende sind, indem sie ihren Effekt in einer permanenten, oszillierenden Bewegung stets aufs Neue reproduzieren. Mit der Unterscheidung von indirekter und direkter Steuerung (also kybernetisch und nicht-kybernetisch), welche sich auf technische (*governor* und *moderator*) wie auch auf polit-ökonomische Modelle anwenden lässt, etabliert sich eine neue Regulationsidee, die den Kreislauf der offenen Steuerung zum kybernetischen Regelkreis sowie das Prinzip des dynamischen Kräfteausgleichs zu dem des konstitutiven Ungleichgewichts und der permanenten Selbstregulation transformiert.[298]

Novalis erkennt in der Analogie von Geld und Sprache (ihren rekursiven Abläufen und medialen Vermittlungskräften) das Wesen der Belebung der Welt bzw. das kulturelle Leben selbst und begreift die „*Oekonomie* im weitesten Sinne" auch als „Lebens-Ordnungslehre."[299] Novalis Poetik der Ökonomie (bzw. Ökonomik der Poesie) findet sich in seiner Romantisierung des mittelalterlichen Kaufmannstums, die den zeitgenössischen Handelsgeist (den 'Geist der Welt') ablehnt und in der Poetisierung der Verhältnisse ein gesellschaftliches Harmonisierungsprogramm sucht.

„Je mehr Geist und geistiger Verkehr im Staate ist, desto mehr wird er sich dem poëtischen nähern – desto freudiger wird jeder darinn aus Liebe zu dem Schönen, großen Individuo, seine Ansprüche beschränken und die nöthigen Aufopferungen machen wollen – desto weniger wird der Staat es bedürfen – desto ähnlicher wird der Geist des Staats, dem Geiste eines Einzelnen, musterhaften Menschen seyn – der nur ein einziges Gesetz auf immer ausgesprochen hat – Sey so gut und poëtisch als möglich."[300]

Der Staat in Eins mit dem Bürger ist Novalis „immer ein Makroanthropos gewesen", ein „Allegorischer Mensch",[301] dem das Verhältnis zwischen Individuum und Gemeinschaft, dem zwischen Mensch und Natur gleichkommen soll. Die Maschine als rationalistisches Modell mechanistischer Philosophie und aufge-

---

298 Zeitgleich ist es Schelling, der die Gedanken eines geschlossenen Regelkreises für die romatische Naturphilosophie aufbereitet und im Begriff des Organismus formuliert. „Organisation ist mir überhaupt nichts anders, als der aufgehaltne Strom von Ursachen und Wirkungen. Nur wo die Natur diesen Strom nicht gehemmt hat, fließt er vorwärts (in gerader Linie). Wo sie ihn hemmt kehrt er (in einer Kreislinie) in sich selbst zurück. Nicht also alle Sucession von Ursachen und Wirkungen ist durch den Begriff des Organismus ausgeschlossen; dieser Begriff bezeichnet nur eine Sucession, die innerhalb gewisser Grenzen eingeschlossen in sich selbst zurückfließt." (Schelling (1798) 2000, 69 [Vorrede]). – Zum Aspekt des kontinuierlichen Ungleichgewichts im Organismus vgl. auch ebd., 201 [s. S. 69, Fn. 243].
299 Novalis (1798/99) 1981, 606 [Nr. 63].
300 Novalis, *Vermischte Bemerkungen und Blüthenstaub* (1798), in: *Schriften* (s.o.), Bd. II (1981[b]), 468 [Nr. 122]. „Der Handelsgeist ist der Geist der Welt. Er ist der großartige Geist schlechthin. Er setzt alles in Bewegung und verbindet alles. Er weckt Länder und Städte, Nationen und Kunstwerke. Er ist der Geist der Kultur – der Vervollkommnung des Menschengeschlechts." (Novalis (1798/99) 1983, 464 [Nr. 1053]).
301 Novalis (1798); zit. n. Jakob Baxa, *Gesellschaft und Staat im Spiegel der deutschen Romantik*, hrsg. v. Othmar Spann, Jena 1924, 179.

klärt-absolutistischer Staatlichkeit verliert ihre Vorbildfunktion und gerät in Widerspruch zu einem organischen Ideal der Gemeinschaft,[302] in der sich Mittel und Zweck bzw. Ursache und Wirkung wechselseitig bestimmen, sich jedes Werkzeug modifiziert indem es modifiziert wird und jedes Produkt zugleich ein Produzierendes ist.

„Ließe sich diese Maschine in ein lebendiges, autonomes Wesen verwandeln so wäre das große Problem gelöst. Naturwillkühr und Kunstzwang durchdringen sich, wenn man sie in Geist auflöst. Der Geist macht beydes flüssig. Der Geist ist jederzeit poëtisch. Der poëtische Staat – ist der wahrhafte, vollkommne Staat."[303]

Doch wie die rechtliche, polizeyliche und repräsentative Staatlichkeit die tatsächlichen ökonomischen Wechselbeziehungen nicht vollständig erfasst, lässt sich auch die Dynamik der Ökonomie nicht ohne weiteres in eine homogene, politische Form überführen. Dies bewirkt vielfältige Ungewissheiten und Widersprüche bei der Einordnung der ʻPolitischen Romantikʼ, die sich zwischen einer Begrenzung und Überwindung des Staats im alten Sinne und seiner Entgrenzung zur transzendentalen Bedingung sozialer Erfahrung bzw. seiner Transformation in eine organische Ganzheit freiwilliger Aufopferung und Liebe (anstelle vertraglicher Unterwerfung) bewegt. Im Kampf gegen die vermeintlich auflösenden Kräfte von Aufklärung, Revolution und liberalistischem Eigeninteresse versucht Novalis, die widerstrebenden Elemente des Politischen (Repräsentation, Steuerung und Selbstregulierung) im poetischen Staat als organischer Einheit eines ʻschönen, größen Individuosʼ zu verbinden.

Die Frage nach der „Constructionsformel einer Nation, eines Staats",[304] nach der „Bestimmung des *Staatskörpers* – der *Staatsseele* – des *Staatsgeistes*", die „alle ausdrücklichen Gesetze überflüssig" mache,[305] gerät zum ästhetischen Problem, bei dem poetische, physiologische und politische Strategien ineinandergreifen.[306] Die „Poësie ist die große Kunst der Construction der transscendenta-

---

302 Vgl. dazu Barbara Stollberg-Rilinger, *Der Staat als Maschine. Zur politischen Metaphorik des absoluten Fürstenstaates*, Berlin 1986; Volker Stanslowski, *Natur und Staat. Zur politischen Theorie der deutschen Romantik*, Meisenheim a. Glan 1979; Ethel Matala de Mazza, *Der verfasste Körper. Zum Projekt einer organischen Gemeinschaft in der Politischen Romantik*, Freiburg 1999.
303 Novalis (1798) 1981[b], 468 [Nr. 122].
304 Novalis (1798/99) 1983, 257 [Nr. 91].
305 Ebd., 284 [Nr. 250]. „Sind die Glieder genau bestimmt, so verstehn sich die Gesetze von selbst." (ebd.).
306 Vgl. Mazza 1999, 135f. Das Konzept des ʻpoetischen Staatesʼ findet in Schillers ʻästhetischem Staatʼ seinen Gegenhalt, welcher sich bereits deutlich im Widerspruch zum Maschinenstaat befindet: „Aber eben deswegen, weil der Staat eine Organisation seyn soll, die sich durch sich selbst und für sich selbst bildet" steht sie dem ʻUhrwerkʼ des gegenwärtigen Staates gegenüber, in dem sich in einer „Zusammenstückelung unendlich vieler, aber lebloser Theile ein mechanisches Leben im Ganzen" bildet (Schiller, *Über die ästhetische Erziehung des Menschen in einer Reihe von Briefen* (1795), 4. Brief; zit. n. Stollberg-Rilinger 1986, 223f); vgl auch Mazza 1999, 99f.

len Gesundheit. Der Poët ist also der transscendentale Arzt."³⁰⁷ Poesie als Medium schlechthin ist organisch und lebendig, denn es zeugt, es besitzt immanente Reizbarkeit, nimmt Reize auf, sendet sie aus und konstituiert sich erst in diesem Spiel von 'Wechselreitzungen'.³⁰⁸ Die Unterschiede und Spannungen zwischen König und Untertan, Individuum und Staat, Monarchie und Republik, Wirklichkeit und Poesie werden durch eine tiefe innere Ähnlichkeit aufgehoben, in der sich der poetische Staat „in sich selbst abbildet, immer und überall zugleich ist und sich in jedem seiner Teile hervorbringt."³⁰⁹

In der spirituellen Einheit des poetischen Staats, einer ästhetischen Wiederbelebung religiöser Gemeinschaft, finden bei Novalis sowohl die monarchische Repräsentanz eines Königs(paares)³¹⁰ als auch die präventiven Interventionen polizeilicher Steuerung ihren Platz,³¹¹ denen jeweils die Aufsicht über die transzendentale und ordnungspolitische Gesundheit des Körpers überantwortet ist. In der organischen, gleichzeitig monarchischen wie republikanischen Einheit dieses Körpers³¹² löst sich auch die Unterscheidung zwischen öffentlich und privat, zwischen Staatsbeamten und Staatsbürgern auf.³¹³ Alles ist in einem Netzwerk von Beziehungen, Ähnlichkeiten und Bildern aufeinander bezogen, das sich über die medialen Vermittlungsprozesse der Ökonomie und der Sprache, stets aufs Neue herstellen soll.

„Anwendung des Systems auf die Theile – und der Theile auf das System und d[er] Theile auf die Theile. Anwend[ung] des Staats auf die Glieder und der Glieder auf den Staat und d[er] Glieder auf d[ie] Glieder. Anwend[ung] des ganzen Menschen auf die Glieder, der Glieder auf den Menschen – der Glieder und Best[and]th[eile] untereinander."³¹⁴

---

307 Novalis (1798/99) 1982, 535 [Nr. 42].
308 „Die ächt poëtische Sprache soll aber organisch Lebendig seyn" (Novalis (1798) 1981[b], 440 [Nr. 70]). „Dichten ist zeugen. Alles Gedichtete muß ein lebendiges Individuum seyn." (Novalis (1798/99) 1981, 534 [Nr. 36]). Zu Novalis und Brownscher Reizphysiologie bzw. einer 'Physiologie der Poesie' vgl. Mazza 1999, 144ff.
309 Vogl 2002, 286.
310 „Ein wahrhaftes Königspaar ist für den ganzen Menschen, was eine Constitution für den bloßen Verstand." (Novalis (1798) 1981[a], 487 [Nr. 15]). „Der König ist das gediegene Lebensprinzip des Staats [...]." (ebd., 488 [Nr. 17]). „Die Königin hat zwar keinen politischen, aber einen häuslichen Wirkungskreis im Großen." (ebd., 491 [Nr. 27]). „Der Hof ist eigentlich das große Muster einer Haushaltung." (ebd., 492 [Nr. 29]).
311 „Recensenten sind litterärische Politzeybeamten. Ärzte gehören zu den Politzeybeamten. [...] Ächte Politzey ist nicht blos defensiv und polemisch gegen das vorhandne Übel – sondern sie sucht die kränckliche Anlage zu verbessern." (Novalis (1798) 1981[b], 464 [Nr. 113]). „Die Kochkunst gehört zum Ressort der Politzey. Über die Diaet der verschiednen Stände. Die Volkslustbarkeiten hat die poëtisch medicinische Politzey unter sich." (Novalis (1798) 1983, 313f [Nr. 395]).
312 Vgl. Novalis (1798) 1981[a], 490 [Nr. 22]).
313 „Jeder Staatsbürger ist Staatsbeamter." (Novalis (1798) 1981[a], 489 [Nr. 18]).
314 Novalis (1798/99) 1983, 333 [Nr. 460].

Als Antwort auf die Frage nach einer Synthese von dynamischen Prozessen, funktionalen Differenzierungen und stabilen Strukturen wird die geläufige Analogie von politischem und natürlichem Körper im Begriff des Organismus erneuert. Dabei hat die Physiologie wie die politische Ökonomie um 1800 im Gedanken der selbstregulierenden Rückkopplung ein neues, zentrales und gemeinsames Funktionselement gefunden, welches das komplexe Kräftefeld des „Staats*leben*[s]" bzw. der „Staatsphysiologie" im wechselseitigen Tauschhandel von Stoffen, Gütern, Zeichen, Interaktionen und Kommunikationen erfasst.[315]

Es ist Adam Müller (1779-1829), der, in enger Anlehnung an Novalis und in Auseinandersetzung mit Smith und Fichte, in einer konservativen Wendung des Gesellschaftsorganismus als ständisch-korporativer Ordnung der romantisch-organischen Staatstheorie die eindringlichsten Formulierungen zukommen lässt.[316] Der Staatskörper leitet sich nicht aus einem natürlichen Menschenrecht ab, welches als künstlich verworfen wird, sondern kommt „unmittelbar und zugleich mit dem Menschen [...] aus der Natur: – aus Gott, sagten die Alten."[317]

„[Der] Staat ist nicht eine bloße Manufactur [...] oder mercantilische Societät; er ist die Verbindung der gesamten physischen und geistigen Bedürfnisse, des gesamten physischen und geistigen Reichthums, des gesamten inneren und äußeren Lebens der Nation, zu einem großen energischen, unendlich bewegten und lebendigen Ganzen."[318]

Müller begreift den Staat (wie bei Novalis nicht von Gesellschaft unterschieden) als Totalität geistiger und nicht nur materieller Bedürfnisse, was er v.a. gegen Adam Smith einwendet, der bei all „seiner Erhabenheit" nicht begriff, „wie eigentlich die Producte der Geister im Staate, neben den solideren Producten [...] in Betracht kommen müssen"[319] In diesem Sinne unterscheidet Müller „zwischen einseitigen und vollständigen Staaten, oder zwischen *solchen* Staaten, die als *bloße Massen* gelten [...] und *solchen*, die durch inneres Gleichgewicht der streitenden Kräfte mächtig sind, [...] *organische, lebendige* Staaten."[320] Diese ´organischen Rechtsstaate´ treten als ´große Individuen´ „in einen kolossalen Rechtsstreit der National-Freiheit", welches der „lebendige[n] Idee des Europäischen Gleichgewichts" entspricht, sofern darunter „gleichmäßiges Wachsthum,

---

315 Ebd., 295 [Nr. 308].
316 Zu Adam Müller vgl. hier Mazza 1999, 265ff; Harada 1989, 66ff; Stanslowski 1979, 86ff.
317 Müller, *Die Elemente der Staatskunst*, 3 Bde., Berlin 1809, Bd. I, 62 [I, 2]; vgl. auch zum „großen Irrtum" eines „Naturzustand[es] ohne Staat" und zur „Chimäre des Naturrechts" ebd., I, 52 u. 55 [I, 2].
318 Ebd., I, 51 [I, 2].
319 Ebd., I, 49 [I, 2].. „Der Staat ist die Totalität der menschlichen Angelegenheiten, ihre Verbindung zu einem lebendigen Ganzen." (ebd., I, 66 [I, 2]). „Ein lebendiger Staat, oder ein organischer, ist der, welcher nach Totalität strebt, nicht nach Vergrößerung seiner Summe." (ebd., I, 293 [II, 10]).
320 Ebd., I, 276f [II, 10]. – Dazu zählt Müller die britische, gallische, germanische, iberische und italische Nation.

gegenseitiges Sich-Steigern und Erheben" verstanden wird und nicht „ein bloßes, reines, gegenseitiges Beschränken, ein Aufgehoben und Vernichtetwerden der Macht durch die Macht".[321] Jeder Staat bedarf somit beständig Seinesgleichen, um sich „selbst zu fühlen, um sich zu erkennen und sich zu messen"[322] und ist nur in Trennung, Austausch und Auseinandersetzung mit anderen ein lebendiges, organisches Ganzes. Schließlich erklärt Müller den „Glauben" zum regulierenden Element des 'großen Umgangs' der Reiche, als Bindemittel der Staaten und Individuen untereinander, da „alle Gemeinschaft vor der Idee des Rechtes zugleich eine religiöse Gemeinschaft" ist.[323]

In einer im engeren Sinne ökonomischen Betrachtung des Staates, welche „es überall mit Verhältnissen und Wechselwirkungen zu thun hat", steht bei Müller wiederum das Geld (bzw. der Kredit) im Mittelpunkt, als Medium der Vermittlung und der Belebung des Verhältnisses von Personen und Sachen untereinander und zum Staat. Es ist „im Grunde nur ein Substitut des Staates oder der bürgerlichen Gesellschaft selbst."[324]

„Im Gelde, in einer allgemein gültigen, jedem annehmlichen Waare, verbirgt sich die gesammte Persönlichkeit, verbirgt sich das persönliche Band [...] Der beste Beweis, ist, [...] daß das Band zerreißt, so bald das Geld fehlt, [...] oder, daß unmittelbar eine persönliche Verpflichtung an die Stelle des Geldes tritt: ein Wort, ein Wechsel, eine *Schuld*, woraus unmittelbar folgt, daß das Band der Manufactur und des Marktes, eigentlich ein persönliches ist, wie auch das Geld, welches nur circulirend, von einem zu andern übergehend, und zwischen zwey Personen vermittelnd zu denken ist, niemahls ein Gegenstand des unbedingten Privateigenthums seyn kann."[325]

„Jede wahre und lebendige Wechselwirkung" im Staat „besteht nur durch die Vermittlung des Credits".[326] Sie erzeugt aus dem „echten Commerz" ein „sich selbst garantirendes Geld"[327] und unterläuft in den selbst-regulierenden und selbst-referenziellen Zirkulationsprozessen der Vermittlung und Wertbestimmung in weiten Teilen staatliche Souveränitäten und institutionelle Steuerungen,

---

321 Ebd., I, 283 f [II, 10].
322 Ebd., I, 286 [II, 10].
323 Ebd., I, 297 [II, 10]. „Was kann also den großen Umgang der kolossalen Menschen, die ich oben als Glieder oder Theilnehmer der erhabenen Gemeinschaft der Fünf=Reiche dargestellt habe, besser reguliren, als der Glaube" (ebd.); vgl. auch Novalis, *Die Christenheit oder Europa* (1799).
324 Müller, *Versuche einer neuen Theorie des Geldes mit besonderer Rücksicht auf Großbritannien*, Leipzig u. Altenburg 1816, 15 u. 34 [1, 1 u. I, 3]. „[...] Zweck der Nationalökonomie ist also Erhaltung, Belebung, Vereinigung der Verhältnisse der Personen und Sachen zu einander [... und], da der Staat unaufhörlich die ökonomische Existenz des Einzelnen garantirt, inwiefern der Einzelne für die ökonomische Erhaltung des Ganzen lebt, die Belebung des Verhältnisses der Personen und Sachen zum Staate." (ebd., 19 f [I, 2]).
325 Ebd., 33 [I, 3].
326 Ebd., 183 [II, 5]. 'Credit' als „Mittelpunct der ökonomischen Sphäre ist also das eigentliche, wahre Geld".
327 Müller 1809, II, 315 [IV, 22].

obgleich sie den Organismus des Staates als Gesamtheit sozialer Beziehungen sowohl voraussetzt und als auch belebt.

„Wenn ein ökonomisches Object in dem Organismus des Staates durch wirkliche Wech selwirkung eintritt, und nunmehr bestimmt wird, was es, als mehr oder minder wesentliches Organ des Ganzen für das Bestehen, und die höhere Belebung dieses Organismus gilt, so wird sein Werth bestimmt."[328]

Ausgangspunkt des organischen Staatsdenkens in Deutschland in all seinen Spielarten ist kein konstituierender Gesellschaftsvertrag, der sich gegen einen wie auch immer gearteten Naturzustand abgrenzt, sondern vielmehr eine Kräftelehre, die sich der Kategorien des naturphilosophischen Organismuskonzepts bedient. Zirkulation, Gleichgewicht, Polarität, Wechselwirkung, Rückkopplung und Selbstreferenz erlauben dem Organismus Zugriff auf die verschiedensten diskursiven Bereiche, im besonderen als Prinzip und Ideal einer Gesellschaft, welche in ihrer komplexen Struktur, ihren dynamischen Prozessen und unter dem Eindruck sozialer Differenzierungs- und Auflösungserscheinungen wieder als eine stabile, kohärente Einheit gefasst werden soll. Die ʻWechselvorbildlichkeitʼ zwischen Staat und Körper übersteigt dabei den Raum schlichter Metaphorik und didaktischer Analogien und verweist vielmehr auf ein gemeinsames Funktionswissen bei dem sich Physiologie und Ökonomie, Medizin und Politik in der Analyse und der Therapeutik des Lebendigen begegnen.

„Von jenem Römer [Livius], der so sinnvoll den Staatsprozeß mit dem Streit des Magens und der Glieder verglich, bis auf unsere Zeit herab, die nicht aufhört, neben ihren Summen und Massen, auch von Circulation des Geldes, von Staatskörper, von politischer Arzeney, von Constitutionen und Organisationen zu sprechen, ohne zu wissen, welche großen Sa chen sie damit ausspricht, schwebt diese Wechselvorbildlichkeit des Staats und des menschlichen Körpers, wenigstens dämmernd vor den Augen aller."[329]

„Wenn von solchen organischen Gesetzen und *Constitutionen* und ihrer Verbesserung die Rede ist, kommt es darauf an, daß man sich nie von dem medicinischen Sinne dieses Wortes entferne!"[330]

Gründet sich der *Organismus*-Begriff der deutschen Naturphilosophie um 1800 in erster Linie auf ein prozessuales, ganzheitliches Verständnis des Lebens in Aufnahme und Umarbeitung vornehmlich vitalistischer Gedanken,[331] so verweist der *Organisations*-Begriff (in einem eher statischen und mechanischen Sinne) stärker auf den strukturellen Aufbau des Körpers, seine materielle Zu-

---

328 Müller 1816, 63f [I, 6].
329 Ebd., 140 [II, 1].
330 Müller 1809, I, 255 [II, 9]. „Der Staat muß völlig wie ein Mensch organisirt seyn." (ebd., I, 244 [II, 9]).
331 Die Organismusbegriffe des klassischen Vitalismus (Lebenskraft als Ergänzungprinzip zur mechanischen Natur) und der romantischen Naturphilosophie (selbst schöpferische Natur) sollten dennoch, zumindest hinsichtlich ihrer unterschiedlichen Teleologien, voneinander getrennt werden; vgl. Kerstin Palm, *Wer organisert das Leben? Lebensentwürfe in der frühen Biologie*, Die Philosophin 30 (2004), 43-54, 50f ; – [s. in diesem Zusammenhang auch S. 92f, Fn. 348f].

sammensetzung und funktionale Diffrenzierung, auf seinen Bauplan bzw. Konstitution. Beide Bezeichnungen erscheinen dabei eng miteinander verknüpft und oftmals austauschbar. Doch beginnt sich der Organisationsbegriff – gerade mit der Herausbildung der Dichotomien zwischen Mechanismus und Organismus, sowie zwischen Positivismus und Idealismus und auch zwischen Sozialismus und Konservatismus – zunehmend von seiner biologischen Bestimmung zu lösen und für die Machbarkeit (bzw. auch die Künstlichkeit) gesellschaftlicher Strukturen und Institutionen synonym zu werden, während sich der Organismus einer mechanischen Betrachtung entfremdet und dieser als etwas 'organisch' (bzw. auch historisch) Gewachsenes gegenüberstellt.

V. Organisation

V.1 Seele und Werkzeug

Der Organisationsbegriff stellt sich als zentrales, wenn auch nicht sehr präzises Konzept der Lebenswissenschaften um 1800 dar. Er setzt sich in zumeist materialistischer Bestimmung des lebenden Körpers (als der Zusammenordnung seiner Teile und Teilchen) verstärkt im Frankreich der Mitte des 18. Jahrhunderts durch. Organisation wird dabei, das Zusammenwirken der Teilchen betreffend (v.a. im Sinne von Reproduktion, Regeneration bzw. Selbstorganisation) auch als Prozess aufgefasst, erscheint zudem in der vergleichenden Anatomie um 1800 zum Zwecke der Einrichtung einer neuen, `natürlichen' Klassifikation, als eine Art Bauplan der verschiedenen Organismen und ihrer funktionalen Differenzierungen, und verliert schließlich im 19. Jahrhundert weitgehend ihren direkten biologischen Sinn, obgleich dieser mehr oder weniger latent immer gegenwärtig bleibt. Organisation und Organismus stehen als Strukturmodelle des Körpers in enger begrifflicher und konzeptioneller Beziehung zueinander und lassen sich nur schwer voneinander abgrenzen. So soll im Folgenden die Organisation in ihrer Verschränkung mit dem Begriff des Organismus untersucht werden, was in gewisser Weise eine erste Zusammenführung des in dieser Arbeit verhandelten Problemkreises dargestellt. Hierbei sei zuerst auf die dem Bereich des `Organischen' begrifflich zugrunde liegende Konzeption des *organons* bei Aristoteles eingegangen.

Zwar ist der Terminus schon früher gebräuchlich (insbesondere bei Platon), doch wird das *organon* in seinem (auch) physiologischen Sinne erst durch Aristoteles für die Naturwissenschaft herausgearbeitet. Diesen Begriff mit `Werkzeug', `Instrument' oder einfach `Organ' zu übersetzen ist üblich, doch wird man mit `Mittel zu etwas' seinem allgemeinen und teleologischen Charakter eher gerecht. Es ist ein funktionstüchtiges und zweckmäßiges Teil, bestimmt für und durch seine speziellen Verrichtungen.[332]

„Einige aber von den Vögeln haben lange Beine. Der Grund davon ist, daß sie sich in den Sümpfen aufhalten; es schuf aber die Natur die Organe zur Verrichtung, aber nicht die Verrichtung für die Organe."[333]

In der Natur geschieht nichts ohne Zweck,[334] dem sich alle anderen Ursachen (Struktur, Form, Bewegung usw.) unterordnen.[335] Das *organon* als Werkzeug,

---

332 Dazu ausführlich Jörn Henning Wolf, *Der Begriff „Organ" in der Medizin. Grundzüge der Geschichte seiner Entwicklung*, München 1971, 14ff; vgl. auch die Artikel Organ, Organismus, Organisation, in: Karlfried Gründer u. Joachim Ritter (Hg.): *Historisches Wörterbuch der Philosophie*, Bd. 6, Basel u.a. 1984, 1317ff.
333 Aristoteles, *De partibus animalium*, 694b 13: *Über die Teile der Tiere*, in: *Werke*, hrsg. v. Alexander Frantzius, Bd. 5, Leipzig 1853 (repr. 1978), 253 [IV, 12].
334 Dies kann als Grundthese dieser aristotelischen Schrift betrachtet werden; vgl. auch ebd., 641b (1853, 21 [I, 1]).

als zweckhaftes, ungleichartiges Ding,[336] bestimmt sich zuerst durch seine Funktion. Die geschieht in einer Analogie von *physis* und *techné*, die nicht einfach technischer Vergleich, sondern verallgemeinernde Abstraktion und letztlich ein wesentlicher, heuristischer Erkenntnisgrund der aristotelischen Physiologie ist.[337] Zum einen bildet das *organon* als 'Funktionseinheit' eine wichtige methodische Grundlage für die vergleichende Tierkunde des Aristoteles und ihren analogen Funktionen als einer entscheidenden Kategorie der Komparatistik und Klassifikation, die unter den neuen Bedingungen der vergleichenden Anatomie des 18. Jahrhunderts eine fruchtbare Wiederbelebung erfährt. Zum anderen verbindet der Begriff die für die aristotelische Naturauffassung grundlegenden Aspekte der Bewegung und der Zweckgerichtetheit[338] indem das *organon* als Mittel der Bewegung zu einem Zweck verstanden werden muss und damit als Vollzugsorgan der Seele (bzw. zuvorderst des Körpers als Ganzem). Denn die aristotelische Seele (bzw. *psyche*) ist das Prinzip der belebten Körper, ist seine Bewegungs-, Form- und Zweckursache, seine Möglichkeit und Wirklichkeit, sein Begriff und erste Erfüllung, kurz seine erste 'Entelechie'.

„Die Seele ist des lebenden Körpers Ursache und Grund. [...] Denn Bewegungsanstoß ist sie ebenso wie Endzweck, und auch als Wesen der beseelten Körper ist die Seele Ursache. [...] Ferner ist sie Begriff oder Erfüllung des der Möglichkeit nach Bestehenden. [...] Denn alle natürlichen Körper sind Werkzeuge (Mittel) [*organa*] für die Seele, und wie für die Tiere gilt dies auch für die Pflanzen; denn sie sind für die Seele da."[339]

---

335 „[...] da wir mehrere Ursachen der natürlichen Entstehung wahrnehmen, z.B. die des Zwecks und die bewegende Ursache, so ist hier zu unterscheiden, welche davon ihrer Natur nach den ersten oder zweiten Platz behaupte. Offenbar ist diejenige die erste, die wir Zweck nennen, denn dies ist Begriff [*logos*], der Begriff aber ist das Prinzip aller Kunst- und Naturgebilde. [...] In den Werken der Natur wohnt aber die Zweckmäßigkeit und Vollendung weit mehr als in denen der Kunst." (ebd., 639b (1853, 13 [I, 1]).
336 Das organon gehört damit zu den ungleichteiligen Körpern [*anhomoiomeré*], als 3. Stufe der Strukturbildung, nach den gleichteiligen Körpern [*homoimeré*], wie Gewebe und Säfte des Körpers und den einfachen Elementen bzw. Stoffen [*hylé*]. 'Organe' können also nicht (wie Fleisch) zerlegt werden, ohne etwas anderes zu sein. – „Wie aber alle Dinge der Natur aus Stoff bestehen, so ist ihr Wesen bestimmt durch einen Grund [logos]. Das tritt jeweils deutlicher zutage an den zusammengesetzten Dingen und ganz allgemein darin, inwieweit sie Mittel sind und einen Zweck haben." (Aristoteles, *Meteorologica*, 389b 30 [IV, 12]; zit. n. Wolf 1971, 17).
337 Wolf 1971, 18, spricht auch von einer „gedanklich fortschreitenden Analogie".
338 „[...] da ja die Natur selbst in einem zwiefachen Sinne ist und verstanden; einmal als Materie, ein andermal als Wesen. Und selbst dieses wieder einmal als Bewegendes und als das Ziel. Von der Art ist nun bei dem Thier entweder die ganze Seele oder irgend ein Theil derselben. Schon aus diesem Grunde muß der Naturforscher mehr von der Seele sprechen als von der Materie [...]." (Aristoteles, *De partibus animalium*, 641b (1853, 21 [I, 1]).
339 Aristoteles, De anima 415b 9-20 (1959, 30f [II, 4]. – Den lebenden Körper verglich bereits Demokrit mit einem Werkzeug [*organon*] der Seele (DK 68B 159).

Oder auch: „Die Seele ist die erste Erfüllung [*entelèchia*] des natürlichen Körpers, welcher der Möglichkeit nach Leben besitzt. Ein solcher ist der mit Organen ausgestattete."³⁴⁰ Der lebende Körper, definiert durch seine Organe, ist selbst Organ der Seele, welche als Grund und Beherrscher den Ursprung der Bewegung in sich selbst trägt, obgleich sie selbst unbewegt bleibt.³⁴¹ Die Bewegung des Körpers durch die immaterielle Seele geschieht bei Aristoteles als psychophysisches 'Strebungsvermögen' und bedient sich dabei auf der materiellen Ebene des bewegt bewegenden Spiritus (*pneuma*) als 'Werkzeug'.³⁴² Damit berührt Aristoteles bereits die Leib-Seele-Thematik, die ihm, bei seinen als teleologische Ganzheiten verstandenen beseelten Wesen, jedoch unproblematisch erscheint. Diese hierarchische Abhängigkeit bildet sich auch auf gesellschaftlicher Ebene ab, wo ...

„[...] die gleiche Beziehung besteht zwischen Seele und Leib, Handwerker und Werkzeug, Herr und Sklave [...] Auch lässt sich nicht jedem von beiden sein Wert je getrennt zuweisen, sondern beider Wert ist der des Einen, um dessentwillen (der andere) da ist. Der Leib nämlich ist das (mit der Seele) zusammengewachsene Werkzeug und der Sklave gehört zum Herrn wie ein Teil und ein abtrennbares Werkzeug, wobei das Werkzeug als unbelebter Sklave gelten darf."³⁴³

Mit der physiologischen Bestimmung des *organons*, deren Zusammensetzungen und Qualitäten im Hinblick auf ihre Zweckmäßigkeit reflektiert werden, etabliert Aristoteles eine funktionelle Auffassung des Körpers und schafft gleichzeitig einen heuristischen Orientierungsbegriff für die Vielfalt der Naturdinge. Dieser Begriff findet erst bei Galen wieder umfangreichere Verwendung und entwickelt dort eine gewisse Eigenständigkeit, von einem eher modellhaften Charakter hin zu einer physiologischen Dingbezeichnung,³⁴⁴ ohne dabei seinen teleologischen Bedeutungsgehalt zu verlieren. Denn auch Galen gilt die Analyse der Zweckhaftigkeit bzw. des 'Nutzens' körperlicher Einrichtungen als wesentlicher Aspekt der physiologischen Darstellung.³⁴⁵ Im Mittelalter und in der Renaissance findet das *organon* in seiner biologischen Bedeutung jedoch nur beiläufige Verwendung.³⁴⁶

---

340 Ebd., 412a 27, (1959, 24 [II, 1]); vgl. auch 414a 26-28 (1959, 28 [II, 2]).
341 Zur Seele als unbewegter Beweger vgl. ebd., 408b 30 (1959, 18 [I, 4]).
342 Da die Bewegungen hier als Druck und Zug ausgeführt werden, muss sich das Werkzeug (*organon*) dazu ausdehnen und zusammenziehen können. Eigenschaften die das pneuma erfüllt (Aristoteles, *De motu animalium*, 703a 20 [X]). Verlangen, Gedanke, Wille, Vorstellung etc. produzieren Bewegung (ebd., 700b 17ff [VI]), vgl. auch ders., *De anima*, 433a 10ff (1959, 65 [III, 10]).
343 Aristoteles, *Ethica Eudemia*, 1241b 18-25: *Eudemische Ethik*, in: *Werke in deutscher Übersetzung* (s.o.), Bd. 7 (1962), übers. v. Franz Dirlmeier, 82 [VII, 9].
344 Dominant bleibt allerdings der neutralere Terminus 'morion' bzw. später 'membrum' als Körperteil.
345 Programmatisch in Galens Schrift *De usu partium corporis humani* [s. S. 15, Fn. 10].
346 Jenseits dessen ist das organon v.a. als musikalischer Terminus für Stimme oder Instrument gebräuchlich (vgl. Wolf 1971, 31f) bzw. als Bezeichnung für die klassische Sammlung der aristotelischen Logik- und Methodik-Schriften.

Die körperlichen Organe erfahren als funktionelle Einheiten des Körpers in ihrer neuzeitlichen Betrachtung einen vielschichtigen Bedeutungswandel. In der galenischen Physiologie fungieren sie unter Leitung der Seele in einer komplexen, sich zuweilen überlagernden Verschachtelung, als differenzierte und doch relativ selbständige Systeme mit eigenen Vermögen und Subvermögen. Diese Eigenschaften erweitern sich in den neuplatonisch-paracelsischen Renaissance-Strömungen um die magischen Beziehungen von Mikro- und Makrokomos, innerhalb derer auch die Organe gleichsam eigene Lebewesen darstellen. Demgegenüber macht sich zunehmend ein wissenschaftliches Bestreben nach Zentralisierung und Vereinheitlichung des Körpers und seiner organischen Zusammenhänge bemerkbar.

So versteht Harvey das Blut als primäres und belebtes Organ des Körpers, dem die anderen Organe zugeordnet sind, während Descartes zumindest den Tierkörper als seelenlos, quasi unbelebt und dessen Organe vielmehr unteleologisch als Behältnisse und Kanäle des Materiestroms bzw. als Stationen der Impulsverarbeitung begreift. Darin nimmt das Nervensystem zwar eine entscheidende Bedeutung als Vermittler ein, jedoch nicht im Dienste einer leitenden Instanz, sondern vielmehr als horizontales Geflecht der koordinierten Selbststeuerung. Beim Menschen wird dieses Maschinenmodell hinsichtlich bewusster Willensakte und der Institutionalisierung der Seele in der Zirbeldrüse bekanntermaßen problematisch, was auch der bereits erwähnte Uhrenvergleich von Leibniz nur innerhalb eines absoluten Determinismus plausibel machen kann. Leibniz ist seine teleologisch gewendete, göttliche bzw. „natürliche Maschine" erst dann eine solche (also „organisch"), wenn sie „nicht nur im Ganzen, sondern auch in den kleinsten Teilen [...] Maschine ist" in der sich das, was man die Seele nennt, als Leitmonade darstellt.[347] Demgegenüber stellt Stahl Seele und Organ in aristotelischer Bedeutung wieder in das Zentrum seiner Betrachtung[348] und liefert Anknüpfungspunkte für neue ganzheitlich-vitalistische Deutungen des Organismus. Wesentlich in Folge der Rezeption von Kants Naturteleologie kommt es dann zu einer eminenten Bedeutungserweiterung des Organischen in der romantischen Naturphilosophie als Inbegriff des Natürlichen, Lebendigen, sich Selbstbildenden oder (auch historisch) Gewachsenen, zumeist im strikten Gegensatz zum Künstlichen, Mechanischen bzw. einfach Zusammengesetzten. Der Organismus, dessen Organe sich wechselseitig Mittel und Zweck wie Ursache und Wirkung

---

347 Leibniz, *Principes de la Nature et de la Grace fondés en Raison* (1714): *Vernunftprinzipien der Natur und der Gnade*, übers. v. Arthur Buchenau, Hamburg 1956[a], 5 [§3]. „So ist jeder organische Körper eines Lebewesens eine Art von göttlicher Maschine oder natürlichem Automaten, der alle künstlichen Automaten unendlich übertrifft." (*Monadologie* (1714), in: ders. (1714) 1956[b], 57 [§64]); [s. auch S. 94, Fn. 356]. Zur Seele als höherer Monade vgl. v.a. Leibniz (1714) 1956[a], 19 [§12], 21 [§14] u. ders. (1714) 1956[b], 35 [§19f].

348 Stahl (1708) 1802, 47: „Der menschliche Körper ist also, im wahren Sinne des Wortes, organisch, d.h. nach und wegen bestimmten Zwecken eingerichtet. Er ist Organ der Seele, bestimmt, zu den Zwecken von dieser zu dienen, und zwar eine Zeit lang, (dauernd)."

sind und dessen (Lebens-)Kräfte nicht mehr ergänzende Eigenschaften der (organischen) Materie sind, sondern sich erst in den organisierten Austauschprozessen bilden, zeichnet sich hier durch eine inversive Teleologie aus. Der Organismus gerat insbesondere im Rahmen der Identitätsphilosophie Schellings zum obersten `Principum der Dinge´, zum Universalbegriff eines gänzlich lebenden und aus sich selbst schöpfenden Weltorganismus (bzw. Weltseele) in dem Materie und Geist, reale und ideale Perspektive zusammenfallen.[349] Die Frage nach einem Organisationsgrund des Lebendigen tritt hier als solcher gar nicht auf, ebenso nicht, wie der Konflikt zwischen Mechanismus und Teleologie.[350]

V. 2 Organismus und Organisierte Körper

Wie bereits angedeutet ist die Entstehung und Entwicklung des Organismusbegriffs aufs engste mit der der Organisation verbunden und wird während des 18. Jahrhunderts nahezu austauschbar gebraucht. Der Terminus `Organismus´ findet sich, abgesehen zweier mittelalterlicher Quellen,[351] erst bei Stahl und Leibniz in konkreterer Bedeutung. Bei Stahl erscheint er in dessen medizinischer Dissertation (1684)[352] und lässt sich bei Leibniz wenige Jahre später in einem längeren Brief an Antoine Arnauld erstmals nachweisen. Darin skizziert Leibniz grob wesentliche Grundlagen seines philosophischen Systems, indem er erklärt, ...

„[...] daß jede Substanz in metaphysisch strengem Sinne eine wirkliche Einheit hat, und daß sie unteilbar, unerzeugbar und unzerstörbar ist, daß die ganze Materie voller beseelter oder zumindest lebendiger Substanzen sein muss, oder etwas ähnliches haben muss; daß die Erzeugung und die Zerstörung nur Umwandlungen vom Kleinen zum Großen und umgekehrt sind, daß es keine Materieteilchen gibt, in dem sich nicht eine Welt von unendlich vielen Geschöpfen findet, sowohl in organischen [*organisées*] wie auch [von solchen, die bloß] Aggregate [*amassées*] sind. Schließlich, daß Gottes Werke unendlich größer, schöner, zahlreicher und besser geordnet sind, als man gemeinhin denkt, und daß die Maschine

---

349 Schelling (1798) 2000, 189. „Das Leben ist nicht Eigenschaft oder Product der thierischen Materie, sondern umgekehrt die Materie ist Product des Lebens. Der Organismus ist nicht die Eigenschaft einzelner Naturdinge, sondern umgekehrt, die einzelnen Naturdinge sind eben so viele Beschränkungen oder einzelne Anschauungsweisen des allgemeinen Organismus." (ebd.); vgl. auch ebd., 69; [s. auch S. 82, Fn. 298].
350 Vgl. Palm 2004, 50f.
351 Einmal auf griechisch in der Manuskript-Sammlung Marcianus Graecus (10./11. Jhd.) bezüglich des Alchimisten Zosimos von Panopolis (3./4. Jhd.) als Abstraktion von organon in der Bedeutung einer Apparatur; dann im Sinne von Kakophonie in einer Schrift Gerhoh von Reichersberg (*De edificio Dei*, 1126-32); vgl. Tobias Cheung, *From the organism of a body to the body of an organism* [...], British Journal for the History of Science 39/ 3 (2006), 319-339, 320f.
352 Stahl, *Dissertatio Medica Inauguralis, De Intestinis, eorumque Morbis ac Symptomatis, eognoscendis & curandis* [...], Jena 1684. Dort einmalig in einer Teilüberschrift als `organismus formalis´; vgl. Cheung 2006, 329.

oder der Organismus [*la machine ou l'organisme*], d.h. die Ordnung ihnen gleichsam wesentlich ist bis in die kleinsten Teile."[353]

Die unterschiedlichen epistemologischen Ansätze von Leibniz und Stahl, und die wesentlich daraus resultierenden Differenzen in der Handhabung der Leib-Seele-Problematik bzw. in der Unterscheidung von Maschine und Organismus (die sich in einer Briefdebatte von 1709 bis 1711 manifestieren),[354] verdecken letztlich weitreichende Gemeinsamkeiten. Beiden ist der Organismus in einer Ergänzung der Mechanik durch Teleologie[355] eine mehr oder weniger spezifische Organisationsstruktur, ein Aggregat höherer Ordnung. Auch Leibniz sind die organismischen Körper letztlich nicht einfach nur Maschinen, sondern als solche, ganz besondere, `natürliche´ bzw. `göttliche´ und den künstlichen überlegene, „denn jene können sich selbst bewahren und sich ähnliche immer wieder herstellen".[356] Für ihre Bewegungen ist, neben dem materiellen (den Gesetzen der Mathematik folgenden), auch ein formales Prinzip (bei Leibniz als `erste Entelechie´) nötig, welches an die metaphysischen Regeln von Zweck und finaler Ursache gebunden ist.[357] Auch Stahl unterscheidet bereits in seiner Dissertation zwischen mechanisch-materieller (*corpora certa*) und organisch-formaler Konzeption des Körpers (*corpora organica, seu instrumenta*), welche die Funktionalität bzw. Instrumentalität der Teile und die Zweckmäßigkeit der Ordnung des ganzen Körpers erklärt. Diese Ordnung bezeichnet Stahl als `Organismus´ (*or-*

---

353 Leibniz, Brief an Antoine Arnauld (Sept./ Okt. [9.10.] 1687), in: *Der Briefwechsel mit Antoine Arnauld*, hrsg. u. übers. v. Reinhardt Finster, Hamburg 1997, 307ff. – In einer zweiten (wahrscheinlich etwas späteren) Version dieses Briefes benutzt Leibniz (in der sonst nahezu identischen Formulierung der Passage) „l'organisation" anstelle von „l'organisme"; vgl. ebd., 345.

354 Leibniz (1709) lässt Stahl ein Briefessay mit 31 Bemerkungen (*animadversiones*) zu dessen Theoria medica vera (1708) zukommen, welche er nach Rückantwort 1711 neu formuliert (*exceptiones*). Stahl veröffentlicht diese Debatte mit weiteren Betrachtungen (*conspectus*) nach Leibniz Tod in seinem *Negotium otiosum, seu skiamachia* [Schattengefecht], Halle 1720, in recht scharfen Unterton, ohne darin auch nur einmal den Namen seines toten Korrespondenten zu nennen; vgl. dazu Fritz Hartmann, *Die Leibniz-Stahl-Korrespondenz als Dialog zwischen monadischer und dualistisch – „psycho-somatischer" Anthropolgie*, Acta Historica Leopoldina 30 (2000), 97-124; Lelland J. Rather/ John B. Frerichs, *The Leibniz-Stahl Controversy – I*. u. *II*, Clio Medica 3 (1968), 21-40 (mit Leibniz animadversiones in engl. Übers.) u. Clio Medica 5 (1970), 53-67 (mit Stahls conspectus in engl.); Sarah Carvallo, *La controverse entre Stahl et Leibniz sur la vie, l'organisme et le mixte*, Paris 2004 (mit den leibnizschen Beiträgen in lat./fr.); vgl. auch Geyer-Kordesch 2000, 201ff.

355 Leibniz äußert gegenüber Stahl zustimmendes Lob, die alte Lehre von der zweckmäßigen Einrichtung des Körpers „wieder belebt, gereinigt und dem praktischen Gebrauch angepaßt" zu haben (Leibniz (1709) 1968/ 2004, 29/ 84f; zit. n. Hartmann 2000, 103). – Im Ganzen äußert Leibniz mehr Zustimmung als Ablehnung, doch titelt Stahl (1720) dessen Bemerkungen (*animadversiones*) in Zweifel (*dubia*) um.

356 Leibniz (1709) 1968/ 2004, 26/ 74f; zit. n. Hartmann 2000, 101 [s. S. 92, Fn. 347].

357 Ebd., 25/ 73f; vgl. Hartmann 2000, 101.

*ganismus formalis).*³⁵⁸ Dazu heißt es in einer späteren Schrift Stahls, die den unmittelbaren Bezugspunkt der ˋKontroverseˊ mit Leibniz darstellt:

> Jene zum Begriff des Organismus nöthige Erfordernis einer mechanischen Einrichtung darf nicht bloß im Allgemeinen gedacht werden, weil letztere schlechthin jedem Körper eigen ist, sondern diese muß in ihren eigenthümlichsten Bestimmungen und Beziehungen, sofern sie durch eine angemessenes mechanisches Verhältnis ihrem Zweck entsprechen soll, aufgefaßt werden. Die materielle Beschaffenheit eines Organs drückt also nur jene allgemeine Beziehung aus, während die formale dasselbe ausschließlich zu einem gewissen Gebrauch bestimmt, und zur Hervorbringung ganz eigenthümlicher Wirkungen geschickt macht, so dass es nur eine zu diesem Zweck taugliche Beschaffenheit haben kann."³⁵⁹

Ohne hier auf die vielbezüglichen Einzelheiten der Debatte einzugehen, liegt die entscheidende Differenz in der Auffassung des Verhältnisses von Seele und Körper.³⁶⁰ Während Leibniz diesen Dualismus durch eine göttlich vorherbestimmte, ontologische Parallelität, repräsentiert in einer metaphysischen Vereinigung von Materie und seelischer Perzeption in der Monade, aufzulösen sucht und letztlich alles in der Natur als organisiert und lebendig betrachtet, besteht Stahl auf der empirisch beobachtbaren Wechselbeziehung innerhalb einer psycho-somatischen Gemeinschaft, in der die vernünftige, vorausplanende Seele zwischen verschiedenen zweckmäßigen Mitteln zu wählen vermag und sich der materiellen, für sich leblosen Struktur des Körpers als Instrument bedient. Leibniz sind die Wesen organisierte und regulierte, göttliche Maschinen, Stahl hingegen, durch die ständige Aufsicht und Leitung der Seele, intelligente, sich selbst organisierende und regulierende Körper, die streng von den unorganischen Körpern geschieden sind. Leibniz argumentiert logisch-deduktiv im Rahmen seiner metaphysischen Atomistik und entwickelt den Organismus aus seinen finalen Ursachen und kleinsten Teilen, denen er ein Lebensprinzip beilegt, während sich Stahl v.a. als medizinischer Praktiker versteht, der sich in Kritik an rein rationalen Vernunftschlüssen (welche dem Arzt zumeist wenig nützen) methodisch auf die empirische Erfahrung psycho-somatischer Wechselbeziehungen stützt und in der immateriellen Seele das bewegende Lebensprinzip ausmacht. Leibniz behauptet „Organismus ist überall, obgleich nicht alle Stoffe organische Körper bilden"³⁶¹ und das Problem seiner Entstehung erklärt sich mit Hilfe „der Präformation und eines unendlichen Organismus [*organisme à l'infini*], der mir

---

358 Vgl. Cheung 2006, 329.
359 Stahl, *Disquisitio de mechanismi et organismi diversitate*, Halle 1706: *Über den Unterschied der Begriffe Mechanismus und Organismus* [erweitert, als einleitender Aufsatz], in: ders. (1708) 1831, 12f.
360 Der grundsätzliche Einwand von Leibniz gegen Stahl ist, dass etwas Nichtstoffliches keine unmittelbaren Wirkungen auf Stoffliches ausüben könne.
361 Leibniz, *Essais de Théodicée* [...] (1710): *Die Theodizee* [...], in: *Philosophische Schriften* (s.o.), Bd II/ 2, hrsg. u. übers. v. Herbert Herring (1985), 55 [Préface]. „Es gebe im Inneren der Dinge durch aus kein Chaos, und der Organismus sei in einem Stoff, dessen Disposition von Gott kommt, überall vorhanden." (ebd., 45).

materielle plastische Naturen bietet" ohne auf bildende Naturkräfte zurückgreifen zu müssen.[362] Stahl wiederum ist die spezifische Struktur eine notwendige, aber nicht hinreichende Vorraussetzung des Lebendigen, sondern benötigt darüber hinaus ein ursächliches, ...

„[...] gemeinschaftlich thätiges Princip, von dessen eigenthümlicher Wirkungskraft insbesondere die Organisation des Körpers abhängt; denn ohne eine bestimmte Struktur desselben, also ohne eine gewisse Beschaffenheit der festen Theile, welche den Säften überall einen freien Zugang gestatten müssen, kann das Leben nicht bestehen."[363]

Ähnlich der von Stahl, gestaltet sich auch die Bestimmung des 'Organism' im vitalistischen Spätwerk *Cosmologia Sacra* (1701) des Botanikers Nehemiah Grew (1641-1712) als leblose, materielle Struktur der Fasern, deren spezifische Ordnung notwendige Grundlage für das Zusammenspiel von Körper und vitalem Prinzip (*vital principle*) ist. Grews „Organism of a Body" steht dort austauschbar mit „Organizing of a Body"[364] und beschreibt den Körper (wiederum ähnlicher Leibniz) als supra-individuelle Struktur, während sich bei Stahl eine gewisse Tendenz zur Individuation des Organismus ausmachen lässt, in welcher dieser als zweckmäßige Ordnung nur in Beziehung zur Seele gedacht werden kann, mit der er eine Art intelligentes, psycho-somatisches Selbst ausbildet.[365] Jedoch gerät die Bezeichnung 'Organismus' als einer mehr oder weniger spezifischen Struktur des Lebendigen zugunsten von 'Organisation' und 'organisierten Körpern' vorerst in den Hintergrund, da dem Organismus wohl durch die Interpretationen Stahls ein animistischer Beigeschmack anhaftet, dem sich die mechanistische Naturdeutung gemeinhin zu entziehen sucht. In *Zedlers Universal-Lexicon* heißt es 1740 zum Organismus:

„Organismus, ist nicht anders, als die Einrichtung der Theile eines organischen Cörpers. Er ist wenig oder gar nicht von dem Mechanismo unterschieden, vielweniger kann er, wie von

---

362 Leibniz, *Considérations sur les principes de la vie et sur les natures plastiques* (1705): *Betrachtungen über die Prinzipien des Lebens und über die plastischen Naturen*, in: *Philosophische Schriften* (s.o.), Bd. IV, hrsg. u. übers. v. Herbert Herring (1992), 343. – Leibniz verwendet (im Gegensatz zu Stahl) weit häufiger die Bezeichnung 'Organisation' u.ä. statt 'Organismus'. In der Auseinandersetzung mit der Philosophie John Lockes spricht Leibniz hinsichtlich der 'Identität' von Lebewesen auch von 'organisation vitale' (Leibniz, *Nouveaux Essais sur l'entendement humain* (1704, posth. 1765) [II, 27, §6]); vgl. auch John Locke zur Identität als individueller 'Organisation' der beständig im Fluß befindlichen, materiellen Teilchen, welche im zweckmäßig 'organisierten Körper' vital verknüpft sind (Locke, *Essay concerning human understanding* (1690) [II, 27, §4ff]).

363 Stahl, *De vera diversitate corporis mixti et vivi* (1707): Über den wesentlichen Unterschied zwischen einem gemischten und einem lebenden Körper [als einleitender Aufsatz], in: ders. (1708) 1831, 47-82, 55f.

364 Grew, *Cosmologia Sacra, Or a Discourse of the Universe as it is the Creature and Kingdom of God*, London 1701, 22 u. 12 [II, 1]. Ähnliches findet sich auch schon in der neu-aristotelischen Scholastik des Francisco Suárez (1548-1617) im Gebrauch von 'corpus organicum', 'corpus organizato' bzw. 'organizatio' (Suarez, *De anima* (um 1573, posth. 1621) [I, 2, 6 u. III, 2, 14]); jeweils zit. n. Cheung 2006, 324.

365 Vgl. hier Geyer-Kordesch 2000, 208.

einigen geschiehet, dem Mechanismo entgegengesetzt werden. Will man unter beyden einen Unterschied machen, so kann solcher in nichts anders bestehen, als daß der Mechanismus die Einrichtung der Theile aller und jeder Cörper; der Organismus aber die Theile nur organischer Cörper andeute [...]."[366]

Besonders in der französischen Naturbetrachtung materialistischer Prägung wird die Rede von den `corps organisé´ allgemein gebräuchlich. Louis Bourguet (1678-1742) verwendet diese Bezeichnung, anknüpfend an Leibniz, in seinen *Lettres philosophiques* (1729) systematisch zur Beschreibung der `méchanismes organique´ als zusammenhängenden Ordnungen, die sich aus innerlichen Formen (*moules*) bilden, was sich im Gedanken einer kontinuierlichen Kette der Wesen (*échelle des êtres*) auch im Bereich des Mineralischen fortsetzt. In seiner Beschreibung gebraucht Bourguet nur einmal den `organisme´, dort als Bezeichnung für die korpuskuläre Zusammensetzung der Welt (*constitution systématique*) und ihrer Teilsysteme (*systémes particuliers*).[367] In der Folge finden sich `organisierte Körper´, in zumeist ganz ähnlichem Verständnis, in den Schriften nahezu aller namhafter (vorerst v.a. französischer) Naturforscher.[368] Dabei wird insbesondere in Kritik an der Präformation organisierter Körper, deren `Organisation´ auch als Bildungsprozess verstanden.[369]

Im Gedanken spezifischer, immanenter Vermögen organischer Materie deutet sich nun zunehmend auch die Fähigkeit zur Selbstorganisation an, sowohl im biologischen, als auch im politischen Sinne. Die Vorstellung einer gesellschaftlichen Machbarkeit organisierter, zweckmäßiger Strukturen findet ihren Ausdruck in der Ausweitung des Organisationsbegriffs im Zuge der französischen Revolution.[370] Kant bemerkt dort, wo er Naturzwecke als organisierte und sich selbst organisierende Wesen definiert und erklärt, dass die Organisation der Natur nichts Analogisches hat, mit irgendeiner Kausalität die wir kennen, in einer Fußnote:

„Man kann umgekehrt einer gewissen Verbindung, die aber auch mehr in der Idee als in der Wirklichkeit angetroffen wird, durch eine Analogie mit den genannten unmittelbaren Naturzwecken Licht geben. So hat man sich bei einer neuerlich unternommenen gänzlichen Umbildung eines großen Volkes zu einem Staat des Worts *Organisation* häufig für Einrichtungen der Magistraturen usw. und selbst des ganzen Staatskörpers sehr schicklich

---

366 *Grosses Vollständiges Universal-Lexicon aller Wissenschafften und Künste, welche bisher durch den menschlichen Verstand und Witz erfunden worden* [...], Bd. 25, Halle u. Leipzig 1740, Sp. 1868.
367 Vgl. Bourguet, *Lettres philosophiques sur la formation des sels et des cristaux et sur la génération et le méchanisme organique des plantes et des animaux*, Amsterdam 1729, 66 [II, 8]; zit. n. Cheung 2006, 327.
368 U.a. bei Buffon, La Mettrie, Maupertius, Bonnet, Blumenbach und Cuvier.
369 V.a. Buffon und Maupertuis denken Organisation und Reproduktion zusammen.
370 Schon früh verwendet der Physiokrat Victor R. Mirabeau [s. S. 73, Fn. 261] den Begriff für die gesellschaftlich-ökonomische Ordnung, z.B. *Précis de l'organisation ou Memoire sur les Etats provinciaux* (1758). Auch Herder (1784f) sind die Organisation bzw. Organisationen Leitbegriff zur Beschreibung der Erde, der Wesen und Völker: `Unser Erdball ist eine große Werkstätte zur Organisation sehr verschiedenartiger Wesen´ [I, II].

bedient. Denn jedes Glied soll freilich in einem solchen Ganzen nicht bloß Mittel, sondern zugleich auch Zweck und, indem es zur Möglichkeit des Ganzen mitwirkt, durch die Idee des Ganzen wiederum seiner Stelle und Funktion nach bestimmt sein."[371] Die moralischen Konsequenzen des Gedankens an sich selbst organisierende Körper zeigen deutliche Anklänge an das Ideal eines neuzeitlich-aufgeklärten Subjekts, eines in sich selbst begründeten und sich selbst denkenden Ichs.[372] Das menschliche Leben kennzeichnet sich hier durch Selbstbewegung, Selbstbestimmung und Selbstorganisation, als autonomes und handlungsmächtiges Individuum. Es ist kein streng determiniertes, rein physikalisches Aggregat, sondern ein Ganzes, ausgestattet mit schöpferischer Kraft und dem Vermögen nach einem inneren Prinzip zu handeln.[373] Damit vollzieht sich bei Kant eine Bewegung von einem natur-teleologischen hin zu einem moralteleologischen, vernunftanthropologischen Lebensbegriff, der in das große Projekt der Selbst-Gesetzgebung, der Autonomie und Vernunft mündet.[374]

„Daß die Welt einen Anfang habe, daß mein denkendes Selbst einfacher und daher unverweslicher Natur, daß dieses zugleich in seinen Handlungen frei und über den Naturzwang erhoben sei, und daß endlich die ganze Ordnung der Dinge, welche die Welt ausmachen, von einem Urwesen abstamme, von welchem alles seine Einheit und zweckmäßige Verknüpfung entlehnt, das sind so viel Grundsteine der Moral und Religion."[375]

Erst durch die Verlagerung der Erkenntnis von einer äußeren auf eine subjektive Perspektive, für Kant von einer konstitutiven auf eine regulative bzw. transzendentale Ebene ermöglicht sich, unbefangen mit Begriffen wie 'Individuum' und 'Leben' zu operieren, denen dort auch die Vernunft gleichsam zum Organ wird. In diesem Sinne findet sich der 'Organismus' auch erstmals in den nachgelassenen Schriften Kants angedeutet, wo im sonstigen nur von organischen oder organisierten Körpern, Naturprodukten oder Naturzwecken gesprochen wird, wenn von Lebewesen die Rede ist.

---

371 Kant (1790) 2001, 281 (§65), Fn. 1 [A374/ B293].
372 Besonders in Fichtes subjektiven Idealismus eines sich selbst setzenden 'absoluten Ichs' (als Handlung und dessen Produkt), welches die Grundlage und das Zentrum seiner Philosophie bildet, v.a. in Fichte, *Grundlagen der Wissenschaftslehre* (1794); vgl. dazu (etwas anders) auch Schelling, *Vom Ich als Prinzip der Philosophie* (1795).
373 „Leben heißt das Vermögen einer Substanz sich aus einem inneren Princip zum Handeln, [...]" zur Veränderung, zur Bewegung oder Ruhe zu bestimmen, wobei die inneren Prinzipien v.a. das Begehren und Denken sind. (Kant, *Metaphysische Anfangsgründe der Naturwissenschaft*, Riga 1786, hrsg. v. Konstantin Pollok, Hamburg 1997, 100 [III, 3, Anmerkung]).
374 Vgl. Ingensiep 2002, 105.
375 Kant (1781) 1998, 568 [A466/ B494]. – Wobei die Postulate wie auch der Grundsatz der Vernunft „eigentlich nur Regel", also regulative und keine konstitutiven Prinzipien darstellen; vgl. ebd., 602 [A509/ B537].

„Selbst der Organism ist im Bewustsein seiner selbst enthalten Das Subject macht seine eigene Form nach Zwecken a priori Der Instinct ist eine Autonomie des dynamischen Princips welches auf einen Mechanism der Selbsterhaltung hinwirkt Zweckeinheit."[376] Im Kontext des abermals wiederauflebenden Mikro-/ Makrokosmos-Gedankens der romantischen Naturphilosophie (v.a. bei Schelling) gerät der Organismus in seiner doppelten Bedeutung als natürliche Struktur des Weltganzen und als individuelle Repräsentationen dieser Organisation ins Blickfeld.[377] Dabei erscheint in diesem Zusammenhang weniger die Neuauflage der alten Idee eines 'Makroanthropos' von Interesse, sondern seine Neuformulierung als Organismus und dessen Projektion auf eine individuelle Ebene. Geht es dieser Naturphilosophie auch weniger um die Erkenntnis objektiver Gesetzmäßigkeiten, sondern v.a. um die der Natur als allgemeinen Wirkungszusammenhang, der auch das erkennende Subjekt umfasst,[378] so erlaubt sich fortan auch die empirische Naturforschung von selbstorganisierenden Körpern als 'Organismen' zu sprechen, von einzelnen, individuellen Lebewesen, statt nur vom ihrem Organisationsprinzip oder dem der Natur als Ganzem.

Während sich nun im Zuge der französischen Revolution die Organisation als allgemeiner Begriff natürlicher und gesellschaftlicher Strukturen einbürgert, der sowohl mechanistischer wie vitalistischer Betrachtung genügt, stellt sich der Organismus der deutschen Naturphilosophie als sowohl universales wie auch individuelles Prinzip dar, das sich von der alten physis-techné-Analogie löst.[379] Er-

---

376 Kant, *Opus postumum* (1796-1803), in: *Kant's gesammelte Schriften* (Akademie-Ausg.), Bd. 22, Berlin u.a. 1938, 78 [VII, 7, 1]; vgl. auch Schelling (1799) 2001, 172: „Der Organismus constituirt sich selbst. [...]."
377 So schreibt z.B. Kielmeyer [s. S. 52, Fn. 177] in einem Brief an Cuvier (Dez. 1807): „Auch ist man durch die neuren philosophischen Systeme gewohnter geworden als zuvor, die Natur im ganzen und im großen als einen Organismus und als lebend zu betrachten in allen ihren Wirkungen und die einzelnen Organisationen als individualisierte Repräsentationen der großen Natur, eine Idee, die jedoch schon in der alten Entgegensetzung von Mikro- und Makrokosmos, des Organismus und des Universums lag." (Kielmeyer, *Über Kant und die deutsche Naturphilosophie*, in: *Gesammelte Schriften*, hrsg. v. F.-H. Holler, Berlin 1938, 253-254, 251).
378 Schelling spricht erst ab 1798 systematisch vom Organismus, dort als allgemeines Organisationsprinzip der Natur (vgl. Schelling (1798) 2000, 69 [s. S. 82, Fn. 298] u. 189 [s. S. 93, Fn. 349], dann von 'individuellen Naturen', die sich nur innerhalb des alles assimilierenden absoluten Organismus bestehen können (Schelling (1799) 2001, 117f) und vom „Organismus als Subject", der als solcher aber von außen nicht bestimmbar ist (ebd., 172f), später auch im Plural von den „eigentlichen Organismen", wiederum als „Universa im Kleinen, die [...] auch nur einzelne Abdrücke des absoluten Universum[s ...] sind, in welchen Seele und Leib doch immer nur auf zeitliche Weise vereinigt sind, wie sie im All-Organismus der Natur auf eine unauflösliche und ewige Weise zusammengeboren sind." (Schelling, *System der gesamten Philosophie und der Naturphilosophie insbesondere. Aus dem handschriftlichen Nachlaß* (1804), in: *Schellings Werke*, hrsg. v. Manfred Schröter, Erg.-Bd. 2, München 1956, 301[§181].
379 Bei Schelling (1798) 2000, 68 [Vorrede] heißt es z.B.: „Sobald nur unsere Betrachtung zur Idee der Natur als eines Ganzen sich emporhebt, verschwindet der Gegensatz zwischen

scheint die Organisation dabei mehr als zweckmäßige, empirische Ordnung der Natur, die es zu analysieren und in Naturgesetze sowie gesellschaftliche Regeln zu übertragen gilt, so betrifft jener Organismus einen idealen, sich selbst bildenden Prozess, der, da er bereits allgemein wirksam, nicht herstellbar, nicht vorsätzlich machbar ist. Er wird zunehmend Schlagwort zur Beschwörung konservativer Einheit, während Organisation stärker auf eine Neuordnung gesellschaftlicher Verhältnisse und eine Neuformulierung der natürlichen Ordnung (im Inneren und zwischen den Lebewesen) abzielt und einen zentralen Begriff in der sich herausbildenden Biologie um 1800 darstellt.

V. 3 Vergleichende Anatomie und Gewebe

Wie bereits angedeutet versteht das 18. Jahrhundert unter Organisation gemeinhin die strukturelle Zusammensetzung der Naturkörper aus elementaren Einheiten, welche sich im Ganzen zu einem nach steigender Komplexität kontinuierlich abgestuften Ordnungsmuster fügen. Hierbei bleibt das taxonomische Denkraster der 'Naturgeschichte' die dominante Form der wissenschaftlichen Naturbetrachtung, v.a. weil sie es im Gegensatz zur Physiologie und ihrem sich allmählich präzisierenden Gedanken einer tierischen Ökonomie verstand, eindeutige Kategorien, Methoden und logisch-mathematische Klassifikationen aufzustellen. Höhepunkt dieser Tendenz stellt sicherlich das botanische System von Carl von Linné (1707-78) dar, dessen *Systema naturae* mit regelhaften Charakteristiken und Benennungen klassifikatorische Ordnung im Pflanzenreich herzustellen vermochte.[380] Doch abseits ihres großen Zuspruchs und praktischen Nutzens zur Identifikation und Bezeichnung, auch der vielen neu entdeckten Pflanzen (v.a. für pharmazeutische Zwecke), ergibt sich auf der Suche nach einem 'natürlichen' System der Natur weiterhin vielfältiger Diskussionsstoff. Zum einen gerät nahezu jegliche Gliederung in abgegrenzte Arten in Konflikt mit dem für die Naturgeschichte konstitutiven Prinzip der Kontinuität, welchem sich letztlich auch Linné verpflichtet fühlt. Zum anderen wird die Klassifikation anhand äußerlich sichtbarer, mathematischer Variablen (Form, Zahl, Größe, Anordnung) zunehmend als 'künstlich', also nicht dem lebendigen Wesen der Natur entsprechend, abgelehnt.[381] Insbesondere kann die linnéische Systematisie-

---

Mechanismus und Organismus, der die Fortschritte der Naturwissenschaft lange genug aufgehalten hat [...]." [s. S. 93]. – Doch ist die Auflösung dieser Analogie nur kurzfristig, um im Physikalismus ab den 1830er Jahren wieder aufzuleben.

380 Linné, *Systema naturae* (in diversen Auflagen 1735-70) [s. S. 42, Fn. 134]. Als universelles Ordnungsprinzip für sein Pflanzen-System benutzt er den Aufbau der Blütenorgane, weswegen sein System auch als 'Sexualsystem' bekannt ist. Die Bezeichnung der verschiedenen Arten durch einen lateinischen Doppelnamen der Gattung und Art ('Binäre Nomenklatura') ist seither allgemein gebräuchlich.

381 Als schärfster Kritiker Linnés gilt Buffon. Dieser lehnt eine abstrakt-mathematische Klassifikation ab, die sich nur auf ein einziges Merkmal stützt und sah die Aufgabe des

rung des Tierreichs (v.a. die der niederen Klassen), trotz ihres Fortschritts gegenüber den älteren, kaum befriedigen.[382] Jedoch gilt seinerzeit v.a. der Botanik das zentrale Interesse der klassifizierenden Untersuchungen, da sich die unmittelbare Sichtbarkeit des allgemeinen, pflanzlichen Bauplans besser für die in der klassischen Naturgeschichte üblichen, rasterartigen Tableaus der Unterschiede und Gemeinsamkeiten anbietet.[383]

Nun verschiebt sich allerding gegen Ende des Jahrhunderts der Blickwinkel der Betrachtung von den sichtbaren Strukturen verstärkt auf die inneren Funktionsabläufe der Organismen, welche sich als lebendige, organisierte Ganzheiten grundlegend von leblosen Dingen unterscheiden, sich von einer einheitlichen mechanischen Gesamttheorie der Natur lösen und aus den klassischen mathematischen Denkmustern der taxonomischen Repräsentation herauszufallen beginnen. Ausgangspunkt der Betrachtung bleibt das Streben nach einer sinnvollen bzw. natürlichen Klassifikation, die sich zunehmend aus der funktionalen Analyse der Gesamtheit einer Organisation und weniger aus dem Vergleich einzelner morphologischer Elemente erschließt. Die Betonung der physiologischen Funktion und der inneren Beziehungen vor der, des sichtbaren Merkmals, lässt die Naturforschung sich wieder stärker den Tieren zuwenden und einen neuerlichen Aufschwung der Anatomie herbeiführen, welche sich vor allem in ihrer komparatistischen Form als entscheidende Methode zur animalen Taxonomierung profiliert. Der vergleichenden Anatomie des späten 18. Jahrhunderts geht es dabei nicht mehr um die Beschreibung einzelner, autonomer Organe und Tierarten, sondern, im Rahmen der Konzeption großer Körperfunktionen (z.B. Lavoisiers Atmung, Verdauung etc.) und ihrer wechselseitigen Koordinationen zur Existenz und Erhaltung des Lebewesens in seiner Umwelt, um den Vergleich von der Struktur mit der Funktion der Organe, von unterschiedlichen Organen einer Art und ihren Verhältnis untereinander (z.B. Zähne und Magen) und von analogen Organen mit gleicher Funktion bei verschiedenen Arten (z.B. Lungen und Kiemen). Der Vergleich von Funktionsähnlichkeiten lässt dabei ei-

---

Naturforschers vielmehr in dem Verstehen der Vielfalt des Lebens in der Natur als Einheit, die sich in winzig kleinen Nuancen vollzieht und in der sich eine Vielzahl von Zwischenarten finden lassen. Buffons ʻnatürlicherʼ Artbegriff als Fortpflanzungsgemeinschaft (*Biospecie*) [s. S. 42, Fn. 134] stellt sich dem Linnéischen Ähnlichkeitssystem (*Morphospecie*) gegenüber, wobei Buffon das Kontinuitätsproblem durch einen (degenerativen) Transformismus aufzulösen sucht.

382 Insbesondere Linnés niederste Klasse der Würmer war ein „Chaos", wie Jean-Baptiste Lamarck (1744-1829) bemerkt, der es ʻwagteʼ „diese monströse Klasse zu verändern." (Lamarck, *Philosophie zoologique* [...] (1809): *Zoologische Philosophie*, übers. v. Arnold Lang und Susi Koref-Santibanez, Frankfurt 2002, I, 123).

383 Zur Stellung und Entwicklung der Naturgeschichte im 18. Jahrhundert, vgl. hier Foucault (1966) 1971, 168ff; Wolf Lepenies, *Das Ende der Naturgeschichte. Wandel kultureller Selbstverständlichkeiten in den Wissenschaften des 18. und 19. Jahrhunderts*, München u. Wien 1976.

nen 'verborgenen Bauplan' der Wesen und „ein ganzes Netz von Beziehungen unter den Wesen" entstehen.[384]

Die Diskussion und die richtige (d.h. natürliche) Methode der Klassifikation, die sich aus Analyse der Organisation als einem 'Beziehungssystem' verwirklichen soll, verschiebt das Verständnis der organisierten Körper weiter von stofflichen Aggregaten zu physiologischen Systemen. Die Organisation wird in diesem Zusammenhang zum zentralen Begriff der natürlichen Charakterisierung und zur Begründung einer neuen Naturordnung, in der Organisation nicht nur Merkmal, sondern elementares Wesen des Lebendigen ist. So erklärt Jean-Baptiste Lamarck (1744-1829) in seiner 'Zoologischen Philosophie' von 1809:

„Die Betrachtung der *natürlichen Beziehungen* verhindert jede Willkür unsererseits bei den Versuchen der methodischen Anordnung der Organismen [...]."
„Die Beziehungen sind immer unvollständig, wenn sie sich nur auf eine vereinzelte Betrachtung erstrecken, d.h., wenn sie nur durch die Betrachtung eines abgetrennt genommenen Teiles bestimmt sind. [...] Die wichtigsten Teile, die die hauptsächlichen Beziehungen liefern müssen, sind bei den Tieren diejenigen, die für die Erhaltung ihres Lebens [...]. So wird man bei den Tieren die Hauptbeziehungen immer nach der inneren Organisation bestimmen [...]."[385]

Als Fundament der Klassifikation erscheint die Organisation als Verbindung der Merkmale mit Funktionen und einer daraus resultierenden Hierarchie der Merkmale. Der Botaniker Antoine Laurent de Jussieu (1748-1836) hält ähnlich Linné die Fortpflanzungsorgane für das entscheidende Charakteristikum der Pflanze, jedoch nicht wie dieser wegen ihrer guten Sichtbarkeit und Unterscheidbarkeit, sondern wegen ihrer entscheidenden Funktion in der Reproduktion und ihrer engen Verbindung zur ganzen 'inneren Organisation'.[386] Auch Lamarck formulierte diese Sicht schon in seiner frühen Schrift zur französischen Flora.

„Man muß die für die Befruchtung verantwortlichen Teile besonders beachten [...], d.h. die Frucht, die Blume und ihre Bestandteile. Dieses Prinzip basiert in erster Linie auf dem Vorrang, den man natürlicherweise denjenigen Organen einräumt, die die Gewähr für die kommenden Generationen in sich tragen und auf die sich, wie auf ein Zentrum, der untergeordnete Mechanismus der anderen Teile bezieht, die nur für sich allein zu leben scheinen."[387]

Bei den Tieren gestaltet sich jedoch die Suche nach einer Hierarchie der Merkmale problematischer. Für Félix Vicq d'Azyr (1748-94), der vergleichsweise früh versucht eine Tierordnung auf die vergleichende Anatomie zu gründen, hat dabei die Ernährung und Verdauung höchste Priorität, deren Organe er in regel-

---

384　Jacob (1970) 2002, 96; vgl. auch Foucault (1966) 1971, 279ff.
385　Lamarck (1809) 2002, I, 77 u. 79f.
386　Jussieu, *Genera plantarum secundum ordines naturales disposita*, Paris 1789, 18; zit. n. Foucault (1966) 1971, 281f.
387　Lamarck, *Flore française*, 3 Bde., Paris 1778, Bd. I, XCVIIf; zit. n. Jacob (1970) 2002, 97.

hafte Beziehungen zueinander setzt.[388] George Cuvier (1769-1832) vertieft diesen Ansatz und erweitert die Beziehungen um die für ihn primären Funktionen der Reproduktion und Zirkulation.[389] Obgleich sich die Hierarchien im Laufe seiner Forschungen wiederholt verschieben,[390] kommt dabei durchgehend dem Nervensystem eine wesentliche Rolle zu, was im besonderen auch für Lamarck gilt.[391]

Lamarck trennt in der Systematik bereits sehr früh zwischen der benennenden, einteilenden Identifikation der Wesen (*classification*) und der Analyse der wirklichen Beziehungen zwischen den Objekten eines Reiches zum Zwecke der Aufdeckung einer natürlichen Anordnung der Gattungen in der Natur (*distribution*),[392] womit sich, stärker als durch seinen berühmten Transformismus, bereits der Niedergang der klassischen Naturgeschichte andeutet. Er besteht jedoch bis zuletzt darauf, dass sich die `allgemeine Verteilung´ der Wesen (insofern ganz der klassischen Naturgeschichte verhaftet) in einer kontinuierlichen Stufenleiter von der einfachsten bis zur komplexesten Organisation darstellt, zumindest innerhalb der einzelnen drei großen Reiche der Natur (Mineralien, Pflanzen, Tie-

---

388 Vgl. Vicq d´Azyr, *Système anatomique: quadrupedes*, Paris 1792. Er untersucht z.B. die wechselseitigen Verhältnisse der Struktur der Zähne, des Magens, der Krallen und Muskel verschiedener Tiere; dazu Foucault (1966) 1971, 28; Jacob (1972) 2002, 96.

389 Dies bereits in einer der ersten Veröffentlichungen als Assistent von Etienne Geoffroy Saint-Hilaire (1772-1844) für vergleichende Anatomie am `Muséum national d´histoire naturelle´ (Cuvier, *Second mémoire sur l´organisation et les rapports des animaux à sang blanc* [...], Magasin encyclopédique 1/ 2 (1795), 433-449), womit er, wie Lamarck rückblickend bemerkt, „die Aufmerksamkeit der Zoologen auf die Organisation der Tiere hinlenkte" (Lamarck (1809) 2002, I, 123); vgl. auch Foucault (1966) 1971, 325f.

390 Einmal sind Ernährung, Bewegung primäre Eigenschaften und Wahrnehmung sekundär (Cuvier, *Tableau élémentaire de l'histoire naturelle des animaux*, Paris 1797, 6, 9), dann Empfindung und Bewegung primär, Verdauung, Zirkulation, Atmung u.ä. sekundär und Reproduktion tertiär (Cuvier, *Leçons d'anatomie comparée*, 5 Bde., Paris 1800-1805: *Vorlesungen über vergleichende Anatomie*, 5 Bde., hrsg. v. C. Dümeril, übers. v. L. H. Froriep u. I. F. Meckel, Bd. I, Leipzig 1809, 15f); vgl. dazu Dorinda Outram, *Uncertain Legislator: Georges Cuvier's Laws of Nature in their Intellectual Context*, Journal of the History of Biology 19/ 3 (1986), 323-368, 357f.

391 „Bei den Tieren, wo die innere Organisation die wesentlichen Beziehungen, die zu betrachten sind, liefert, hat man mit Recht dreierlei besondere Organe ausgewählt [...] 1. Die Organe des Gefühls. [...] 2. Die Respirationsorgane. [...] 3. Die Zirkulationsorgane. [...] Zuletzt, unter den beiden ersten, sind es die Organe des Gefühls, die einen größeren Wert für die Beziehungen beitragen, denn sie haben die hervorragendsten tierischen Fähigkeiten hervorgebracht, und ohne diese Organe wäre überdies die Muskelbewegung unmöglich." (Lamarck (1809) 2002, I, 80, vgl. auch ebd., I, 46f [Vorwort]); [Zu Cuvier in diesem Zusammenhang s. S. 30, Fn. 79].

392 Vgl. Lamarck, *Flore française* (1778), Bd. I, XC-CII; dazu Foucault (1966) 1971, 284f. – Vgl. auch Lamarck (1809) 2002, I, 113f: Zweck der `Klassifikation´ ist es „der von Abstand zu Abstand in der allgemeinen Reihe dieser Wesen gezogenen Scheidelinie unserer Einbildungskraft Ruhepunkte zu geben", was sich (im Gegensatz zur `Allgemeinen Verteilung´) für Lamarck als „ziemlich leicht" darstellt; vgl. dazu Sinai Tschulok, *Lamarck. Eine kritisch-historische Studie*, Zürich u. Leipzig 1937, 61f.

re).[393] Diese werden allerdings zunehmend von einer sich vertiefenden Kluft zwischen zwei Reichen überlagert.

„Man wird zuerst eine große Anzahl von Körpern bemerken, die aus einer rohen toten Materie zusammengesetzt sind; diese vergrößert sich durch das Aneinanderreihen von Substanzen, die bei ihrer Bildung mitwirken, und nicht durch die Wirkung irgendeines inneren Entwicklungsprinzips. Diese Wesen nennt man allgemein *anorganische* oder *mineralische Wesen* [...]. Andere Wesen sind mit für bestimmte Funktionen vorgesehenen Organen ausgestattet und besitzen ein stark ausgeprägtes Lebensprinzip sowie die Fähigkeit, ihresgleichen hervorzubringen. Man hat sie unter der allgemeinen Bezeichnung von *organischen Wesen* zusammengefasst."[394]

Mit der Unterscheidung von einteilender Nomenklatura und anordnender Klassifikation[395] und die sich verschärfende Opposition von Leben und Nicht-Leben, mit der sich auch die ehrgeizige Idee einer alle Wissensgebiete umfassenden *Taxonomia universalis* zerschlägt,[396] sind zwei entscheidende Schritte der Entwicklung von einer Naturgeschichte zur ʽBiologieʼ getan.[397] Jedoch wendet sich Lamarck ab den 1790er Jahren einer mehr mechanischen Physiologie zu. Diese versteht Leben als Interaktion fester und flüssiger Teile, welche durch den physikalischen Einfluss von imponderablen Stoffen bzw. ʽsubtilen Fluidaʼ (wie Elektrizität, Magnetismus, Licht, Wärme etc.) äußerlich stimuliert und bedingt ist, was neben dem Stufenleitermodell auch die entscheidende Grundlage für seine Transformations- und Urzeugungstheorie bildet.[398] So gelangt er 1809

---

393 Vgl. Lamarck (1809) 2002, 115ff. – Am radikalsten wird die Idee der Stufenleiter sicher von Bonnet (1764) vertreten, der eine lückenlose, graduelle Abfolge von den Mineralen durch die Pflanzen- und Tierreich bis zu den Engeln vertrat; während Linné die Kontinuität eher horizontal als ʽLandkarteʼ denkt, in der die ähnlichen Arten nachbarschaftlich aneinander grenzen, was wiederum Buffon und Lamarck als Bruch der linearen, ʽnatürlichenʼ Kontinuität ablehnen. – Die Unregelmäßigkeiten in der Tierreihe sind für Lamarck (1809) 2002, 130: „durch den Einfluß der Verhältnisse des Wohnorts und durch den der angenommenen Gewohnheiten verursacht [...]." Ausgangspunkt seines Transformismus (der keine Abstammung der Arten untereinander impliziert) ist die ontologische Kontinuität der Perfektionierung; dazu Wolfgang Lefèvre, *Jean Baptiste Lamarck (1744-1829)*, MPI für Wissenschaftsgeschichte, Reprint 61 (1997), 19ff; Foucault (1966) 1971, 336.
394 Lamarck, *Flore française* (1778), Bd. I, 1f; zit. n. Jacob (1970) 2002, 98f. Prägnanter noch bei Vicq d'Azyr: „Es gibt nur zwei Reiche in der Natur [...], das eine verfügt über Leben das andere nicht." (Vicq d'Azyr, *Premiers discours anatomique* (1786), 17f; zit. n. Foucault (1966) 1971, 286).
395 Hierzu schreibt Foucault (1966) 1971, 285: „Die Ordnung der Wörter und die Ordnung der Wesen decken sich nur noch in einer künstlich definierten Linie."
396 Vgl. Linné, *Philosophia botanica* (1751), §155; dazu Foucault (1966) 1971, 113.
397 Lamarcks großes Projekt einer ʽPhysique terrestreʼ, welche eine ʽHydrogéologieʼ (zur Erdkruste), eine ʽMétérologieʼ (der Atmosphäre) und eine ʽBiologieʼ (der Organismen, als welche seine ʽZoologische Philosophieʼ betrachtet werden könnte) umfassen sollte, jedoch als ʽSystème à la Buffonʼ zahlreich Kritik bzw. Nichtbeachtung erfuhr, blieb unvollständig; vgl. Lefèvre 1997, 10ff; Tschulok 1937, 36f.
398 Vgl. Lamarck (1809), 2002, II, 17ff u. 45ff; dazu Lefèvre 1997, 14ff; Tschulok 1937, 47ff u. 85f.

durch Untersuchungen der Organisation verschiedener Lebewesen und deren Variationen unter differenten Einflüssen, zu dem Schluss, dass ...

„[...] der Zustand der Organisation in jedem Lebewesen erlangt wurde durch das schrittweise Fortschreiten der Einwirkung der Bewegung der Flüssigkeiten und durch die Einwirkung der Veränderungen, welche diese Flüssigkeiten fortwährend erlitten [...]. Daß jede Organisation und jede Form, die durch diese Ordnung der Dinge und durch die dazu beitragenden Umstände erlangt worden ist, nach und nach durch die Fortpflanzung erhalten und übertragen wurden, bis neue Modifikationen dieser Organisation und dieser Formen auf demselben Wege und durch neue Umstände hervorgerufen wurden."[399]

In seinem 1801 entstandenen Werk zur Klassifikation der wirbellosen Tiere, welches die bis heute gültige Großgliederung der Tierklassen nach An- und Abwesenheit einer Wirbelsäule vornimmt und letztere einer grundlegenden Neuordnung unterzieht,[400] äußert Lamarck auch die Annahme einer Urzeugung primitivster Organisationen, die sich dann, im Rahmen seiner Transformationshypothese, über Generationen in einem linear gerichteten Prozess (sich also nicht verzweigend) zu immer höherer Komplexität ausdifferenzieren.

Lamarcks physikalisch-chemische Theorien (die auch Lavoisiers Oxidation ablehnen), der Plan einer *Physique terrestre* und sein spekulativer Transformismus stößt seinerzeit kaum auf Interesse, während die Unterscheidung von Nomenklatura und Klassifikation, sowie seine Taxonomie der Wirbellosen und die Orientierung am Prinzip der inneren Organisation unmittelbar aufgenommen werden. Es erscheint in diesem Zusammenhang müßig innerhalb des engen Beziehungsgeflechtes der Pariser Wissenschaftswelt, welche in der 1790er Jahren eine umfassende institutionelle Neuorganisation durchlebt, die wechselseitigen Einflüsse unterschiedlicher Positionen und sich überschneidender Debatten im einzelnen zu identifizieren, um hier gewissen Forschern ideengeschichtliche Prioritäten einzuräumen. So erscheint Lamarcks Transformismus in seiner Form durchaus originell, aber im Prinzip keineswegs neu. Der Einbeziehung der Zeit als Variable der Naturgeschichte, fraglos ein Ereignis großer Tragweite, spielt jedoch von Buffon bis Lamarck stets die Rolle der Vervollkommnung jenes gleichmäßigen, kontinuierlichen Rasters der Strukturen und Merkmale.

Von größerer Bedeutung für die Konstitution einer modernen Biologie, oder wenn man so will `Lebenswissenschaft´, dürfte um 1800 allerdings die Herausbildung eines physiologischen Lebensbegriffs sein, welcher sich von seiner rein taxonomischen Bestimmung löst und im Rahmen eines ganzheitlichen, funktio-

---

399 Lamarck, *Recherches sur l'organisation des corps vivant*, Paris 1802, 9; zit. n. Tschulok 1937, 123; Lefévre 1997, 18; vgl. dazu auch Lamarck (1809) 2002, II, 11f.
400 Lamarck, *Système des animaux sans vertèbres* (1801), ordnet die Wirbellosen in sechs Klassen (ab (1809), 2002, I, 209f, in zehn Klassen), indem er die Einteilung der Insekten und Würmer Linnés ausdifferenziert und umgruppiert, wobei (v.a. 1809) die Organisation des Nervensystems das leitende Merkmal darstellt. – Lamarck erhielt mit der Gründung des `Muséum nationale d'histoire naturelle´ (1793) unter Louis J.-M. Daubenton die zoologische Professur für Würmer und Insekten, E. Geoffroy Saint-Hilaire [s. S. 103, Fn. 389], die für die ersten vier Linnéischen Tierklassen (Säuger, Vögel, Reptilien, Fische).

nalen, prozessualen und selbstzweckhaften Verständnisses einen eigenen Raum des Wissens besetzt, der eigenen Gesetzmäßigkeiten unterliegt und dessen Körper in kontinuierlicher und systematischer Beziehung zu ihrer Umgebung stehen. Cuvier, der diese Entwicklung in besonderem Maße bestimmt und dessen vergleichende Anatomie eine gewisse Synthese von Naturgeschichte und Physiologie im Konzept der ‚inneren Organisation' (*organisation interne*) darstellt,[401] erklärt zum Begriff des Lebens:

> „Statt einer bleibenden Vereinigung der Bestandtheilchen, müssen wir uns dabey einen beständigen, fortdauernden und innerhalb gewisser Gränzen vor sich gehenden Kreißlauf, von aussen nach innen und von innen nach aussen denken. Der lebende Körper muß also als eine Art Heerd betrachtet werden auf welchen die todten Substanzen nach einander gebracht werden, um daselbst unter sich verschiedene Verbindungen einzugehen, um daselbst eine durch die Art dieser Verbindungen bestimmte Wirkung hervorzubringen, und um sich davon einst los zu machen und unter die Gesetze der todten Natur zurück zu kehren."[402]

Die Daseinsweise der lebendigen Körper liegt in der Totalität ihrer Organisation und Existenzbedingungen (*Être total*).[403] Die strukturellen Einzelheiten des Körpers sind der Betrachtung der Totalität untergeordnet, denn alle „Theile eines lebenden Körpers sind untereinander verbunden: sie können nur insofern wirken, als sie alle in Gemeinschaft wirken".[404] Bei der Analyse der inneren Beziehungen muss man die „Aufmerksamkeit mehr auf die Verrichtungen selbst, als auf ihre Organe wenden".[405] Die Koordination von Funktionen ist das übergeordnete Untersuchungsfeld, denen die zweckhafte Struktur und Disposition der Organe bzw. ganzer Organ-Apparate (*appareil*) untergeordnet ist. Zwischen den Funktionseinheiten besteht sowohl eine hierarchische Ordnung,[406] als auch eine wechselseitige Abhängigkeit, woraus sich gewisse regelhafte Gesetzmäßigkeiten des Körperbaus ableiten lassen.

> „Auf diese wechselseitige Abhängigkeit der Verrichtungen und auf die Unterstützung, die sie sich gegenseitig leisten, gründen sich die Gesetze, wodurch die Beziehungen ihrer Organe bestimmt werden, und welche eben so nothwendig sind, als die metaphysischen und mathematischen Gesetze [...]."[407]

---

401 Vgl. Cuvier (1800) 1809, XV [Vorrede].
402 Ebd., 4 [I, 1]. Anschließend bezieht sich Cuvier direkt auf Kants Definition lebender Körper, wo „die Ursache der Art der Existenz bei jedem Theil" im Ganzen enthalten ist.
403 Zu Cuviers Konzept des ‚Être total' vgl. auch Tobias Cheung, *Die Organisation des Lebendigen. Die Entstehung des biologischen Organismusbegriffs bei Cuvier, Leibniz und Kant*, Frankfurt a. M. 2000.
404 Cuvier (1800) 1809, VIII [Vorrede], weiter heißt es dort: „[...] einen vom Ganzen trennen heißt, ihn in die Reihe der todten Stoffe zurücksetzen und sein Wesen völlig abändern. Die Maschinen, welche der Gegenstand unserer Nachforschungen sind, können nicht ohne gänzlich Zerstörung aus einander genommen werden [...]."
405 Ebd., 52 [I, 5].
406 Ebd., 15f [I, 1]: „Die Hauptfunktionen der thierischen Oekonomie können sonach in drey Ordnungen gebracht werden": 1. Empfindung, vor Bewegung, 2. Verdauung, Absorbtion, Zirkulation, Respiration, Transpiration, Sekretion, und 3. die Generation.
407 Ebd., 39 [I, 4].

Der Vergleich der strukturellen Verschiedenheiten analoger Organapparate zeigt, ob ihrer Vielfältigkeit, dass der Kombinatorik organischer Strukturen und Dispositionen Grenzen gesetzt sind, dass sie sich nicht beliebig und unendlich miteinander verbinden lassen und jede Abänderung eines Organs, die der anderen nach sich zieht.

„[Viele der] für die Abstraktion möglichen Zusammenstellungen, sind nicht in der Natur vorhanden, weil im Zustande des Lebens die Organe nicht blos einander einfach genähert sind, sondern eines auf das andere wirket und alle nach einem gemeinschaftlichen Zweck hinarbeiten. Hiernach haben die Modifikationen eines von ihnen schon Einfluß auf die aller übrigen. [...] Wirklich giebt es fast keine Verrichtung, die nicht der Hülfe und des Zusammenwirkens fast aller übrigen bedürftig wäre, und nicht mehr oder weniger den Grad ihrer Energie empfände."[408]

Es lässt sich somit durch die Analyse der Verwirklichung allgemeiner Funktionszusammenhänge eine Serie konstanter Korrelationen zwischen den Organen feststellen, da „eine gewisse Harmonie unter den aufeinander wirkenden Organen eine nothwendige Bedingung der Existenz der Wesen ist".[409] An die Stelle der schier unbegrenzten kombinatorischen Möglichkeiten des Seins, tritt das `Leben´ in seinen inneren und äußeren Bedingungen.

„Indem übrigens die Natur beständig in den, von den nothwendigen Bedingungen der Existenz, vorgeschriebenen Gränzen blieb, überlies sie sich in dem, was diese Bedingungen nicht beschränkte, ihrer ganzen Fruchtbarkeit; und ohne jemals die kleine Zahl von möglichen Combinationen zwischen den wesentlichen Modifikationen der wichtigen Organe zu überschreiten, scheint sie bey allen unwesentlicheren (accessoires) Theilen bis ins Unendliche gespielt zu haben. In Hinsicht auf die letztern braucht eine Form einer Vertheilung gar nicht nöthig, oft so gar nicht einmal nützlich zu seyn, um ausgeführt zu werden; es ist genug, daß sie möglich ist, d.h. daß sie nicht die Übereinstimmung des Ganzen stört."[410]

Das Wesentliche der lebendigen Körper verlagert sich ins innere ihrer funktionalen Organisation, welche zur Peripherie der sichtbareren Merkmale zunehmend freier und individueller wird, soweit sie nicht die grundlegenden Zusammenhänge stört. Insofern sind nicht alle Organe und nicht alle ihrer Merkmale gleich bedeutend, sondern stehen in einem bestimmten gesetzmäßigen Verhältnis zueinander. Cuvier versteht es als seine Aufgabe (und die der vergleichenden Anatomie) einen allgemeinen Bauplan (*plan général*) der tierischen Wesen bzw. „gewisse allgemeine Gesetze für die Organisation aufzusuchen"[411] um eine `natürliche´ Einteilung der Tiere zu errichten und darüber hinaus die innere Logik

---

408 Ebd., 38 [I, 4].
409 Ebd., 39 [I, 4]. – So sind z.B. „alle Thiere mit Hufen Pflanzenfresser" und dadurch auch mit bestimmten Verdauungsorganen ausgestattet (flache Backenzähne, langer Darmkanal, weiter und vielfacher Magen"); ebd., 45f.
410 Ebd., 47f [I, 4].
411 Cuvier, *Le Règne animal; distribué d'après son organisation* [...], 4 Bde., Paris 1817: *Das Thierreich, eingetheilt nach dem Bau der Thiere als Grundlage ihrer Naturgeschichte und der vergleichenden Anatomie*, Bd. I, übers. v. H. R. Schinz, Stuttgart u. Tübingen 1821, XI [Vorrede].

des Lebens zu erhellen, welche das Fundament einer eigenständigen Wissenschaft abgeben könnte. Mit dem ˋGesetzenˊ der Korrelation und Subordination (beiderseits nicht wirklich neu, aber durch reichhaltiges empirisches Material gestützt) erhofft er diesem Ziel näher zu kommen.[412] Sie ermöglichen ihm seine berühmten, theoretischen Rekonstruktionen ganzer Wesen und Lebensweisen aus einzelnen Knochenteilen von Fossilien, deren Aussterben in Weltkatastrophen (*revolutions*) er gegen Lamarcks gerichteten Transformismus setzt.[413]

Die rückblickend womöglich tiefgreifendste Konsequenz, die sich für Cuvier aus Analyse und Vergleich der Organisationen in ihrer Gesamtheit (also nicht nur der einzelnen physiologischen Funktionsbereiche) ergibt, ist der Bruch mit dem klassischen Prinzip der Kontinuität. So „folgen nicht alle Organe derselben Ordnung von Vereinfachung und Abnahme: Dieses ist in seiner höchsten Vollkommenheit in dieser Thier-Art vorhanden, und jenes in einer ganz anderen Art".[414] Zudem scheint es im Tierreich mehrere, grundlegend verschiedene Organisationstypen mit jeweils „denselben Combinationen der Hauptorgane" zu geben, innerhalb derer sich „diese sanften und unmerklichen Nüancen" ausmachen ließen. Vergleicht man aber diese Konstruktionstypen untereinander, ...

„[...] so giebt es auch gar keine Ähnlichkeiten mehr und man kann die auffallendsten Zwischenräume oder Sprünge nicht verkennen. Welche Anordnung man auch den rückgrathigen und rückgrathlosen Thieren geben mag, man wird doch nicht dahin gelangen, an das Ende der einen oder zu Anfang der andern dieser großen Abtheilungen zwey Thiere zu bringen, welche sich so gleichen, daß sie als Verbindungsglieder zwischen ihnen dienen könnten."[415]

Statt einer Kette der Wesen bildet sich für Cuvier eine Vielheit von Organisationskernen, um welche die Organismen physiologisch wie taxonomisch angelegt sind. Er unterscheidet vier große Stämme (*embranchements*) im Tierreich, „vier Generalmodelle, nach welchem die Natur alle Thiere geformt hat," die jeweils einem gemeinschaftlichen Plan folgen und sich in Wirbeltiere, Weichtiere, Insekten/ Würmer und Zoophythen unterteilen.[416] Cuvier postuliert zwar eine gewisse Kontinuität der Funktionen im Tierreich, doch lassen sich die Wesen dadurch nicht in eine lineare Reihe zunehmender ˋVollkommenheitˊ ordnen.

„Ich sehe alle Bemühungen dieser Art [die Klassifikation in einer ununterbrochenen Stufenleiter] als unausführbar an, und bin gar nicht der Meinung, daß diejenigen Säugethiere

---

412 Beide ˋGesetzeˊ finden sich u.a. in: Cuvier (1817) 1821, 9. – Was die Korrelation angeht (also die Interdependenz der Funktionen und Strukturen im Dienste des Ganzen), können dafür u.a. Vicq dˊAzyr und die Philosophie Kants Pate stehen [s. S. 53f]. Die Subordination (also die Hierarchie der Funktionen und Merkmale) findet sich ansatzweise bei Jussieu, Vicq dˊAzyr und Lamarck vorformuliert [s. S. 102].
413 Vgl. Cuvier, *Recherches sur les ossemens fossiles des quadrupèdes où lˊon rétablit les caractères de plusieurs espèces dˊanimaux que les révolutions du globe paroissent avoir détruits*, Paris 1812.
414 Cuvier (1800), 1809, 48f [I, 4].
415 Ebd., 49 [I, 4].
416 Cuvier (1817) 1821, 51 (ff).

und Vögel, welche zuletzt im System stehen, weniger vollkommen als die übrigen seyen [...]; ja selbst das Wort vollkommener, hat keinen logisch richtigen Sinn, und man sollte es nicht brauchen."[417] Durch die Zuruckweisung gradueller Vollkommenheit und einer Kontinuität der Formen, durch die Aufwertung der Funktion gegenüber dem Merkmal, sowie der Betrachtung seiner inneren und äußeren Bedingungen entfernt sich das `Leben´ aus dem Raster der denkbaren Strukturen und befreit sich von seiner rein taxonomischen Bedeutung. Nicht durch den kontinuierlichen Fortschritt der Arten, sondern erst durch die räumliche Diskontinuität des physiologischen Lebens in seinen ökologischen Zusammenhängen entsteht die Möglichkeit einer `Geschichtlichkeit der Natur´ anstelle von `Naturgeschichte´ und gestattet „die Entdeckung einer dem Leben eigenen Historizität [...], die seiner Aufrechterhaltung in seinen Existenzbedingungen."[418] Zur Zeit Cuviers wird das Feld der Lebewesen mehrdimensional, diskontinuierlich, biologisch und wenn man so will überhaupt erst lebendig.

Es bleibt an dieser Stelle noch auf das heute weniger bekannte Werk von Marie François Xavier Bichat (1771-1802) einzugehen, das im Rahmen dieser Arbeit auf verschiedene Weise von Interesse ist, da es insbesondere mit den *Recherches physiologiques sur la vie et la mort* (1800) sowohl chronologisch als auch inhaltlich eine Brücke zwischen dem 18. und 19. Jahrhundert schlägt. Besonders im Paris zur Zeit des Direktoriums (zwischen Terreur und Napoleon) erfahren die medizinischen Wissenschaften unter dem Einfluss der *Idéologues* einen enormen gesellschaftlichen Bedeutungszuwachs, eine radikale institutionelle und konzeptionelle Neuorganisation, an der Bichat regen Anteil nimmt.[419] Steht er auch den Gedanken der *Idéologie* nahe,[420] macht er selbst seine Lehre in der vitalistischen Philosophie Bordeus und der Experimentalmethode Hallers aus.[421] Beiderlei Einfluss scheint unverkennbar, wenn Bichat als Leitgedanken seiner Untersuchungen spezifische vitale Eigenschaften (*propriétés vitales*) der

---

417 Ebd., XXIII [Vorrede].
418 Foucault (1966) 1971, 337.
419 Vgl. dazu John V. Pickstone, *Bureaucracy, Liberalism and Body in Post-Revolutionary France: Bichat's Physiology and the Paris School of Medicine*, History of Science 19 (1981), 115-142, 127ff.
420 Die `Ideologie´ erscheint als sensualistisch beeinflusste, von Antoine Louis Destutt de Tracy (1754-1836) initiierte `Philosophie des Bewußtseins´, die in der methodischen Analyse empirisch erforschbarer (v.a. auch physiologischer) Phänomene, eine Legitimation des Erscheinungswissen und eine Überwindung abstrakter Metaphysik anstrebt. Sie sucht gesellschaftliche Reformen durch theoretische und institutionelle Neuorganisation des Wissens zu verwirklichen und verfolgt das Projekt einer interdisziplinären neuen Wissenschaft vom Menschen. Sie stellt sich v.a. im Umkreis der Kliniker Cabanis [s. S. 32] und Pinel [s. S. 27, Fn. 93] als einflussreiche, säkulare Reformbewegung dar; dazu Staum 1980, 4ff, 244ff; Ulrich Lorenz, *Das Projekt der Ideologie* [...], Stuttgart 1994, 15ff.
421 Vgl. Bichat, *Recherches physiologiques sur la vie et la mort, Paris 1800: Physiologische Untersuchungen über Leben und Tod*, übers. v. D. Veizhans, Tübingen 1802, XXXVI (Vorrede); – [Zu Bordeu s. S. 28f, Fn. 75].

Gewebe als Sensibilität und Kontraktilität anführt, deren Summe die Lebenserscheinungen des Gesamtorganismus ausmachen. Dabei stellt er die elementare Unterscheidung der beiden Naturreiche in aller Deutlichkeit heraus.

„Es gibt in der Natur zwey Klassen von Wesen, zwey Klassen von Eigenschaften, zwey Klassen von Wissenschaften. Die Wesen sind organisirt, oder unorganisirt, die Eigenschaften vitale oder nicht vitale, die Wissenschaften physiologische oder physische. Die Thiere und Pflanzen sind organisirt. Was man Mineralien nennt ist unorganisirt. Sensibilität und Contractilität, dies sind die lebendigen Kräfte. Schwere, Verwandtschaft, Elasticität u.s.w. dieß sind todte Kräfte."[422]

Mittelpunkt der anatomischen Betrachtung sind für Bichat die einfachen Gewebe (*tissus simples*) als elementare analytische Einheiten der Physiologie. Träger des Lebens und der Krankheiten sind hier nicht primär die Organe als funktionale Verdichtungen, sondern die Gewebe, von welchen er 21 Arten systematisch auf der Grundlage ihrer *propriétés* unterscheidet.[423] Bichats Vitalismus ist streng klassifizierend in dem Versuch ein 'Entzifferungsprinzip' für den lebenden Körper aufzustellen,[424] das es auch ermöglichen soll, die pathologische Anatomie nach dem Vorbild der Chemie Lavoisiers einer exakten Wissenschaft anzunähern, wobei auch die mechanistische Sprache noch regen Gebrauch findet.

„Es sind gleichsam eben so viele besondere Maschinen in der allgemeinen Maschine, welche das Individuum ausmacht. Diese besondern Maschinen sind nun selbst wiederum aus mehreren Geweben von sehr verschiedener Natur gebildet, welche im eigentlichen Verstande die Elemente dieser Organe ausmachen. Die Chemie hat ihre einfachen Körper [...]. Ebenso hat die Anatomie ihre einfachen Gewebe, welche durch ihre [...] Verbindungen mit einander die Organe bilden. [...] Dies sind die wahren organischen Elemente [*éléments organisés*] unserer Theile."[425]

Bichats elementare Ordnung der Schichten löst die Individualität der Organe auf und lässt einen komplexeren, in gewisser Weise abstrakteren, dezentrierten Körper entstehen, dessen transorganische Einheiten sich zugleich pathologisch konkreter analysieren lassen.

„Wollte man nun auf eine allgemeine Weise das eigenthümliche Leben des Magens betrachten, so ist es offenbar unmöglich, sich eine genaue und scharf bestimmte Vorstellung davon zu machen, denn die schleimigte Oberfläche ist so verschieden von der serösen, und

---

422 Bichat, *Anatomie générale* [...], Paris 1801: *Allgemeine Anatomie* [...], Erster Theil, Erste Abtheilung, übers. v. C. H. Pfaff, Leipzig 1802, 1.

423 Vgl. Bichat, *Traité des membranes en général, et des diverses membranes en particulier*, Paris 1800; systematisiert dann in ders. (1801) 1802, wo er erklärt, dass es der Gegenstand seiner Untersuchungen ist, „unterscheidende Karaktere für diese Gewebe aufzustellen, zu zeigen, daß jedes derselben eine eigenthümliche Organisation, so wie sein eigenthümliches Leben hat [...]." (ebd., XIII).

424 Vgl. dazu Michel Foucault, *Die Geburt der Klinik* (1963), München 1973, 140ff. „Bichats Flächenblick" ist nicht mehr der eines taxonomischen Tableaus, sondern der, reeller Gewebeflächen (ebd., 142).

425 Bichat (1801) 1802, 43f [I, §VI: 'Betrachtungen über die Organisation der Thiere'].

beyde sind es in so hohem grade von dem Fleischgewebe, daß sie in eine gemeinschaftliche Betrachtung vereinigen wollen, alles verwirren hiesse."[426]

Bichats Gewebeanatomie eröffnet eine neuartige Räumlichkeit sich überlagernder und den ganzen Körper durchquerender, homogener Strukturen, welche zu dem komplexen und heterogenen Gebilde des Organismus zusammengefügt ist. Dies ist nicht mehr das alte anatomische Körperbild der Organe und Regionen, ihrer einfachen Funktionen und Merkmale, sondern auf einer weiteren Ebene der Organisation, der Versuch einer Klassifikation elementarer Einheiten und ihrer vitalen Eigenschaften. Bichats klassifizierendes Denken gehorcht aber nicht den Gesetzen der mathesis, denn die „Lebenskraft ist unendlich wandelbar in Betreff ihrer Intensität, Energie und Entwickelung [...]."

„Die physischen Gesetze hingegen sind, stät, unveränderlich, überall und zu allen Zeiten die nemlichen, und die Quelle einer Reihe, immer gleichförmiger Erscheinungen. [...] Auf die Lebensactionen werden die Iatromathematiker nie allgemeine Formeln anwenden können. [...] Die Unbeständigkeit der Lebenskräfte war die Klippe, an welcher die mathematischen Aerzte des 17ten Jahrhunderts immer scheiterten."[427]

Daraus ergibt sich für Bichat, dass „die Physik belebter Organismen ganz anders abgehandelt werden muß, als die Naturlehre unorganischer Körper."[428] Lebenskraft und physische Gesetze sind wie Lebenswissenschaft und Physik strikt voneinander zu trennen. Obgleich dieses Denken in weiten Zügen in der Tradition der Schule von Montpellier ausgemacht werden kann,[429] so bricht es doch in der 'Theorie des doppelten Leben' besonders markant mit der Idee einer Einheit des Organismus. Bichat stellt seiner Ganzheit des Lebens, das er in seiner berühmten Definition als den „Inbegriff [ensemble] der Funktionen, welche dem Tod widerstehen" beschreibt,[430] „zwey bemerkenswerthe Modificationen" des Lebens gegenüber.[431] Er unterscheidet die kontinuierliche Aufeinanderfolge von Assimilation und Exkretion des 'organischen Lebens' von den periodischen Funktionen des 'animalischen Lebens', die Beziehung zur Außenwelt herstellen.

„Durch diese Ordnung von Verrichtungen [die organischen] lebt das Thier nur in sich, durch die andere Ordnung hingegen [die animalen] lebt es außer sich, es ist dadurch Bewohner der Welt [...]. Es fühlt und empfindet das, was es umgibt, sinnt über seine Empfin-

---

426 Ebd., 48. – Bichats Pathologie hebt sich hier ab von der des Giovanni Battista Morgagni (1682-1771), *De sedibus et causis morborum per anatomen indigatis* (1761), der den Körper und seine Krankheiten in der Vielfalt und Individualität kompakter Organe und Teile regional betrachtet, während für Bichat nicht ein Organ als Ganzes erkrankt, sondern zumeist lediglich ein bestimmtes Gewebe.
427 Bichat (1800) 1802, 95 u. 96f [I, 7, §1].
428 Ebd., 97f [I, 7, §1].
429 Bichat distanziert sich jedoch von Stahl, wie von denen die „alles in der thierischen Oekonomie auf ein einziges, abstractes, ideales Princip, ein bloßes Geschöpf der Einbildungskraft zurückgeführt haben" (Bichat (1801) 1802, XIV).
430 Ebd., 1 [I, 1]: „[...] la vie est l'ensemble des fonctions qui résistent à la mort."
431 Ebd., 3 [I, 1, §1].

dungen nach, bewegt sich willkührlich, und kann in den meisten Fällen mittelst der Stimme sein Verlangen und seine Furcht, sein Vergnügen oder Missbehagen ausdrücken."[432] Der (aristotelische) Gedanke eines nutritiven, vegetativen Lebens der bewusstlosen, 'inneren' Aktionen (mit dem Blutkreislauf als 'Mittelsystem'), von dem sich ein höheres, 'äußeres' Leben der Tiere abhebt und dessen 'Centralpunkt' das Hirn darstellt,[433] verbindet sich mit den vitalen Eigenschaften der Sensibilität und Kontraktilität, welche jeweils beiden Systemen zukommen. Damit liefert Bichat eine Systematisierung der körperlichen Eigenschaften, in der sich die Klasse der Lebenskräfte (*propriétés vitales*) in die Gattungen der Sensibilität und Kontraktilität und diese sich jeweils in die Arten organisch und animalisch untergliedern.[434] Im höheren Organismus leben damit gewissermaßen zwei Tiere: das organische, das früher beginnt (beim Fötus), später endet und im Körper in asymmetrischer 'Diskordanz' angelegt ist, während das animalische mit der Geburt seine eigentliche Tätigkeit aufnimmt, früher vergeht und in symmetrischer Harmonie vorliegt.[435] Es existiert für Bichat „das thierische Leben so zu sagen doppelt" bzw. „ein rechtes und ein linkes Leben", was sich beispielsweise bei einer 'Halblähmung' äußert, „wo der Mensch auf der einen Seite wenig mehr als eine Pflanze ist".[436] Die Grenzen des Menschseins zieht sich so durch das Innere des Körpers und entkoppeln bis zu einem gewissen Grade das organische vom sozialen Leben. Die Leidenschaften und Temperamente haben ihren Sitz im organischen Leben und modifizieren die Akte des animalen Lebens,[437] welches (im Gegensatz zum organischen) durch Gewohnheit beeinflussbar, das Gefühl abzustumpfen und die Urteilskraft zu vervollkommnen vermag. Damit ergibt sich als „einer der Hauptcharaktere des thierischen Lebens, daß es einer Art Erziehung bedarf."[438] Der Entwicklungsgrad des tierischen Lebens trennt den Mensch vom Tier und bestimmt sein gesellschaftlich-kulturelles Wesen.

> „So ist es das animalische Leben, welches beim Menschen so stark ausgeprägt ist, höher als bei allen Wesen, die ihn umgeben; durch welches er an den Wissenschaften und Künsten teilhat, an allem was ihn von den groben Eigenschaften der Materie entfernt und den

---

432 Ebd., 5 [I, 1, §1].
433 Vgl. ebd., 11 [I, 1, §2]. – Bichat unterscheidet auch das Hirnnerven- und das Gangliensystem (mit mehreren Zentren bzw. Knoten), letzteres gehört zum bewusstlosen organischen Leben; vgl. (1800) 1802, 80ff [I, 6, §4].
434 Eine weitere Klasse bilden die Gewebseigenschaften (*propriétés de tissu*), welche wie die Elastizität auch unbelebten Geweben zukommt; vgl. Übericht in ebd., 123 [I, 7, §8].
435 „Harmonie ist eine Folge der Symmetrie [...]. Harmonie ist der Charakter aller animalischen Functionen; Diskordanz ist Attribut der organischen Verrichtungen. [...] In dem ganzen System der Sinnwerkzeuge ist harmonisches Zusammenwirken beyder symmetrisch gebauten Organe, oder beyder gleichen Halbscheiden des nemlichen Organs, wesentliche Bedingung zur Vollkommenheit der Empfindung." (ebd., 26 u. 31 [I, 3, §1]).
436 Ebd., 21 [I, 2, §3].
437 Vgl. ebd., 55 [I, 6]: 'Hauptverschiedenheiten beyder Leben in Bezug auf's Moralische'.
438 Ebd., 53 [I, 5, §3]; vgl. auch 47 [I, 5]: 'Hauptverschiedenheiten der beyden Leben in Bezug auf Gewohnheit'.

erhabenen Bildern der Geistigkeit nähert. Die Industrie, der Handel, alles was schön ist, alles was den engen Kreis vergrößert, in welchem die Tiere bleiben, ist das Privileg des äußeren Lebens.

Die derzeitige Gesellschaft ist nichts anderes als eine Entwicklung größerer Regelmäßigkeit, eine Perfektionierung, die stärker geprägt ist von den Ausübungen der Funktionen des [äußeren] Lebens, welche uns Bericht über unsere Umwelt erstatten und Austausch mit anderen Wesen ermöglichen; denn, wie ich es im einzelnen beweisen werde, ist es eines seiner wesentlichen Merkmalen sich erweitern zu können, sich zu verbessern, während im organischen Leben jeder Teil nie die Grenzen aufgibt, die die Natur ihm gestellt hat."[439]

Gestaltet sich der erste Teil der *Recherches* als eine in weiten Teilen spekulative, eher philosophisch-literarische Reflexion über das Leben und dessen systematischer Untergliederung, so liefert der zweite Teil über den Tod eine durchgängig auf Experimente gestützte, klinische Analyse der Lebensfunktionen in ihren wechselseitigen Abhängigkeiten. Bichat orientiert sich bei der experimentellen Untersuchung an drei funktionalen Systemen und ihren Zentralorganen (Lunge, Herz und Gehirn), deren gegenseitigen Einfluss er durch vivisektionale Abschaltung, Unterbrechung oder Störung analysiert.[440] Im Tod eines Systems und dem schrittweisen Ausfallen der anderen Systeme enthüllen sich die Wechselwirkungen der tierischen Ökonomie und lassen eine Hierarchie der Funktionen empirisch nachvollziehen.[441] Das Wesen des Lebens zeigt sich durch die Analyse seiner Auflösung, durch die Betrachtung seines Endes, bei welchem die Organisation in der Zersetzung ihre Zusammenhänge freigibt.[442] Insofern erscheint auch Bichats (oft kritisierte) Definition des Lebens, als der Gesamtheit der Funktionen, die sich dem Nicht-Leben entgegenstellen, durchaus konkret, wenngleich nicht wirklich neu.[443] Das Leben existiert in beständiger Gegenwart seiner Zerstörung, deren Abwehr zugleich sein Wesen ausmacht.

„Die Art der Existenz der belebten Wesen ist wirklich so beschaffen, daß Alles, was sie umgibt, auf ihre Zerstörung gerichtet ist. Die anorgischen Körper wirken beständig auf sie; sie selbst üben eine beständige Action auf einander aus; sie würden in Bälde zu Grunde gehen, wenn sie nicht in sich ein permanentes Reactionsprincip hätten. Dieses ist das Le-

---

439 Diese Passage fehlt in der dt. Teilübers. von 1802; hier übers. n. Bichat, *Recherches physiologiques sur la vie et la mort*, (ed. Masson) Genf 1962, 86 [I, 6, §1].
440 Dazu ausfürlich William Randall Albury, *Experiment and Explanation in the Physiology of Bichat and Magendie*, Studies in History of Biology 1 (1977), 47-131.
441 Die Lungen-, Herz- und Hirnfunktion zeigen sich so auf komplexe Weise miteinander verschaltet, wobei sich eine Steigerung von den fundamentalen (v.a. chemischen und mechanischen) zu den höchsten (v.a. kontraktilen und sensiblen) Aktionen ausmachen lässt, deren direkter Einfluss auf die anderen nach oben abnimmt. So ist z.B. die Hirnfunktion ungleich abhängiger von Atmung und Zirkulation als umgekehrt.
442 Vgl. dazu auch Foucault (1963) 1973, 158f: „Der Tod ist nun der große Analytiker [...]", er verleiht dem Leben positive Wahrheit und so beruhe Bichats Vitalismus auf einem `Mortalismus´.
443 Erinnert sie doch stark an Unterscheidung belebter und toter `Gemische´ von Stahl (1708) 1831, 52: „Als bloßes Gemische betrachtet hat das belebte eine beständige Neigung zu schneller Auflösung und Zersetzung; als belebtes Gemische dauert es aber weit länger in unverletztem Zustande fort, als es jener Neigung zufolge möglich scheint."

bensprincip; seinem Wesen nach unbekannt kann es nur nach seinen Erscheinungen gewürdigt werden [...]."[444]

Das Prinzip des Lebens, dessen Wissen sich, trotz der Variabilität und der Unzugänglichkeit der Grundlagen ihres Gegenstandes, aus der empirischen und experimentellen Analyse der organisatorischen Grundelemente, der funktionalen Systeme und ihrer inneren, wie äußeren Existenzbedingungen erschließt, räumt der Physiologie als positiver Wissenschaft einen eigenständigen Platz neben Mathematik, Physik und Chemie ein. Bichat sucht die neuen Vorstellungen von Galvanismus und Oxidation in seine Theorie der vitalen Prinzipien einzubauen, ohne sie miteinander in Konflikt zu bringen. Seine Scheidung von vegetativem und relationalem Leben bietet einerseits Ansätze für Debatten um Fragen von Anästhesie, Hirntod und ungeborenem Leben, wie seine vielschichtigen Untergliederungen, Hierarchien und Wechselbeziehungen des Körpers, seiner Subsysteme und Zentralorgane, ein komplexes Modell für die Analyse und 'Reorganisation' gesellschaftlicher Strukturen liefern, welche ihrerseits eng mit dem Aufkeimen moderner bürokratisch-industrieller Differenzierungen verbunden sind. Die medizinische Wissenschaft selbst, vor allem im Paris der mittleren Revolution, war zentral eingebunden in verschiedene Bereiche des expandierenden bürokratischen Apparat des exekutiven Direktoriums (1795-99), in Militär, Bildung und Administration. Der enorme Einfluss der 'Physiologischen Ideologie' und einer daraus abgeleiteten *science de l'homme*[445] oder expliziter noch im Programm einer 'Allgemeinen Physiologie' der sozialen Körper bei Claude Henri de Saint-Simon (1760-1825) lässt im Verständnis der Zeit die Analyse der gesellschaftlichen Organisation als Teildisziplin der Medizin erscheinen.

---

444 Bichat (1800) 1802, 1f [I, 1].
445 So wie sie v.a. Cabanis [s. S. 32 u. S. 109, Fn.420] zu entfalten sucht und worin sich Medizin und Moral (bzw. Physiologie und Psychologie) als zwei Zweige derselben ('anthropologischen') Wissenschaft darstellen; vgl. Staum 1980, 162. – Vgl. auch als deren Vordenker aus der Montpellier-Schule v.a. Barthez [s. S. 29], *Nouveaux élémens de la science de l'homme* (1778).

V. 4 Soziale Physiologie und Kollektiver Organismus

Die Geschichte gesellschaftlicher Theorien ist seit jeher aufs engste mit der Sprache und dem Wissen um den lebenden Körper verbunden.[446] Mit der Konjunktur mechanischer Erklärungsweisen der Welt und ihrer Wesen in der Renaissance erscheint im Rahmen dieser alten Analogie auch der Staat, im besonderen bei Hobbes, als Maschine bzw. als künstlicher Mensch (*artificial man*). Der soziale Körper und seine Teile agieren innerhalb eines kausal-mechanischen Gesamtzusammenhangs, dessen Bewegungen aus dem natürlichen Aufbau der Elemente hervorgehen sowie sie gleichzeitig aus dem Handeln des Menschen künstlich hergestellt werden. Das Politische ist damit bei Hobbes für den Menschen nicht immer schon gegeben, sondern bildet sich aus gemeinschaftlichen Akten Einzelner zu einem Ganzen.

In dem Maße in dem die mechanische Betrachtung der lebenden Körper während des 18. Jahrhunderts allmählich an Plausibilität verliert, wird auch das Konzept der Staatsmaschine problematisch und gerät in zunehmenden Widerspruch zu Natur und Mensch. Die gemeine Maschine, deren Teile allein Mittel zu einem äußeren Zweck sind und deren Ursache ihrer Form und Bewegung außerhalb ihrer selbst liegt, stellt ein Modell, das mit den Ergebnissen der Naturforschung wie mit neuen philosophisch-moralischen Grundsätzen der menschlichen Autonomie schwer vereinbar ist. Der Mensch in Gemeinschaft, sich gegenseitig Mittel und Zweck zugleich, fähig aus eigenem Antrieb vernünftig zu handeln, entspricht vielmehr dem neuen Organismus, dessen Teile sich wechselseitig bedingen und der über ein eigenes, inneres Bewegungs- und Bildungsprinzip verfügt. Die komplexe, innere Dynamik biologischer und sozialer Systeme lässt zudem eine ihrem Wesen inhärente Historizität erscheinen, deren Implikationen von Krise und Fortschritt, Krankheit und Wachstum das Maschinenmodell insbesondere im Bereich einer 'politischen Pathologie' versagen lassen. Letztlich kann das Leben als positive Empirizität in seiner Variabilität und Instabilität, seinen sich überlagernden arbeitsteiligen Strukturen kaum mehr vollständig als Maschine begriffen werden.

---

446 Erste einschlägige Deutungen sozialer Gemeinschaft als kollektiven Leib finden sich bei Platon, dem der Staat am besten eingerichtet ist, „welcher dem einzelnen Menschen am allernächsten sich verhält. So wie, wenn einem unter uns der Finger verwundet ist, die gesamte, dem in der Seele Herrschenden als eins zu Gebote stehende, über den ganzen Leib sich erstreckende Gemeinschaft desselben mit der Seele es zu fühlen pflegt und insgesamt zugleich mitzuleiden mit einem einzelnen schmerzenden Teil [...]" (*Politeia*, 462cd; zit. n. d. Übers. v. Friedrich Schleiermacher); oder als Corpus Christi bei Paulus: „Denn wie der Leib einer ist und doch viele Glieder hat, alle Glieder eines Leibes, obschon ihrer viele sind, doch einen Leib darstellen, so auch Christus." (1. Kor. 12, 12). – Vgl. allgemein zur Leib-Staat-Metaphorik von der Antike bis 1800, Gerhard Dohrn-van Rossum, *Politischer Körper, Organismus, Organisation. Zur Geschichte naturaler Metaphorik und Begrifflichkeit in der politischen Sprache*, diss., 2 Bde., Bielefeld 1977.

Als programmatischer Ausweis für das enge Verhältnis von Physiologie und Gesellschaftslehre im post-revolutionären Frankreich kann das Konzept einer *physiologie social* von Saint-Simon betrachtet werden. Im expliziten Anschluss an Vicq d'Azyr, Cabanis und Bichat, wird der Anspruch auf die Konstitution einer wissenschaftlichen Soziallehre erhoben, die als `Allgemeine Physiologie' (*physiologie générale*)[447] klare und eindeutige Antworten auf die Fragen der Moral, Politik und Religion zu geben verspricht und damit auch eine Anleitung zur Organisation der neuen Gesellschaft.[448] Bereits in seiner ersten Veröffentlichung von 1802, worin Saint-Simon in prophetischer Manier die Utopie einer Wissenschaftsgesellschaft um das Zentrum eines religiösen Newton-Kultes entwirft,[449] wird sein szientistischer Ansatz deutlich.

„Liebe Freunde, wir bilden einen organischen Körper; dadurch, daß ich unsere sozialen Beziehungen als physiologische Erscheinungen auffaßte, entwickelte ich das Ihnen vorgelegte Projekt und will ihnen seine Nützlichkeit auf Grund von Betrachtungen beweisen, die ich dem von mir angewendeten System der Verbindung der physiologischen Tatsachen entnehme."[450]

Die Entwicklung des Versuchs einer `positiven Wissenschaft' (*science positif*) vom Menschen im Sinne einer auf empirischen Tatsachen begründeten Einheitswissenschaft und der Kontrast jener physiologischen `Soziologie'[451] Saint-Simons zu ihren Vorläufern werden augenfällig im Vergleich mit einer `*méchanique social*' bzw. `*art social*' wie sie Emmanuel Joseph Sieyes (1748-1836) noch zu Beginn der Revolution vorstellt. Die Ergründung der „fundamentalen Grundsätze der wahren sozialen Ordnung" ist für Sieyes keine Aufgabe der beobachtenden Naturforschung, sondern der kombinatorischen Wissenschaften (*sciences de combinaison*), mehr noch einer Kunst, „dem Architekten vergleich-

---

447 Vgl. Saint-Simon, *De la physiologie appliquée a l'amélioration des institutiones sociales* [*De la physiologie sociale*] (1813), in: *Oeuvres*, Bd. XXIX, Paris 1875, 175: „Das Gebiet der Physiologie, auf eine allgemeinere Art betrachtet, setzt sich aus allen Tatsachen zusammen, die sich bei den organisierten Wesen ereignen." („Le domaine de la physiologie, envisagée d'une manière générale, se compose de tous les faits qui se passent chez les êtres organisés."). Neben der speziellen Physiologie der Individuen, überlässt sich die allgemeine Physiologie Erwägungen höherer Ordnung, über die einzelnen Individuen hinweg, welche für sie nur Organe des sozialen Körpers sind, dessen organische Funktionen untersucht werden; vgl. ebd., 177.
448 Dazu Rolf Peter Fehlbaum, *Saint-Simon und die Saint-Simonisten*, Basel u. Tübingen 1970, 8f.
449 Die prophetische Geste, die quasi göttliche Verehrung Newtons und das Postulat einer `*gravivation universelle*' als übergeordnetem Erklärungsprinzip lässt sich in die Tradition des Mesmerismus stellen.
450 Saint-Simon, *Lettres d'un habitant de Genève à ses contemporains* (1802): *Briefe eines Genfer Einwohners an seine Zeitgenossen*, in: *Ausgewählte Schriften*, hrsg. u. übers. v. Lola Zahn, Berlin 1977, 22.
451 Den Begriff `Soziologie' sollte dann erst Auguste Comte (1798-1857) ab 1838 prägen [s. S. 124, Fn. 490].

bar, der den Bauplan in der Vorstellung verwirklicht, bevor er ihn ausführt".[452] Für ihn soll der politische Körper (*corps politique*) rational entworfen, gegen das Vorhandene, Tatsächliche und erklärtermaßen auch gegen die antiquierte historische Erfahrung durchgesetzt werden.[453] Die Analyse und Konstruktion sozialer Gemeinschaft und ihrer „gesetzgeberische[n] Erfindungen [...], die das Genie in nächtelanger Arbeit erdacht hat", gleicht der Arbeit eines Mechanikers – und die Gesellschaft einem klassischen Mechanismus.[454]

> „Man wird den Mechanismus der Gesellschaft niemals begreifen, wenn man sich nicht dazu entschließt, eine Gesellschaft wie eine gewöhnliche Maschine zu analysieren, jeden ihrer Teile getrennt zu betrachten und die Teile dann vor seinem geistigen Auge einen nach dem andern zusammenzufügen, um ihr Zusammenspiel zu erfassen und den allgemeinen Einklang, der daraus entsteht, zu spüren."[455]

Die 'Organisation' dieses Körpers fällt mit seiner 'Konstitution' zusammen und formuliert insofern das praktische Gebot der Stunde: den Entwurf einer neuen Verfassung, welche die Versammlung der Repräsentanten des gemeinschaftlichen Willens regelt.

> „Man kann unmöglich eine Körperschaft zu einem bestimmten Zweck schaffen, ohne ihr eine Organisation, Verfahrensregeln und Gesetze zu geben, die es ihr ermöglichen, die ihr gesetzten Aufgaben zu erfüllen. Das nennt man die *Verfassung* [*constitution*] der Körperschaft. Es liegt auf der Hand, daß sie ohne Verfassung nicht bestehen kann. Daraus folgt ebenso offensichtlich, dass jede übertragene Regierung ihre Verfassung haben muß; und was für die Regierung im allgemeinen gilt, das gilt auch für alle ihre Teile."[456]

Die entscheidende Differenz bei Saint-Simon ist weniger die abweichende Konzeption der zukünftigen Gesellschaft und auch nicht die Abkehr vom Maschinenbild, sondern (v.a. als Konsequenz aus der Erfahrung des Terreur) die Ab-

---

452 Sieyes, *Vues sur les Moyens d'Execution dont les Représentants de la France pourront disposer en 1789* (1789): *Überblick über die Ausführungsmittel die den Repräsentanten Frankreichs 1789 zur Verfügung stehen*, in: *Politische Schriften 1788-90*, hrsg. u. übers. v. Eberhard Schmitt u. Rolf Reichardt, Darmstadt u.a. 1975[a], 23 u. 34f. „Die Naturwissenschaft kann nur die Kenntnis dessen sein, was ist. Die von kühnerem Schwunge geratene Kunst [art] setzt sich zum Ziel die Phänomene [faits] für unsere Bedürfnisse und unsere Nutzung umzubilden und anzupassen; sie fragt, was zum Nutzen der Menschen sein soll." (ebd., 34).
453 „Nie zuvor war es dringender, der Vernunft ihre ganze Kraft zu verleihen und den Tatsachen die Macht zu entwinden, die sie zum Unglück der Menschheit an sich gerissen haben." Sieyes empört sich über „jenen Haufen von Schriftstellern [...], die sich abmartern, die Vergangenheit zu fragen, was wir in Zukunft sein sollen, und bei erbärmlichen, aus Unvernunft und Lügen gesponnenen Traditionen die Gesetze zur Erneuerung der öffentlichen Ordnung suchen [...]." (ebd., 35).
454 „Nicht weniger ist in unsern Tagen die Mechanik der Gesellschaft [*méchanique social*] durch gesetzgeberische Erfindungen bereichert worden, die das Genie in nächtelanger Arbeit erdacht hat;[...]." (ebd., 22).
455 Sieyes, *Qu'est-ce que le tier ètat?* (1789): *Was ist der dritte Stand?*, in: *Politische Schriften* (s.o.) 1975[b], 164f.
456 Ebd., 166.

lehnung eines auf Freiheit, Gleichheit und individueller Willkür gegründeten Gemeinwillens. Der soziale Körper ist Saint-Simon „keine bloße Anhäufung lebender Wesen" und kein „Resultat vergänglicher Unfälle", sondern ...

> „[...] im Gegenteil, eine wirklich organisierte Maschine [*véritable machine organisée*], deren Teile auf jeweils unterschiedliche Weise zum Ablauf der Gesamtheit beitragen. Die Vereinigung der Menschen bildet ein echtes Wesen [*véritable ÊTRE*], dessen Existenz mehr oder weniger kräftig oder wankend ist, weil dessen Organe, die ihnen anvertrauten Funktionen mehr oder weniger regelmäßig ausüben."[457]

Wesentlicher Punkt seiner physiologischen Betrachtung des Gemeinwesens ist die funktionale Differenzierung und Spezialisierung einer industriellen Gesellschaft, ihrer Subsysteme und Zentralorgane. Das gemeinschaftliche Element dieses sozialen Körpers, die Basis der neuen Doktrin, ist die nützliche Tätigkeit aller Menschen, welche sich „alle wie Arbeiter in einer gemeinsamen Werkstatt ansehen" werden.[458] Die Organisation der Arbeit ist gleichzeitig die Organisation der Gesellschaft, was sich bei Saint-Simon zunehmend in der Idee der 'Industrie' (im ganz allgemeinen Sinne als nützlich-produktive Arbeit) zuspitzt.

> „In welchen Ideen finden wir also dieses organische, dieses notwendige [„die Gesellschaft einigende"] Band? In den Ideen von der Industrie, dort, einzig und allein dort sollten wir unser Heil und das Ende der Revolution suchen. [... Alle] Gedanken und Bemühungen [müssen] sich auf ein einziges Ziel richten [...], auf *die der Industrie günstige Organisation*."[459]

Die gesellschaftliche Entwicklung ist getragen von einem unaufhaltbaren 'Fortschritt des Menschengeistes',[460] der alles mit sich fortzieht und für den die Menschen letztlich nur 'Instrumente' sind, die ihre Bestimmung, ihren Frieden und ihr Glück allein in nützlicher Tätigkeit finden. Alle erfüllen arbeitsteilig ihre spezielle Funktion zum Fundamentalziel der industriellen Gesellschaft: die 'Produktion', das Primat des Industriellen schlechthin. Diese arbeitende, besitzlose Gemeinschaft ordnet sich hierarchisch nach dem Grad der Fähigkeit und Nützlichkeit in drei sich wechselseitig bedingende und doch separate Klassen bzw. soziale Systeme: Wissenschaften, Schöne Künste und Gewerbe.

> „In einer Gesellschaft, die sich zu dem positiven Zweck organisiert hat, ihr Wohlergehen mittels der Wissenschaften, der Schönen Künste und der Gewerbe zu erwirken, steht die wichtigste politische Tatsache, das heißt die Festlegung der Richtung, in der sich die Ge-

---

457 Saint-Simon (1813) 1875, 177 (Übers. v. Verf.).
458 Saint-Simon (1802) 1977, 32.
459 Saint-Simon, *L'industrie* [...] (1817/18): *Die Industrie* [...], in: *Ausgewählte Schriften* (s.o.) 1977, 197. – „Alles durch die Industrie, alles für die Industrie." (Motto des ersten Bandes); zum Komplex von Arbeit, Nützlichkeit und Industrie bei Saint-Simon vgl. Fehlbaum 1970, 22ff.
460 Saint-Simon kritisiert (wie dessen Ideen individueller Freiheit und Gleichheit) den undifferenzierten, geradlinigen Fortschrittsglauben seines Vorbilds Marquis de Condorcet (1743-94), *Esquisse d'un tableau historique des progrès de l'esprit humain* (1794), um ihn durch sein Konzept eines Fortschritts im Wechsel (von 'organischen' [wissenschaftlichen] und 'kritischen' [politischen] Revolutionen) zu erneuern; vgl. Lepenies 1976, 174.

sellschaft bewegen soll, nicht mehr den mit gesellschaftlichen Funktionen betrauten Männern zu, sondern wird durch den ganzen gesellschaftlichen Organismus ausgeübt. Auf diese Weise kann die Gesellschaft als Gesamtheit ihre Selbstbestimmung tatsächlich verwirklichen, eine Souveränität, die dann keine durch die Volksmenge zum Gesetz erklärte Willkürmeinung darstellt, sondern ein aus der Natur der Dinge selbst abgeleitetes Prinzip, dessen Richtigkeit die Menschen nur anerkennen und dessen Notwendigkeit sie verkünden."[461]

Saint-Simon hält eine 'soziale Physiologie' als empirische Wissenschaft, auf deren Grundlage sich ein neues gesellschaftliches System organisieren ließe, für möglich bzw. in greifbarer Nähe. Dazu müssen jedoch die Physiologen „aus ihrer Gesellschaft die Philosophen, die Moralisten und die Metaphysiker so verjagen, wie die Astronomen die Astrologen und die Chemiker die Alchimisten verjagt haben."[462] Wesen und Prüfstein jeglicher Wissenschaft sei ihre Fähigkeit, von Beobachtungen auf Tatsachen zu schließen und daraufhin Vorhersagen treffen zu können, die handlungsleitende Objektivität besitzen.[463]

Die Idee einer positiven Wissenschaft des Menschen und seiner idealen sozialen Beziehungen auf physiologisch-medizinischer Grundlage sucht das Projekt einer 'science de l'homme' der 'Ideologues' (inbesondere nach Cabanis) auszubauen,[464] wobei sich dies bei Saint-Simon oftmals in vagen Analogien und terminologischen Transfers erschöpft, wenn er vorgibt die Bewegungsgesetze der Gesellschaft naturwissenschaftlich zu ergründen. Nichtsdestotrotz weisen die Physiologie Bichats und die Saint-Simons inhaltlich und methodisch enge Verwandtschaft auf.[465] Ein Grund für die große Affinität des frühen 'Positivismus' zu Bichat ist dessen experimentelle Praxis. In diesem Sinne versucht auch Saint-Simon durch die zahlreichen autobiographischen Schriften seines unbestreitbar ereignisreichen, sogenannt 'experimentellen Lebens' (vie expérimentale) seine Soziallehre auf empirische Grundlagen zu stellen. Beide postulieren eine natürliche Ungleichheit der Menschen, deren unterschiedliche Konstitutionen und Fähigkeiten der erzieherischen Ausbildung und gesellschaftlichen Spezialisierung bedürfen. In der sich daraus ergebenden sozialen Klassifikation bzw. Organisation folgt Saint-Simon in weiten Teilen den Analysen Bichats.[466]

---

461 Saint-Simon, L'organisateur (1819/20): Der Organisator, in: Ausgewählte Schriften (s.o.) 1977, 282.
462 Saint-Simon (1802) 1977, 21.
463 Vgl. ebd., 20f.
464 Vgl. v.a. Saint-Simon, Mémoire sur la science de l'homme (1813); – [Zu Cabanis in diesem Zusammenhang s. S. 114, Fn. 445].
465 Dazu Barbara Haines, The Inter-Relation beetween Social, Biological and Medical Thought, 1750-1850: Saint-Simon and Comte, The British Journal for the History of Science 11/ 37 (1978), 19-35.
466 Am unmittelbarsten in der Einteilung in Wissenschaft, Kunst und Gewerbe. So lassen sich „die Beschäftigungen des Menschen in drey Classen eintheilen. Die [...], durch welche die Sinnwerkzeuge besonders in Thätigkeit gesetzt würden [...]; mit einem Wort, alle Künste [... Die], welche mehr das Hirn beschäftigen [...], Nomenklatur und Wissenschaften [... Schließlich] alle diejenigen mechanischen Künste [...], welche die willkürlichen Muskeln

Der gemeinschaftliche Körper ordnet sich bei Saint-Simon nach dem Grad des sozialen Nutzens in eine Hierarchie wechselseitig abhängiger Funktionsbereiche, worin der Wissenschaft die zentrale Rolle zukommt, da sie über die größte `énergie cérébrale´ verfügt.[467] Er entwirft ein Modell der Koordination basaler gesellschaftlicher Funktionen einer leistungs-egalitären Gesellschaft der Chancengleichheit und Elitenzirkulation, die sich zum gemeinsamen Zweck der Produktion in parallelen Subsystemen organisiert, welche über zentrale Institutionen limitiert miteinander verbunden sind. Dieser Körper wird auf den verschiedenen Ebenen und Sektoren seiner Organisation der funktionalen Analyse unterworfen, um den natürlichen und rationalen Aufbau seiner Institutionen zu ergründen. Damit gleicht die systemische Struktur dieser idealen Gemeinschaft in der Trennung und Verschaltung von Geweben und Organen, ihrer Eigenschaften und Funktionen, der physiologischen Typologie Bichats.

Der Instabilität und Dynamik des Systems, welche sich in den krisenhaften Umschwüngen von `organischen´ und `kritischen´ Epochen äußert, steht die Kontinuität basaler Funktionen und Strukturelemente (Verwaltung, Armee, Bildungs-, Bankenwesen usw.) gegenüber,[468] die auf komplexe Weise den sozialen Körper durchziehen, sich verdichten und sich miteinander verbinden. Die organische Solidarität, d.h. die Integration des Einzelnen im Ganzen, vollzieht sich mehrdimensional auf verschiedenen Ebenen der Organisation gleichzeitig. Sie ist ein Produkt wechselnder Verhältnisse und wechselseitiger Abhängigkeiten.

Saint-Simons Modell der neuen Gesellschaft stellt sich als Kompromiss zwischen den lokalen Autonomien der frühen Revolution und dem radikalen Zentralismus des Terreur dar. Es wendet sich gegen liberalistische Individualität wie gegen singuläre Herrschaft und plädiert letztlich für soziale Integration und Kontrolle einer rationalen Bürokratie. Schlagwortartig bezeichnet er es selbst als Übergang der Revolution zur Organisation: „Die Philosophie des vorigen Jahrhunderts ist die der Revolution gewesen; die des 19. Jahrhunderts muß die der Organisation sein."[469] Im Kontrast zur rousseauschen Tradition basisdemokratischer Gemeinschafts- und Willensbildung erscheint Saint-Simon als `Prophet der Organisation´.[470] Dabei versucht er populäre Ideen und Begriffe (wie v.a.

---

in's Spiel bringen." (Bichat (1800) 1802, 135f [I, 8, §4]). Die besondere Ausbildung eines Organs (bzw. Fähigkeit) zur notwendigen Spezialisierung, hemmt zwangsläufig, die der übrigen Organe (vgl. ebd., 141 [I, 8, §5]).

467 Die ihm gegenwärtige Gesellschaft unterteilt sich grob in Intelligenz, Besitzende und Besitzlose.

468 Viele der Institutionen haben über die Revolution hinweg erstaunliche (auch personelle) Konstanz gezeigt.

469 Saint-Simon, *De la réorganisation de la société européenne* (1814): *Über die Reorganisation der europäischen Gesellschaft* [...], in: ders., Ausgewählte Schriften (s.o.) 1977, 134.

470 Die Gegenüberstellung von Rousseau als „prophet of community" und Saint-Simon als „prophet of organization" stammt von S. S. Wolin, *Politics and vision: Continuity and innovation in western political thought*, Boston 1960; nach Pickstone 1981, 123f; vgl. auch Frank E. Manuel, Prophets of Paris, Cambridge 1962.

Industrie, Sozialismus, Positivismus, Krise) konzeptionell und terminologisch für seine sozialen Vorstellungen nutzbar zu machen und prägt sie für die Moderne in entscheidender Weise.

Während sich bei Saint-Simon mehr und mehr die Idee der Industrie ins Zentrum der sozialen Organisation rückt, verfolgt sein zeitweiliger Sekretär und abtrünniger Schüler Auguste Comte (1798-1857) den älteren Gedanken der Errichtung einer religiösen Herrschaft der `positiven´ Wissenschaft weiter. Comtes frühe Schrift zum `Plan einer wissenschaftlichen Reorganisation der Gesellschaft´ kann als programmatisches Schlüsselwerk betrachtet werden, welches in weiten Teilen einer vorläufigen Zusammenfassung und Systematisierung der Saint-Simonschen Lehre gleichkommt und von dieser schwer zu trennen ist.[471] So diagnostiziert Comte eine „große Krisis" der gegenwärtigen Verhältnisse in der Koexistenz von Des- und Reorganisation, spricht sich gegen das „Dogma von der unbegrenzten Freiheit des Gewissens" und „der Souveränität des Volkes" aus, deklariert als den modernen Zweck der sozialen Organisation die industrielle `Produktion´ und plädiert dafür, „die kritische Richtung aufzugeben und die organisatorische Richtung einzuschlagen."[472] Die zukünftigen Träger seiner reorganisierten geistigen Gewalt sind „diejenigen Männer, deren Beruf es ist, theoretische Kombinationen in methodischer Konsequenz auszuführen, d.h. die Gelehrten, welche sich in den beobachtenden Wissenschaften betätigen",[473] während die Kunst die Massen für die Theorie begeistern soll, welche dann die Industrie ausführt.

> „So werden bei dieser riesigen Unternehmung alle positiven Kräfte zusammenwirken. Die der Forscher, um den Plan des neuen Systems zu bestimmen, die der Künstler, um die allgemeine Annahme dieses Planes durchzusetzen, die der Industriellen, um das System durch die Einrichtungen der nötigen praktischen Institutionen zu unmittelbarer Wirksamkeit zu bringen."[474]

Schließlich formuliert Comte als fundamentale Idee seiner `sozialen Physik´ das Gesetz eines Kulturfortschritts, der „einen natürlichen und unabänderlichen Weg nimmt", sich aber nicht geradlinig vollzieht, sondern „aus einer Anzahl von fortschreitenden Oszillationen" zusammensetzt ist.[475] Dabei geht er (wie Saint-Simon) von einer Homologie individueller und menschheitsgeschichtlicher Entwicklung aus. Comtes berühmtes `Dreistadiengesetz´ ordnet den Fortschritt des menschlichen Geistes als jahrtausendelangen Bildungsprozess und gilt im

---

471 Comte, *Prospectus des travaux scientifiques nécessaires pour réorganiser la société* (1822/ 24): *Plan der wissenschaftlichen Arbeiten, die für eine Reform der Gesellschaft notwendig sind*, hrsg. v. Dieter Prokop (n. d. Übers. v. Wilhelm Ostwald, Leipzig 1914), München 1973.
472 Comte (1822/ 24) 1977, 35, 42, 56 u. 36.
473 Ebd., 66. „In dem zu errichtenden System wird somit die geistige Führung in den Händen der Gelehrten liegen. Die weltliche Macht wird ihrerseits den Chefs der industriellen Arbeiten zukommen." (ebd., 68).
474 Ebd., 114.
475 Ebd., 91 u. 103.

gleichen Maße auch für die Ontogenese des Individuums, was als Beleg für die Richtigkeit und Naturgesetzlichkeit seines Gesetzes angeführt wird.[476] Die Einteilung der Epochen des Kulturzustandes, als dessen Produkt sich die soziale Organisation ergibt, ist ihm ...

„[...] die erste und wichtigste Seite des Planes oder besser gesagt sie bedeutet den Plan selbst in seiner größten Allgemeinheit, denn sie bestimmt die grundlegende Art der Ordnung der beobachtbaren Tatsachen."[477]

„Die letzte Vollendung der Wissenschaft, welche wahrscheinlich niemals vollständig erreicht werden wird, bestände in theoretischer Beziehung in dem genauen Begreifen der Reihenfolge des Fortschrittes seit dem Anfang von einer Generation zur anderen, sowohl für die Gesamtheit des sozialen Körpers, wie auch für jede einzelne Wissenschaft, jede Kunst, jeden Teil der politischen Organisation und in praktischer Beziehung in der genauen Bestimmung des Systems, welchen der natürlichen Entwicklungsgang der Kultur [*civilisation*] zum herrschenden machen muß nach allen wesentlichen Einzelheiten."[478]

Die erste Aufgabe der Politik ist es, „alle einzelnen Tatsachen zu ordnen, die sich auf den Entwicklungsgang der Kultur beziehen, und sie auf die möglichst kleine Zahl allgemeiner Tatsachen zu reduzieren, aus deren Zusammenhang sich das Naturgesetz dieses Fortschrittes klar ergeben wird."[479] Comte betont die fundamentale Bedeutung einer methodischen Systematik für seinen 'Plan', der es verlangt, zuerst in allgemeiner Weise den Fortschritt des Ganzen zu begreifen, bevor sich der Gang einzelner sozialer Phänomene und Klassen erklären lässt, da diese sich gleichzeitig und in wechselseitiger Beeinflussung entwickeln.[480] Hier sind es die Forscher und Systematiker der belebten Natur, „welche die ausgedehntesten und schwierigsten Klassifikationen durchzuführen gehabt [...und] auch den größten Fortschritt in der allgemeinen Methode der Klassifikation bewirkt" haben.

„Das Grundprinzip dieser Methode ist festgelegt worden, seitdem in der Botanik und der Zoologie philosophische Klassifikationen bestehen, d.h. solche, welche auf wirklichen Beziehungen beruhen und nicht auf künstlichen Vergleichen. Es besteht darin, daß die Ordnung der verschiedenen Einteilungsstufen bezüglich ihrer Allgemeinheit nach Möglichkeit genau den Beziehungen zwischen den zu klassifizierenden Phänomenen entspricht. Dergestalt ist die Hierarchie der Familien, Arten usw. nichts anderes als der Ausdruck einer ge-

---

476 Laut Comte verläuft die Entwicklung des menschlichen Geistes notwendig durch drei verschiedene theoretische Zustände: „den theologischen oder fiktiven Zustand, den metaphysischen oder abstrakten und endlich den wissenschaftlichen oder positiven." (Comte (1822/ 24) 1977, 74). Auf die Politik bezogen entspricht dies dem 'reaktionären', militärischen Königtum göttlichen Rechts, dem 'kritischen', juristischen Stadium der Volkssouveränität und des natürlichen Menschenrechts (exemplarisch in Rousseaus Gesellschaftsvertrag) und letztlich eben jenem wissenschaftlich-technischen Zustand der Produktion, den Comte propagiert (vgl. ebd., 76f u. 122). Zum Dreistadiengesetz in der Ontogenese (Theologie der Kindheit, Metaphysik der Jugend und Physik des Erwachsenen), vgl. Werner Fuchs-Heinritz, *Auguste Comte. Einführung in Leben und Werk*, Darmstadt 1998, 123f.
477 Comte (1822/ 24) 1977, 119f.
478 Ebd., 154.
479 Ebd., 100.
480 Ebd., 153.

ordneten Gruppe allgemeiner Tatsachen, die man in verschiedene Stufenreihen geteilt hat, welche zunehmend in das Spezielle gehen. [...] Die Klassifikationen kennen, heißt dann die Wissenschaft kennen, wenigstens zu ihrem wichtigsten Teil. [...] Die Beziehungen, welche in der allgemeinen Geschichte des Menschengeschlechts anzuwenden sind, um die verschiedenen Kulturepochen nach ihren natürlichen Verhältnissen zu ordnen, sind völlig ähnlich [absolument semblable] denen der Naturforscher, welche nach denselben Gesetzen die tierischen und pflanzlichen Organismen ordnen."[481]

Das Verhältnis von Natur- und Kulturgeschichte, von Biologie und Soziologie (bzw. Medizin und Politik) bleibt bei Comte uneindeutig. Er erklärt, und das macht ihn in gewisser Hinsicht zum Gründer einer eigenständigen Sozialwissenschaft, dass eine Trennungslinie zwischen den Bereichen der 'sozialen Physik' und der Physiologie im engeren Sinne, zwischen dem Studium der gesellschaftlichen Erscheinungen und dem, welches das isolierte Individuum betrifft, zu ziehen sei. Eine Auffassung, welche die Kulturgeschichte schlicht als Folge und notwendige Ergänzung der Naturgeschichte des Menschen ansieht (also insbesondere die von Cabanis), „verhindert die unmittelbare Beobachtung der sozialen Vergangenheit, welche doch der positiven Politik zur Grundlage dienen muss."[482] Ebenso wie keine vollständige Deduktion des Lebens aus physikalisch-mathematischen Gesetzen möglich ist, muss auch zwischen „der Physiologie der Gattung und der der Individuen" unterschieden werden, da sich der Plan der sozialen Organisation aus einem direkten Studium der Kulturgeschichte erschließen muss.[483] Daher hält es Comte für „ebenso falsch, vom theoretischen wie vom praktischen Gesichtspunkt die Sozialwissenschaft als eine einfache Konsequenz der Physiologie aufzufassen."[484] Die direkten physiologischen Betrachtungen in der sozialen Physik hören beim ersten Aufschwung der Kultur durch die Schaffung einer Sprache auf, mit der unmittelbare Daten über die Entwicklung der Kultur entstehen.[485] Doch trotz dieser Unterscheidung betrachtet Comte mehr denn je soziale Phänomene als organische, welchen die physiologischen (anstelle mathematischer) Methoden naturgemäß mehr entsprechen.

„In erster Linie lassen sich die Betrachtungen, durch welche verschiedene Physiologen, insbesondere Bichat, die radikale Unmöglichkeit allgemein gezeigt haben, irgendeine wirkliche und richtige Anwendung der mathematischen Analysis auf die organischen Körper durchzuführen, unmittelbarer und im einzelnen Falle auch auf die moralischen und politischen Erscheinungen anzuwenden, die ja nichts sind als besondere Fälle jener ersten."[486]

---

481 Ebd., 120f.
482 Ebd., 139; vgl. auch 140.
483 Ebd., 142.
484 Ebd., 143.
485 Vgl. ebd. 144.
486 Ebd., 133. Comte wendet sich hier insbesondere gegen Condorcets Versuch, mit der Anwendung der mathematischen Analyse (v.a. der Wahrscheinlichkeitsrechnung) auf die soziale Wissenschaft, diese positiv zu machen (vgl., ebd., 132), da alle physiologischen Erscheinungen „außerordentlich großen Veränderungen der Quantität", Unregelmäßigkeiten und einer große Anzahl von Ursachen unterworfen sind, welche keine genaue Messung

Die Physiologie (im engeren Sinne) ist notwendiger Ausgangspunkt der sozialen Betrachtung „damit diese tatsächlich positiv wird." Es handelt sich um „zwei Wissenschaften von durchaus der gleichen Ordnung [...] oder vielmehr zwei verschiedene Teile einer und derselben Wissenschaft", einer 'Gesamtphysiologie' (*physiologie totale*), deren beide große Teile in natürlicher Beziehung zueinander stehen.[487] Der Physiologie des Individuums als notwendiger, wenn auch nicht hinreichender Grundlage der 'sozialen Physik', ...

„[...] kommt es ausschließlich zu, auf positive Weise die Ursachen festzustellen, welche das Menschengeschlecht einer beständig ansteigenden Kultur fähig macht, soweit der Zustand des Planeten, den es bewohnt, dem kein unübersteigbares Hindernis entgegenstellt."[488]

Ungeachtet der Trennung beider Disziplinen bedient sich Comte bei der Begründung seiner Soziologie weit vielfältigerer organischer Begrifflichkeiten und Analogien, als dies seine Vorgänger taten, welche das eine aus dem anderen vollständig abzuleiten suchten. Er propagiert seine Lehre der Versöhnung von reaktionärer und kritischer Richtung als 'organische Doktrin' (*doctrin organique*), die es allein vermag, die große Krise zu beenden und das 'feudaltheologische System' zu ersetzen.[489] Insbesondere im vierten Band seines *Cours de philosophie positive* (1838), in dem auch der Begriff 'Soziologie' für soziale Physik eingeführt wird,[490] bezeichnet er die Gesellschaft ausdrücklich als 'sys-

---

gestatten (ebd., 133). „Man kann prinzipiell feststellen, dass niemals die Mathematik die Herrschaft über die Physik der unbelebten Körper hinaus erstrecken wird [...]." (ebd., 137).
487 Ebd., 144f.
488 Ebd., 143. – Der hier angedeutete Einfluss der 'örtlichen physischen Bedingungen' bzw. des 'Klimas' (in einem allgemeinen Verständnis) auf die politischen Verhältnisse, hat für Comte (hier ähnlich Lamarck) jedoch untergeordneten, indirekten und nur modifizierenden Charakter gegenüber dem naturgesetzlichen Fortschritt der Zivilisation; vgl. ebd., 116f. Damit setzt sich er von der 'Klima-Lehre' des Charles-Louis Secondat de Montesquieu (1689-1755), *De l'esprit de loix* (Genf 1748) ab, die Comte für den einzig wichtigen Teil von dessen theoretischen Arbeiten hält, „der allein eine wirklich positive Richtung hat." (ebd.). – Zu Comtes späterem Begriff vom 'Milieu' vgl. Fuchs-Heinritz 1998,155; – [s. S. 127, Fn. 502].
489 Vgl. ebd., 46f.
490 Comte, *Cours de philosophie positive*, Bd. IV (1839): *Soziologie*, Bd. I, übers. v. Valentine Dorn, Jena 1907, 184f [Fn.]: „Ich glaube von jetzt ab dieses neue Wort [*sociologie*] wagen zu dürfen, das meinem bereits angeführten Ausdrucke soziale Physik [*physique sociale*] völlig gleichkommt, um mit einem einzigen Namen diesen Ergänzungsteil der Naturphilosophie bezeichnen zu können, der sich auf das positive Studium der sämtlichen, den sozialen Erscheinungen zugrunde liegenden Gesetze bezieht." – Im ersten Band des *Cours de philosophie positive* (1830) entwickelt Comte als Ergänzung seines 'Dreistadiengesetzes' das 'Enzyklopädische Gesetz' (oder 'Hierarchiegesetz') einer logischen, methodischen und historischen Rangfolge der Wissenschaften nach zunehmender Kompliziertheit vom Abstraktesten zum Konkretesten (Mathematik [logische Deduktion], Astronomie [zzgl. Beobachtung], Physik [zzgl. Experiment], Chemie [zzgl. Klassifikation], Biologie

tème organique', `organisme collectif' oder `organisme social'. Dort verdeutlicht er auch seine organische Synthese der reaktionären Ordnung und des revolutionären Fortschritts, analog den biologischen Ideen von Organisation und Leben, in der Grundeinsicht, „[...] derzufolge die tatsächlichen Begriffe der Ordnung und des Fortschrittes in der sozialen Physik ebenso untrennbar sein müssen, wie es in der Biologie die Begriffe Organisation und Leben sind, von wo sie, in den Augen der Wissenschaft, offenbar herrühren."[491] Wie die Biologie „zwischen dem rein anatomischen Gesichtspunkte, der sich auf die Ideen der Organisation bezieht, und dem physiologischen Gesichtspunkt im eigentlichen Sinn, der den Ideen vom Leben unmittelbar eigentümlich ist", unterscheidet Comte auch die Soziologie in soziale Statik (*statique sociale*) und soziale Dynamik (*dynamique sociale*).[492]

„Denn es ist klar, daß das statische Studium des sozialen Organismus [*organisme social*] im Grunde mit der positiven Theorie der Ordnung zusammenfallen muß, die dem Wesen nach faktisch nur in einer richtigen dauernden Harmonie zwischen den verschiedenen Existenzbedingungen [*conditions d'existence*] der menschlichen Gesellschaften bestehen kann; ebenso erkennt man noch deutlicher, daß das dynamische Studium des Gemeinschaftslebens der Menschheit notwendig die positive Theorie vom sozialen Fortschritt bildet [...]."[493]

Comtes Spätwerk, in dem er sich um die Begründung bzw. den Ausbau einer Religion der `Humanité' bemüht, welche er sich als `großes Wesen' (*Grand-Être*) vorstellt, wird dominiert vom Gefühlsleben des Herzens (*le coeur*), von der Liebe als Basis des sozialen Lebens.[494] Dort erweitert er den Gedanken einer „genauen Korrespondenz" (jedoch keines „vollständigen Parallelismus") zwischen Biologie und Soziologie hinsichtlich der Analyse der sozialen Statik als der fundamentalen Organisationsstruktur des individuellen wie des kollektiven Organismus (*organisme collectif*).[495] Comte differenziert hier drei aufeinanderfolgende Ebenen der anatomischen Betrachtung: die Elemente, die Gewebe und die Organe. Das fundamentale Element der vitalen Gesellschaftsstruktur (bzw. deren Zellen oder Fasern) bildet die Familie, die Gewebe (*tissus*) entsprechen den Klassen oder Kasten, während die wirklichen Hauptorgane des Grand-Être, wie es sogar schon die Bezeichnung `Zivilisation' (*civilisation*) andeutet, immer

---

[zzgl. vergleichender] und Soziologie [zzgl. historischer Methode]); vgl. dazu Fuchs-Heinritz 1998, 146ff.
491 Comte (1839) 1907, 8; vgl. auch ebd., 235.
492 Ebd., 232.
493 Ebd., 233.
494 Comte, *Système de politique positive, ou Traité de sociologie, instituant la religion de l'Humanité*, 4 Bde., Paris 1851-54. Das vorangestellte Motto lautet dort: `L'Amour pour principe; L'Ordre pour base; Et le Progrés pour but.' – Das `Grand-Être' versteht Comte hier als transhistorischen, sich formierenden Organismus aus selbständigen Individuen bzw. Kollektiven, letztlich als die gesamte an diesem Wesen mitarbeitende (also nützliche, kooperative bzw. `achtenswerte') Menschheit; vgl. dazu Fuchs-Heinritz 1998, 235ff, 238ff.
495 Comte, *Système* [...] (s.o.), Bd. II (1852), Osnabrück 1967, 288 (Übers. v. Verf.).

die Städte (*cités*) sein werden, die bereits alle Elemente und Gewebe enthalten, welche die Existenz des Grand-Être erfordert.[496] Neben oder jenseits dieser drei grundlegenden Ebenen der Organisation lassen sich noch zwei weitere, intermediäre Strukturen angeben: einmal die Organ-Apparate (*appareils*), äquivalent den Provinzen, Nationen usw., sowie gewissen, sich zwischen den Geweben und Organen befindenden Formationen, die Comte schlicht als Systeme (*systèmes*) bezeichnet.[497] So entwickelt sich hier Comtes soziologische Analyse „vollständig analog" zur biologischen nach einer ähnlichen Folge der fünf Grade der statischen Organisation.[498] Hinsichtlich seiner 'sozialen Dynamik', die sich der Untersuchung der Gesetze des menschlichen Fortschritts widmet, beansprucht Comte eine gewisse Eigenständigkeit gegenüber der Biologie, da ihm nur der Mensch zu (geistes-)geschichtlicher Entwicklung seiner Gattung fähig scheint.[499]

Ein weiterer Gedanke, der jener Soziologie Comtes zentral ist und deren engen Bezug zur Biologie (bzw. zur Medizin) verdeutlicht, ist neben der beobachtenden und vergleichenden die 'experimentelle Methode',[500] welche auf den Menschen aus praktischen und moralischen Gründen nur indirekt in Form der pathologischen Analyse anwendbar ist.

„Aber in der Physiologie sind unabhängig von den Tierexperimenten die pathologischen Fälle tatsächlich ein Äquivalent der direkten Versuche am Menschen, weil sie die gewöhnliche Ordnung der Tatsachen ändern. Ebenso und aus ähnlichem Grunde müssen die vielfachen Epochen, wo die politischen Kombinationen mehr oder weniger die Tendenz gehabt haben, die Entwicklung der Kultur zu unterbrechen, als Mittel angesehen werden, der sozialen Physik wirkliche Experimente zu liefern [...]."[501]

---

496 Vgl. ebd., 289f. „L'organisme collectif reste donc essentiellement composé, d'abord des familles qui en constituent les vrais éléments, puis des classes ou castes qui forment ses propres tissus, et enfin des cités ou communes qui sont ses véritables organes." (ebd., 293).
497 Vgl. ebd., 291: „Outre les éléments, les tissus et les organes, la théorie fondamentale de l'organisme individuel distingue encore, ou delà des organes, un degré plus complexe de structure vitale, sous le nom d'appareils. De plus, on y reconnaît maintenant, entre le tissus et les organes, un mode d'organisation intermédiaire, auquel on réserve le titre de systèmes proprement dits, depuis que le langage anatomique a pris, bien ou mal, assez de précision."
   – Comte (1839) 1907, 392f unterschied noch schlicht Individuum, Familie, Gesellschaft.
498 Comte (1852) 1967, 292: „L'analyse sociologique devient ainsi complétement analogue à l'analyse biologique, d'après une semblable sucession des cinq degrés ou modes statiques qui conviennent à chacune d'elles."
499 Vgl. dazu Heinritz, 181ff. – Allerdings bedient sich Comte auch bei der sozialen Dynamik biologischer Modelle, wie der Ontogenese, der Existenzbedingungen, einer „allgemeinen Stufenfolge der menschlichen Entwicklung" (vgl. Comte (1839) 1907, 384) oder der Evolution und Vererbung Lamarcks (vgl. ebd. 279f).
500 Die wichtigste Methode der Soziologie allerdings ist die 'historische Methode' (also der Vergleich sozialer Zustände der Geschichte), als die „vierte fundamentale Beobachtungsmethode" (aufbauend auf Beobachtung, Experiment und Vergleich), (Comte (1839) 1907, 384).
501 Comte (1822/ 24) 1977, 147; vgl. auch ders. (1839) 1907, 312ff.

Comte orientiert sich diesbezüglich weniger an den physiologischen Versuchen Bichats,[502] sondern knüpft an die populäre Pathologie von Francois-Joseph-Victor Broussais (1772-1838) an, der Krankheit als nichts Ontologisches, dem Organismus Fremdes, sondern als bloße Funktionsstörung bzw. zeitweise Modifikation seiner Existenz betrachtet.[503] So enthüllt sich im Bereich des Pathologischen (als Manifestation der Normalität) am direktesten und leichtesten auch das Wesen des Gesunden. Der Bedeutungszuwachs der Pathologie, die durch Abweichungen und Anomalien von 'Normalzuständen' eine experimentelle Orientierung der menschlichen Physiologie ermöglicht, verhilft auch auf der Ebene der sozialen Betrachtung dem Begriff der 'Krise' zur Konjunktur. Neben den großen, allgemeinen Krisenerfahrungen der Zeit sind es (wiederum ähnlich Saint-Simon) persönliche Krisen, welche Diagnostik und Therapeutik von Comtes Soziallehre entscheidend beeinflussen.[504] Folgernd aus einem nervlichen Zusammenbruch (1826/27), seiner 'crise cérébrale', deren ärztliche Behandlung ihn schwer enttäuscht, verordnet er sich selbst, v.a. auch als Arbeitsregel bezüglich seiner literarischen Produktion, eine 'Gehirnhygiene' (*hygiène cerebrale*), die sich weitgehend der Fremdlektüre enthält.[505] Zudem sieht er den besten Weg der Heilung (bzw. der Politik) darin, der Krise ihren natürlichen Lauf zu lassen und sie in diesem zu unterstützen.

„Die gesunde Politik kann nicht zum Zweck haben, das Menschengeschlecht erst in Bewegung zu setzen, da dieses sich aus eigenen Kräften und vermöge eines eben so notwendigen, wenn auch mannigfaltigeren Gesetz bewegt, wie das der Gravitation ist. Sie hat vielmehr den Zweck, diesen Gang zu erleichtern, indem sie ihn erleuchtet."[506]

Im Gegensatz zur 'Politik der Einbildung' (*politique d'imagination*), welche die größten Anstrengungen macht, „das Heilmittel zu erfinden, ohne den Kranken zu untersuchen", geht die 'Politik der Beobachtung' (*politique d'observation*) von der Überzeugung aus, dass die hauptsächlichste Ursache der Genesung ...

„[...] in der Lebenskraft des Kranken liegt und begnügt sich daher damit, durch die Beobachtung den natürlichen Ausgang der Krisis vorauszusehen, um sie zu erleichtern, indem sie die durch Empirismus verursachten Hindernisse beseitigt."[507]

---

502 Comte besetzt Bichat als Patron des Monats der modernen Wissenschaft in seinem 'Positivistischen Kalender' (1849), setzt sich allerdings auch kritisch mit dessen Lebensbegriff auseinander, der für Comte als „notwendige Wechselbeziehung zweier unentbehrlicher Elemente, eines Organismus und dem ihm entsprechenden Milieu" verstanden werden soll. (Comte, *Cours* [...] (s.o.), Bd. I (1830), 675f u. 682, nach Fuchs-Heinritz 1998, 155).
503 Vgl. Comte (1839) 1907, 315f. Zu Broussais und Comte vgl. Lepenies 1976, 175ff; Roger Repplinger, *Auguste Comte und die Entstehung der Soziologie aus dem Geist der Krise*, Frankfurt a. M. 1999, 136ff; Foucault (1963) 1973, 201ff.
504 Am deutlichsten sicher nach dem Tod seiner einseitigen Liebe zu Clotilde de Vaux, die er Mariengleich als persönliches Symbol seiner neuen Religion der 'Humanité' verklärt.
505 Vgl. Lepenies 1976, 184f. – Jede neue Etappe seines perönlichen philosophischen Denkens, analog denen des menschheitsgeschichtlichen Fortschritts, sieht Comte von einer pathologischen Krise begleitet.
506 Comte (1822/ 24) 1977, 100.
507 Ebd., 107f.

Comte vertritt eine Lehre, die weder auf politische Therapie noch auf *Laisser-faire* setzt, sondern auf soziale Kontrolle von oben. Sein sozialer Organismus lässt sich auch als Kritik am liberalistischen Staatsverständnis und dessen vorbestimmter Harmonie zwischen Eigeninteresse und Gemeinwohl verstehen, denn für Comte stellt sich ein gesellschaftliches Gleichgewicht nicht automatisch her, sondern geht von einer (noch zu schaffenden) organischen Ordnung aus, die wissenschaftlich (positiv) geplant werden muss. Erhalt und Fortschritt bedeutet ihm im Grand-Être den Geist des Ganzen, nicht den des Individuums, durchzusetzen. Denn jedes Organ erhält erst Funktion, Bedeutung und Sinn im Bezug auf die gesamte Ordnung. Die Menschenrechte sind dabei den Menschenpflichten, der Regulator dem zu Regulierenden, d.h. dem Organisierten, untergeordnet. Und es ist die Soziologie als Physiologie der sozialen Körper, die über die adäquate Organisation der politisch-sozialen (oder auch „hygienischen") Institutionen belehrt.

Schränkt Comte auch die Organismus-Analogie begrifflich und methodologisch ein, unterscheidet zwischen *ordre vital* und der komplexeren, zusammengesetzten *ordre social*, so ist seine ʻSoziologieʼ doch fraglos aufs engste, in gewisser Beziehung stärker als zuvor, mit der Biologie (bzw. Physiologie und Medizin) verbunden und baut sich an deren Begriffen und Methoden auf. Sie übernimmt das Prinzip der Ganzheit, der fortschreitenden Entwicklung, der Spezialisierung und des Zusammenwirkens der Organe, wie der Systematik, Komparatistik, Pathologie etc., gleicht sie ihrem Gegenstand an, ohne jedoch vollständig darin aufzugehen. Von Maschinen ist bei Comte diesbezüglich nirgends die Rede, obgleich sein technokratisches Modell zuweilen recht mechanisch anmutet, wie es auf der anderen Seite den irrationalen Elementen des Gefühlslebens zunehmend größere Bedeutung einräumt. Im Versuch einer ʻorganischenʼ Synthese (in der gleichzeitigen Ablehnung von reaktionärer und progressiver Position, von Gott und Vernunft als letzter Instanz und in der Dreifaltigkeit von Liebe, Ordnung und Fortschritt) zeigen sich allerlei Widersprüche, Naivitäten und Exzentrizitäten. Comtes Mischung aus frommer Wissenschaftsgläubigkeit und mystisch gefärbtem Gemeinschaftsgeist (*esprit d'ensemble*) lässt auch das enge Verhältnis zwischen Biologie und Organismus zu Soziologie und Gesellschaft nicht exakt bestimmbar machen. Das eine ist Vorbild, Analogon und Grundlage des anderen, offenbart Homologien und Korrespondenzen, ist aber doch qualitativ und quantitativ zu unterscheiden. Im Organismus findet sich das gesellschaftliche Ideal der Vereinbarkeit von Arbeitsteilung und Kooperation, lässt jedoch, trotz zunehmender Historisierung der Naturgeschichte, insbesondere in der Analyse einer spezifisch menschlichen Entwicklungsgeschichte, bei Comte einen Raum der sozialen Dynamik entstehen, in dem sich die Soziologie einzurichten beginnt und den der Darwinismus auf seine Weise (mit Selektion und Zufall) biologisch auszufüllen sucht.[508]

---

508 Die ʻOrganische Gesellschaftslehreʼ des 19. Jahrhunderts ist vom Sozialdarwinismus sowie vom Historischen Materialismus zu unterscheiden, da erstere von einem gesamtge-

Emanzipiert sich mit Comte auch die Gesellschaftslehre zu einer mehr oder weniger eigenständigen wissenschaftlichen Disziplin, so wird sie doch in einer so engen begrifflichen und methodischen Nachbarschaft zur Biologie gegründet, dass die organizistisch-biologistischen Vorstellungen des 19. und 20. Jahrhunderts darin vielfältige Anknüpfungspunkte finden.[509]

Trotz fraglos grundlegender Differenzen gestaltet sich auch das Verhältnis Comtes zur deutschen Natur- und Gesellschaftsphilosophie von Romantik und Idealismus äußerst ambivalent. Einerseits verurteilt er die spekulative Naturphilosophie, jene `deutsche Metaphysik´, die er als Psychologie bezeichnet und ablehnt.[510] Er verzichtet auf eine `idealistische´ Ethik des Individuums, der Freiheit und des Willens, an deren Stelle ihm Altruismus und ein technokratisch-positivistischer Intellektualismus regieren. Auf der anderen Seite sind Comte die Zeitkritik am liberalistischen Staatsverständnis, die Ablehnung souveräner Willkür und individueller Vernunft mit den Romantikern gemein, so wie sich Fichtes Gedanken zur Organisation passagenweise wie Vorlagen zu Comtes (mehr noch zu Saint-Simons) Gesellschaftslehre lesen lassen.[511] Auch erscheint Comtes Geschichtsdenken eines sinnvoll fortschreitenden Prozesses des menschlichen Geists dem Hegels (und seiner Dialektik) sehr ähnlich.[512]

Verstärkt ab den 1830er Jahren wendet sich dann auch in Deutschland die empirische Naturforschung gegen die Methoden der romantischen und idealistischen Naturspekulation, ohne zwischen beidem einen Unterschied zu machen und ohne auf entscheidende Begriffe und Konzeptionen von ihnen zu verzich-

---

sellschaftlichen Konsens auszugehen sucht, statt von Selektion und Fraktionierung bzw. von Rassen- und Klassengegensätzen (bzw. -kämpfen).

509 Die Soziologie (als Anatomie, Physiologie und Pathologie der Gesellschaft) ist seit Comte, in unterschiedlichen Tendenzen von organologischen Implikationen geprägt; vgl. u.a. Herbert Spencer (1820-1903), *The Social Organism* (1860); Paul von Lilienfeld (1829-1903), *Gedanken über die Socialwissenschaft der Zukunft*, Bd I: `Die menschliche Gesellschaft als realer Organismus´ (1873); Albert Schäffle (1831-1903), *Bau und Leben des sozialen Körpers* (4 Bde., 1875–78); Alfred Fouillée (1838-1912), *La sience social contemporain* (1880); Émile Durkheim (1858-1917), *De la division du travail social* (1893); René Worms (1869-1926), *Organisme et société* (1896); dazu Gottfried Salomon, *Die organische Staats- und Gesellschaftslehre* [Nachw. d. Hg.], in: René Worms, *Die Soziologie*, Karlsruhe 1926, 111-141; Gunther Mann, *Medizinisch-biologische Modelle in der Gesellschaftstheorie des 19. Jahrhunderts*, Medizinhistorisches Journal 4 (1969), 1-23.

510 Allerdings zeigt Comte gerade in der Identität von Physiologie und Psychologie diesbezüglich eher Ähnlichkeiten als Unterschiede, vgl. Lepenies 1976, 180f.

511 „Alle Organisation geschieht nach Naturgesetzen, die der Mensch nur lernen, und leiten aber nicht verändern kann. Der Mensch kann die Natur in die ihm bekannten Bedingungen der Anwendung ihrer Gesetze versetzen, und dann sicher rechnen, daß sie an ihrer Seite es an dieser Anwendung nicht fehlen lassen, und so erhält er Vermögen zur Beförderung und Vermehrung der Organisation. [... Diese] schreitet in einer Zeitdauer fort nach gewissen Gesetzen, in deren Ausübung die Natur nicht gestört werden darf." (Fichte (1797) 1970, 25 [§19]).

512 Zum Verhältnis Comtes zum deutschen Idealismus, vgl. hier Iring Fetscher, *Einleitung*, zu: Comte, *Rede über den Geist des Positivismus*, Hamburg 1994, XV-IV.

ten.[513] In diesem Sinne liefert der Botaniker Mathias Jacob Schleiden (1804-81) als Vertreter einer exakten, an der Physik orientierten Biowissenschaft eine vergleichsweise frühe systematische Kritik an der spekulativen Naturphilosophie.[514] Gemeinsam mit dem Physiologen Theodor Schwann (1810-82) entwickelt Schleiden 1839 eine allgemeine Theorie der Zelle (insbesondere ihres Wachstums) und schafft wesentliche Grundlagen der *Cellular-Pathologie* (1855/58) von Rudolf Virchow (1821-1902).[515]

Auch Virchows naturwissenschaftliche Methode, die 'Tatsachen' verlangt, welche durch sinnliche Beobachtung, durch Autopsie und Experiment geprüft werden, lässt auf den Menschen angewendet Ableitungen auf das öffentliche und private Leben zu, was die Medizin ums andere Mal zur „Anthropologie im weitesten Sinne" macht.[516] Der Einfluss Comtes auf den jungen Virchow zeigt sich zudem v.a. im Kontext der Ereignisse der Jahre 1848/49 in der Forderung nach Bildung einer ärztlichen Priesterschaft (als „Hohenpriester der Natur in der humanen Gesellschaft"), deren Aufgabe die „Constituierung der Gesellschaft auf physiologischer [d.h. naturwissenschaftlicher] Grundlage" ist.[517] So lehnt Virchow zwar den Staatsorganismus ab, aber nicht die Staatsphysiologie im positivistischen Sinne.

„Der Staat ist freilich und wird nie ein Organismus sein, sondern nur ein Complex von Organismen. Da er aber als Complex immer nur etwas Ideales, Unkörperliches darstellt, so muß natürlich das Gesetz der einzelnen Organismen, das physiologische Gesetz der einzelnen Körper, für den Complex bestimmend sein. Der sogenannte Staatsorganismus gedeiht daher am besten, wenn die Entwickelung der Einzelnen am besten garantirt ist, und diese als eine organische setzt nothwendig bestimmte Formen voraus, unter denen sie am besten zur Erscheinung kommen kann."[518]

---

513 Vgl. Dietrich v. Engelhardt, *Grundzüge der wissenschaftlichen Naturforschung um 1800 und Hegels spekulative Naturerkenntnis*, Philosophia Naturalis 13 (1972), 290-315; Olaf Breidbach, *Zum Verhältnis von spekulativer Philosophie und Biologie im 19. Jahrhundert*, Philosophia Naturalis 22 (1985), 385-399.

514 Vgl. Olaf Breidbach, *Schleidens Kritik an der spekulativen Naturphilosophie* [Einf. d. Hg.], in: Schleiden, *Schelling's und Hegel's Verhältnis zur Naturwissenschaft. Zum Verhältnis der physikalistischen Naturwissenschaft zur spekulativen Naturphilosophie* (1844), Weinheim 1988, 1-56; vgl. auch Schleiden, *Über den Materialismus der neueren deutschen Naturwissenschaft* (1863), 38: „Die überall mit neu erwachter Kraft auftretenden Naturwissenschaftler wendeten sich [um 1830] mit Ekel von diesem hohlen Geschwätz ab und es wurde unter den Studirenden fast Mode, den für einen Narren zu erklären, der sich mit Philosophie beschäftigte [...]"; zit. n. Engelhardt 1972, 301.

515 Schwann, *Mikroskopische Untersuchungen über die Übereinstimmung in der Struktur und dem Wachsthum der Thiere und Pflanzen* (1839); Virchow, *Cellular-Pathologie*, Arch. path. Anat. Physiol. klin. Med. 8 (1855); ders., *Die Cellularpathologie in ihrer Begründung auf physiologische und pathologische Gewebelehre* (1858).

516 Virchow, *Die naturwissenschaftliche Methode und die Standpunkte in der Therapie*, Arch. path. Anat. Physiol. klin. Med. 2 (1849), 3-37, 7f u. 6; zit. nach Mann 1969, 3f.

517 Virchow, *Der Staat und die Aerzte II*, Die medicinische Reform 38 (23. 3. 1849), 2.

518 Virchow, *Der Staat und die Aerzte III*, Die medicinische Reform 39 (30. 3. 1849), 1.

Virchow ist der menschliche Geist nur zur Erfassung eines „mechanischen Geschehen[s]" von Ursache und Wirkung" fähig und hat als Naturwissenschaft „keine Macht über das was außerhalb der Erscheinungswelt" liegt.[519] Der Biologe interessiert sich nur für den Aufbau und das Funktionieren der Organismen, forscht „nach dem Plan oder wie wir auch sagen können, nach dem Gesetz",[520] nicht nach dem letzten Ursprung, nach Sinn und Wert des Lebendigen und will doch, trotz aller nüchterner, mechanischer Empirie (bzw. gerade durch sie), die Natur als Wunder begriffen wissen, das sich in ihren Gesetzen offenbart.

„Unsere Phantasie bedarf keiner Illusionen. [...] Und wenn das Wunder den Charakter der Illusion verliert, wenn es nur als Offenbarung des Gesetzes selbst erscheint, ist darum das Gesetz weniger wunderbar? [...] Das Wunder ist das Gesetz und das Gesetz vollzieht sich in mechanischer Art auf dem Wege der Causalität und der Nothwendigkeit."[521]

Virchow proklamiert das Ende einer irrationalen Ganzheitsmedizin, bestimmt das 'Leben' als „Thätigkeit der Zelle" und seine Besonderheit als „die Besonderheit der Zelle."[522] Aus der Zelle leitet sich damit auch „die objective Einheit des Individuums" ab.

„Das Individuum als leibhaftiges Wesen [...] muss ein innerlich Vielfaches sein, dessen Theile sowohl etwas Gemeinschaftliches, als etwas Besonderes an sich haben. [...] Auch das menschliche Individuum ist eine Gemeinschaft. [...] Das Geheimniß der Individualität besteht unzweifelhaft in den feinen Verschiedenheiten der Anlage und Ausbildung einzelner Zellen oder Zellengruppen."[523]

Die 'subjective Einheit' des Individuums ist das 'Bewußtsein', welches ...

„[... nicht das] Bewegende, sondern das Bewegte [ist]; es ist nicht die wirkende Macht im Körper, durch welche der Plan der Organisation, der Zweck des Individuums verwirklicht wird; gerade umgekehrt scheint es uns als das letzte und höchste Ergebniß des Lebens, als die edelste Frucht der langen Kette ineinander greifender Vorgänge, welche die Geschichte des Individuums ausmachen."[524]

Die „Organisation der Freiheit" ohne polizeiliche „vormundschaftliche Ueberwachungen der Einzelbestrebungen", welche aber zugleich „zu gemeinschaftlichem Zusammenwirken veranlasst werden" sollen, findet sich nicht in der despotisch-exklusiven 'Corporation', sondern in der 'Association', „welche ohne alle Exclusion in der selbständigen Entwickelung ihrer Glieder die Basis der Selbstregierung sucht".[525]

---

519 Virchow, *Über die mechanische Auffassung des Lebens* (Vortrag, gehalten am 22. Sept. 1858 in Karlsruhe), in: *Drei Reden über Leben und Kranksein*, hrsg. v. Fritz Krafft, München 1971, 21f u. 27.
520 Ebd., 25.
521 Ebd., 21.
522 Ebd., 13.
523 Virchow, *Atome und Individuen* (Vortrag, gehalten am 12. Feb. 1859 in Berlin), in: *Drei Reden über Leben und Kranksein* (s.o.) (1971), 63f.
524 Ebd., 62f.
525 Virchow 1848, II, 1f. Er spricht hier in erster Linie von der (Re-)Organisation der Ärzteschaft, weniger vom Staat als Ganzen.

Virchows republikanisches Denken versucht keine durchkonstruierte Staats- und Gesellschaftstheorie zu liefern, doch gebraucht er viele Begrifflichkeiten in biologischen wie gesellschaftlichen Zusammenhängen und leitet sie wechselseitig voneinander ab. Dabei wird ihm die 'Zelle' zum elementaren Modellstück, aus der sich induktiv gewisse Gesetzmäßigkeiten des allgemeinen Lebens entwickeln lassen, welche dem Arzt und Politiker Orientierung geben sollen wie sie zugleich der naturwissenschaftlichen Legitimation politischer Positionen dienen.

„Was das Individuum im Großen, das ist die Zelle im Kleinen. [...] Es ist ein freier Staat gleichberechtigter, wenn auch nicht gleichbegabter Einzelwesen, der zusammenhält, weil die Einzelnen aufeinander angewiesen sind und weil gewisse Mittelpunkte der Organisation vorhanden sind."

„Die Zelle ist so gut der eigentliche Bürger, der berechtigte Repräsentant der Einzel-Existenz, wie jeder von uns beansprucht, es in der menschlichen Gesellschaft, in dem Staate, wie er eben konstituirt ist, zu sein."[526]

Virchows 'Zellen-Republik' gestaltet sich als eine seinem liberalen und demokratischen Denken angepasste Neuformulierung des Staates als organisiertem Naturprodukt, dem bezeichnenderweise nicht die Familie, wie v.a. im romantisch-konservativen Staatsdenken,[527] sondern das gleichberechtigte, einzelne Individuum in seiner relativen Autonomie grundlegendes Element ist. Doch kommt den von Virchow häufig gebrauchten biologischen Analogien und Bildern letztlich sehr begrenzte Aussagekraft für gesellschaftliche Phänomene zu.

„Der Kosmos ist kein Bild des Menschen! der Mensch kein Bild der Welt! Es giebt keine andere Aehnlichkeit des Lebens als wieder das Leben. Man kann den Staat einen Organismus nennen, denn er besteht aus lebenden Bürgern; man kann umgekehrt den Organismus einen Staat, eine Gesellschaft, eine Familie nennen, denn er besteht aus lebenden Gliedern gleicher Abstammung. Damit aber hat das Vergleichen ein Ende."[528]

Nichtsdestotrotz bleibt die Gesellschaftslehre des 19. Jahrhunderts (bzw. bis heute) zutiefst von biologischen Implikationen und Bildern geprägt, die von didaktischen Vergleichen, Metaphern und vagen Analogien bis zu engen Homologien und expliziten Gleichsetzungen reichen. Die Begriffe der Organisation, des Organismus und des Lebens erlauben dabei (dem zeitgemäßen Erkenntnisstand angepasst) vielfältige Zugriffe auf die verschiedensten diskursiven Bereiche und im Besonderen auf die Analyse gesellschaftlicher Institutionen und Prozesse, was es ermöglicht sehr unterschiedliche Vorstellungen von Gesellschaftslehre und Politik wissenschaftlich zu rechtfertigen.[529] Solange biologische Bestimmungen

---

526 Virchow, *Cellular-Pathologie*, Arch. path. Anat. Physiol. klin. Med. 8 (1855), 19 u. 25; ders., *Über die neueren Fortschritte in der Pathologie* [...] (Rede vom 20. 9. 1867) in: *Gesammelte Abhandlungen* [...], Bd. 1, Berlin 1879, 99f; jeweils zit. n. Mann 1969, 5.

527 Vgl. Müller 1809, I, 141 [I, 5]: „Alle Staatslehre muß demnach [...] mit der Theorie der Familie, anfangen." – Vgl. auch Comte (1852) 1967, 289f u. 293; [s. S. 126, Fn. 496].

528 Virchow (1859) 1971, 50.

529 Eine vergleichsweise späte Theorie des Staatsorganismus liefert der Biologe Oscar Hertwig (1849-1922), *Der Staat als Organismus. Gedanken zur Entwicklung der Mensch-*

dieser Begriffe fehlten, d.h. solange sich keine 'Biologie' im Selbstverständnis einer 'Wissenschaft des Lebens' zu etablieren vermochte, die übergreifende Gesetzmäßigkeiten der lebenden Natur eindeutig zu fassen versprach, mussten auch staatliche Prinzipien transzendent begründet werden, gleich ob diese sich aus einem vitalistischen oder klassisch mechanistischen Naturverständnis herleiteten. Die positivistische, physikalistische bzw. neo-mechanistische Naturforschung erweckt nun den Anschein, Begriffe wie Leben und Organismus als empirische Tatsachen diskutieren und daraus gesellschaftliche Überlegungen ableiten zu können.

Doch präsentiert sich die Biologie, in ihren heterogenen Methoden, Ansätzen und Betrachtungsebenen, ihrer Aufspaltung in Mikrobiologie, Verhaltensbiologie, historische Populationsbiologie usw., keineswegs als einheitliches Feld und lässt es fraglich erscheinen, inwieweit man sich hier überhaupt mit einem gemeinsamen Gegenstand beschäftigt. Angesichts des Ausschlusses der metaphysischen Komponenten aus der biologischen Naturforschung und der Abgabe zentraler normativer Fragestellungen des Lebens an Philosophie, Theologie oder Bioethik, um sich eben als mehr oder weniger eigenständige, exakte, deskriptive Wissenschaft zu bilden, lässt sich kaum von einer 'Wissenschaft des Lebens' im umfassenden Sinn sprechen, als welche die Biologie in der deutschen Naturphilosophie um 1800 angetreten war.[530]

---

heit (1922) und wendet sich gegen Sozialdarwinismus und die 'Entwicklungsmechanik' v.a. eines Wilhelm Roux (1850-1924), *Der Kampf der Theile im Organismus* (1881) u. ders., *Über die Entwicklungsmechanik der Organismen* (1890).

530 Die Bezeichnung 'Biologie', obgleich schon früher verwendet (vgl. Kai Thorsten Kanz, *Von der Biologia zur Biologie* [...], Verhandlungen zur Geschichte und Theorie der Biologie, Bd. 9 (2002), 9-30), wird um 1800 geprägt von Gustav A. Roose (1771-1803), *Grundzüge der Lehre von der Lebenskraft* (1797), Gottfried Reinhold Treviranus (1776-1837), *Biologie oder Philosophie der lebenden Natur* [...] (1802ff), Karl Friedrich Burdach (1776-1847), *Propädeutik der gesamten Heilkunde* (1800) und Lamarck, *Biologie, ou considérations sur la nature, le développements et l'origine des corps vivans* (1800f). Biologie verbindet die bis dahin weitgehend getrennt verlaufenden Stränge der ordnenden Naturgeschichte (der Lebewesen) und der auf organismusinterne, strukturelle und funktionale Erkenntnisse zielenden Medizin bzw. Physiologie. Verstanden als allgemeine Lebenslehre, entsteht die 'Biologie' in Deutschland mit starken Affinitäten zur romantischen Naturphilosophie und in abweichender Bedeutung zu der Lamarcks [s. S. 104, Fn. 397].

VI. Schlussbetrachtungen

Die Konstitution der Bio- und Lebenswissenschaft(en) um 1800 entwickelt sich innerhalb komplexer Umschichtungen, Differenzierungen und Synthesen gesellschaftlicher, technischer und erkenntnistheoretischer Verhältnisse. Sie lässt in ihren vielfältigen Kontinuitäten und Brüchen, Methoden und Zielsetzungen ein heterogenes Feld des Wissens und der Sprache entstehen, als dessen Mittelpunkt die Auseinandersetzung um den Gedanken an einen Begriff des Lebens ausgemacht werden kann. Es lässt sich mit gewissem Recht behaupten, dass dieser Gedanke bzw. Begriff zu diesem Zeitpunkt ein neuer, wenn auch keineswegs ein konkreter und schon gar nicht ein einheitlicher war. Bis dahin galt 'Leben' gemeinhin als (wie auch immer) beseelt, auf vegetativer Ebene zu Ernährung und Wachstum befähigt, auf tierischer zu Sensibilität und Bewegung bzw. gar zu Bewusstsein und Verstand beim Menschen. Am radikalsten mit Descartes zerfällt die metaphysisch gestiftete Einheit der körperlich-geistigen Lebendigkeit in zwei strikt getrennte Reiche, wobei bestenfalls noch von der Tätigkeit des menschlichen Geistes als 'Leben' gesprochen werden kann. Die mathematisch klassifizierende Naturgeschichte des 18. Jahrhunderts kennt nur Lebewesen, die als eine bestimmte Gattung von Naturkörpern im Rahmen rasterartiger Ordnungsschemen erscheinen. Leben erscheint in diesem Zusammenhang als ein rein taxonomischer Begriff.

Im Schatten der die Naturforschung dominierenden Klassifikationen gerät die mechanische Physiologie, die sich mit dem Aufbau und dem Funktionieren ihrer komplexen Automaten beschäftigt, zunehmend in die Krise und stößt vorerst an die Grenzen ihrer Mittel und Methoden, die ihr wegweisende Erkenntnisse liefern konnten. Das breite und uneinheitliche Spektrum vitalistischer Strömungen, die sich im selben Maße auf lange Traditionen berufen konnten, wie sie sich aus den zeitgenössischen Problemen und Ansätzen des Mechanizismus selbst ableiteten (und oftmals recht materialistisch auftraten), speist sich wesentlich aus zwei Quellen. Zum einen ließen empirische Befunde und Interpretationen der Reizphysiologie, insbesondere aber der (Re-)Generationsforschung, welche die mechanistische Präformationslehre ruinierten, auf spezifische Fähigkeiten organischer Materie schließen. Als Lebenskräfte gefasst verweisen diese organischen Vermögen zumeist explizit auf die fernwirkende Gravitation und gründen sich auf die neuformulierten Kategorien von Stoff und Kraft, stehen jedoch v.a. hinsichtlich ihrer Intentionalität und Eigengesetzlichkeit im Widerspruch zur klassischen newtonschen Mechanik.

Als weitere Quelle des Vitalismus, die stärker seine metaphysische Seite beleuchtet, ließe sich so etwas wie eine Wende des ästhetischen und moralischen Geschmacks erkennen, ein Gefühl der tiefen Kluft zwischen mechanischer Technik und der unendlichen Komplexität und Intelligenz des Lebendigen, ein Unbehagen gegenüber dem reinen Rationalismus, Dualismus und der Nichtmoral des cartesischen Mechanismus, ein Bedürfnis nach Natürlichkeit und Einheit in einer sich zusehends technisierenden und differenzierenden Gesellschaft. Dies geht einher mit dem Einzug von Historizität in die Naturgeschichte und dem Ausbau von Selbstdeutungsmustern sich konstituierender Anthropologien und Psychologien, der Infragestellung klassischer Hierarchien und Fremdbestimmungen. In dem Maße, in dem die Lebewesen nun beginnen, sich aus einer mehr oder weniger einheitlich mechanistischen, physiko-theologischen Gesamttheorie der Natur (und des Staates) zu lösen und aus den klassischen mathematischen Denkmustern der taxonomischen Repräsentation herauszufallen, scheinen sie an Selbständigkeit und Lebendigkeit zu gewinnen. So stellt sich der Vitalismus des 18. Jahrhunderts, wenn man davon trotz seiner Heterogenität als Tendenz der Naturforschung sprechen möchte, als äußerst widersprüchlicher Reflex auf den Mechanizismus, als dessen Konsequenz und als wesenhafter Teil der Aufklärung dar, welcher die Entwicklung zu modernen (Lebens-)Wissenschaften und Gesellschaften weniger aufgehalten als beschleunigt hat und einen wesentlichen Teil ihrer Merkmale bestimmt.

Die Zuspitzungen und Transformationen jener vielschichtigen Geisteshaltungen zum Ende des 18. Jahrhunderts vollziehen sich in herausgehobenem Maße am menschlichen Körper selbst, in einer Spannung zwischen subjektivem Körpererleben und wissenschaftlichem Körperverstehen, in der theoretischen Neuformulierung des Organismus und im politischen Zugriff auf dessen symbolische und physische Natur. Im Objektfeld der Biologie und der Politik erscheint das 'Leben' – das der Organismen und seiner Elemente, wie das des Staates und seiner Bevölkerung – in einem endlosen Wechselspiel mit sich selbst und seiner Umwelt. Der enorme Bedeutungszuwachs der medizinischen Wissenschaften in der engen Verschränkung von Moralphilosophie, politischer Ökonomie und Physiologie lässt ein gemeinsames, neues Funktionswissen der Selbstorganisation und Selbstregulation entstehen, dessen Abläufe die klassischen Muster der politischen Steuerung und Repräsentation unterlaufen. Die Antworten auf diese 'Entortung der Macht um 1800' sind äußerst vielgestaltig und bilden im Kontext von Revolution und Reaktion, von Idealismus und Romantik, von Liberalismus, Positivismus, Konservatismus, Soziologie und Sozialismus eine bislang ungekannte Fraktionierung gesellschaftlicher Vorstellungen. Dennoch sind diesen, wenn auch in unterschiedlicher Weise, die naturphilosophischen Kategorien der 'Organisation' bzw. des 'Organismus' zentrale Prinzipien der Theoriebildung und Praxis, da für sie die neue Ordnung mit dem Grundwissen über die biologischen und anthropologischen Merkmale des Menschen vereinbar sein muss. Beide Begriffe sickern dabei in die verschiedensten diskursiven Bereiche ein, entfremden sich voneinander wie von ihren naturphilosophischen Ursprüngen und bestimmen heute relativ unterschiedliche Sachverhalte: zum einen die Struktur und den Aufbau von mehr oder weniger komplexen Systemen und zum anderen das konkrete biologische Lebewesen, welches sich wiederum selbst als System und Teil von Systemen beschreiben lässt. Organisation ist dabei kein Prinzip, das sich allein auf die Kategorien von Stoff und Kraft zurückführt, sondern eine eigenständige Größe, die sich durch das Maß und die Art der Ordnung ausdrückt, welche sich selbst als Ganzheit aufrechterhält. Diese Ordnung beruht wesentlich auf einem organisierenden und regulierenden Kommunikationssystem.[531]

Die systemische Sicht der Dinge, deren vielverzweigte Traditionen weit zurückreichen, bildet sich in exponierter Weise in der Reflexion über den lebendigen (menschlichen) Körper in seinen Funktionsähnlichkeiten mit Maschinen und Gesellschaften. Und hat sie ihren Ursprung auch in der empirischen Realität, ist diese doch nicht mehr die der subjektiven Wahrnehmung, sondern vielmehr Ergebnis eines Abstraktionsverfahrens, das auf die Berechenbarkeit komplexer Vorgänge zielt. Systeme erscheinen dabei als zirkulär organisiert und bedürfen medialer Bestandsvoraussetzungen für ihre konkrete Realisierung, womit sich nervale, psychische und soziale Strukturen in ihrer theoretischen Abstraktion einander, wie auch den vernetzten informationsverarbeitenden Maschinen, nähern. Die Trennung lebendiger und nichtlebendiger Systeme durch den Begriff der 'autopoietischen Organisation'[532] gerät im Blick auf die Eigendynamiken der technischen Entwicklungen, denen der Mensch immer stärker als ihr Produkt oder Milieu, denn als ihr Schöpfer entgegentritt, zunehmend in Frage. So, wie sich in der gesellschaftlichen Betrachtung jene Prinzipien durchsetzen, die sich in der neuen Informationstechnik in abstrakter Form materialisieren, lässt sich auch bei technologischen Komplexen (wie Verkehr oder Internet) von Prozessen sprechen, die sich aus einer inneren Logik stetig selbst reproduzieren.[533] Zielte menschliches Denken lange Zeit auf die Beherrschung von Mensch und Natur durch deren Technisierung und Objektivierung, so hat es sich inzwischen längst den von ihm selbst hervorgebrachten technischen Prozessen und formalen Objektivitäten unterworfen. Der Mensch erscheint in seiner technischen Betrachtung zugleich als Subjekt und Objekt, dessen Zusammenhang sich verkehrt hat, ähnlich dem von Begriff und Sache oder auch von Form und Inhalt.[534]

Die systemtheoretische Betrachtungsweise und ihr Vokabular, die sich, ausgehend von den naturwissenschaftlichen Methoden und mathematischen Prinzipien, auch in den Geistes- und Gesellschaftswissenschaften etabliert haben, werden zunehmend als selbstverständlich, als Ausdruck von Realität empfunden, lassen Metatheorien zu Objektaussagen werden. Sie lassen das Subjekt verschwinden, wie sie gleichzeitig Symptom dieses Verschwindens sind. Ursache und Wirkung sind dabei nicht ohne weiteres klar zu unterscheiden, denn auch

---

531 Wolfgang Wieser, *Organismen, Strukturen, Maschinen. Zur Lehre vom Organismus*, Frankfurt a. M. 1959, 13.
532 Vgl. Maturana/ Varela (1975) 1985.
533 Norbert Wiener spricht gar, wenn auch sehr abstrakt, von bestimmten 'sich fortpflanzenden' bzw. 'selbst-reproduzierenden Maschinen', in: ders., *Kybernetik* (1948, hier in der 2. Auflage 1961), Düsseldorf u. Wien 1963, 252ff.
534 Vgl. Helmut Wenzel, *Die Technisierung des Subjekts. Zum Verhältnis von Individuum, Arbeit und Gesellschaft heute*, in: Rudi Schmiede (Hg.), *Virtuelle Arbeitswelten* [...], Berlin 1996, 179-200.

wenn die Systemtheorie zuweilen auf die strikte Auseinanderhaltung ihrer begrifflichen Abstraktionen von den konkreten Gegenständen besteht,[535] so prägen Begriffe und Modelle doch zwangsläufig die Gegenstände, welche sie bezeichnen und beschreiben – sind dadurch niemals harmlos. Es ist also nicht ohne Belang, ob man eine Gesellschaft als Maschine, Organismus oder System beschreibt, wobei jene Begriffe wie deren Gegenstände ständiger Veränderung unterliegen und sich so etwas wie ´Wahrheit´ damit als ein „bewegliches Heer von Metaphern" darstellt.[536]

Das Verhältnis des Menschen zur Welt ist vermittelt durch Metaphern, welche die menschliche Wahrnehmung der Gegenstände strukturieren. Um etwas erkennen zu können, ist dieses Erkennen auf Vergleiche und Bilder geradezu angewiesen. Metaphorik stellt vielmehr den Primärprozess dar, der die Möglichkeit erzeugt überhaupt etwas zu erkennen.[537] Ideologiekritik erscheint in diesem Sinne als Ersetzen von Metaphern durch neue bzw. als Transformation von Metaphern in Begriffe und umgekehrt. Versteht man heute gemeinhin *Autopoiesis* oder *Soziales System* als mehr oder weniger evidente Modelle und Begriffe und nicht als Metaphern, so gilt das auch für den *Staatsorganismus* des 19. Jahrhunderts oder die *Staatsmaschine* und den *Körperautomaten* des 18. Jahrhunderts. Wenn damit auch jegliches (Begriffs-)Wissen als nur vorläufig erscheint, so ist es zwar keinesfalls beliebig, erhält aber doch in einem nicht unwesentlichen Maße seine Evidenz aus Bereichen, die den jeweiligen Gegenständen des Wissens nicht unmittelbar angehören. Es ist überformt von den verschiedensten kulturellen Problemlagen, von politischen Interessen, ökonomischen Dynamiken, ästhetischen Moden, instrumentellen Techniken und erkenntnistheoretischen Axiomen.

Sieht man nun die Gesetze des freien Marktgeschehens, die immer komplexere Technik und die fortschreitende Ausdifferenzierung der Gesellschaft als die entscheidenden Faktoren der Konstitution modernen Denkens im 18. Jahrhundert, dann ist der lebendige Körper (v.a. des Menschen selbst) der zentrale Schauplatz dieses Geschehens. Am Körper vollziehen und reflektieren sich die epistemischen Umbrüche der Neuzeit als die komplexen, keinesfalls linearen Transformationen des Gedankens von einer extern gestifteten, festgefügten hierarchische Ordnung der Ewigkeit innerhalb eines harmonischen Gleichgewichts der Kräfte, zum Modell, eines dynamischen, sich historisch entwickelnden, interdependenten und im wesentlichen durch Information gesteuerten Netzwerks, das sich aus einer inneren Logik selbst steuert und reguliert, sich im Wechselspiel permanenter Störungen und Ausgleiche beständig aufs neue konstituiert und reproduziert.

---

535 Niklas Luhmann, *Soziale Systeme. Grundriß einer allgemeinen Theorie*, Frankfurt a. M. 1987, 15ff.

536 Friedrich Nietzsche, *Ueber Wahrheit und Lüge im aussermoralischen Sinne* (1873), in: *Werke. Kritische Gesamtausgabe*, hrsg. v. Giorgio Colli u. Mazzono Montinari, Bd. III/ 2, Berlin u. New York 1973, 374.

537 Hans Blumenberg, *Paradigmen zu einer Metaphorologie*, Frankfurt a. M. 1997.

Schlagwortartig verkürzt: vom transzendenten Corpus über den rationalen Mechanismus und vitalen Organismus zur höchsten Abstraktion funktional differenzierter, autopoietischer Systeme.

Die Verlagerung der Wahrnehmung von der Kontrolle nach innen, insbesondere ins Nervensystem, das die Ökonomie des Körpers autonom reguliert, ist eng mit den Prozessen der bürgerlichen Individualisierung verbunden, mit denen sich seit der zweiten Hälfte des 18. Jahrhunderts ein Strukturwandel der Öffentlichkeit einzuleiten beginnt.[538] Doch bedeutet das keineswegs eine Entfaltung des humanistischen Ideals des autonomen Subjekts, das einen freien Willen besitzt und sich vollkommen selbst bestimmen kann. Stattdessen entzieht gerade jene subliminale selbstreferentielle Eigendynamik, die Kontrolle dem Subjekt und der gesellschaftstheoretischen Reflexion. Das heißt nicht, dass der Einzelne ungesteuert ist, da er keine vollständig selbstreferenziell geschlossene Einheit bildet, sondern in ein enges Geflecht von Machtverhältnissen eingebunden ist und sich diesem zum Zweck seiner Selbsterhaltung unterwirft. Kontrolle wird dort am wirksamsten, wo die Kontrollierten sie gegeneinander ausüben, doch ist damit nicht die Frage beantwortet, Wer oder Was herrscht, d.h. die Gesetze des Handelns bestimmt, nach welchen sich die kontrollierten Kontrolleure richten.

In den Selbstdisziplinierungstechniken spielen die Anpassungszwänge des menschlichen Verhaltens an die Erfordernisse der Naturbeherrschung durch instrumentelle Technik und die weithin normierte Sprache des vernunftgeregelten wissenschaftlichen Diskurses die zentrale Rolle. Naturbeherrschung verlangt Selbstbeherrschung und Distanz zur Natur (v.a. auch seiner eigenen) und eine gewisse Desensibilisierung des rationalen Erkenntnissubjekts, eine `Zivilisierung´ des Denkens, welches die Natur als Objekt betrachtet und jede andere Verständigung über Natur als Poesie deklariert.[539] Die modernen Individuen, zugleich Subjekte und Objekte ihrer Erkenntnis, sind verbunden, getrennt und unterworfen von einer Kommunikation, in der Technik und Sprache als Medien kaum mehr zu unterscheiden sind. Erscheint das neuzeitliche Subjekt als Bewusstsein bei Descartes in größtmöglicher Entfernung zur mechanischen Natur, so hat sich die Entfernung zur Natur, aller neo-vitalistischen Bewegungen zum trotz, nicht mehr verringert. Hingegen hat sich das Subjekt (oder wenn man so will die Seele) weitgehend aufgelöst in der medialen Struktur seiner technischen Selbstbetrachtung als psychischem System auf der Grundlage eines impulsverarbeitenden Nervensystems. Dort, wo das Subjekt philosophisch mit aller Vehemenz in Fichtes sich selbst setzendem, `absoluten Ich´ proklamiert wird, verschwindet es zugleich gesellschaftlich in den institutionellen und ökonomischen Machtstrukturen der bürgerlichen Gesellschaftsorganisation und ihrer Verwertungslogik, deren mediale Vermittlungen und normalisierende Zwänge den Zusammenhalt dieses neuen sozialen Körpers gewährleisten, der nicht mehr in Gott oder der Natur seine metaphysische Einheit, Totalität und Stabilität erfährt.

---

538 Vgl. Mazza 1999, 115.
539 Vgl. Böhme/ Böhme 1983, 285ff.

So verdrängt die Subjektivierung des Denkens schließlich das Subjekt selbst, welches die Unterwerfung und Trennung von der Natur mit der eigenen Unterwerfung und Angleichung an die selbst hervorgebrachten technischen Verhältnisse bezahlt. Wenn sich das Denken jedes Zeitalters in seiner Technik wiederspiegelt und wir nichts über unsere Sinne wissen, wenn nicht Technik uns die Modelle dazu liefern,[540] gerät der Unterschied zwischen Wahrnehmung, Geist und Technik zur Nebensache, der Mensch zum bio-mentalen Funktionssystem und sein Denken zum bloßen Rückkopplungsmechanismus im Sinne der Art- und Selbsterhaltung. Es sind die Überreste vitalistisch-romantischen Denkens, die der offenbar zwangsläufigen Subsummierung des Lebendigen unter die technische Methode zu widerstreben scheinen, ohne sie allerdings aufzuhalten, vielmehr um sie zu begleiten, ihre Unverträglichkeiten abzumildern, sie zu einer sinnhaften Erzählung zu verknüpfen und somit erst zu ermöglichen. So sind die Rationalisierungs- und Technisierungsschübe der gesellschaftlichen Entwicklung durchsetzt und begleitet von Strömungen, die moralische und geistige Positionen der Unverfügbarkeit, Dignität, Exklusivität oder Irrationalität des Lebendigen gegen physikalische Reduktionismen und abstrakte Systemisierung verteidigen. Sie entsprechen damit dem systemischen Bedürfnis nach Kohärenz, füllen die verbliebenen Leerstellen bzw. fungieren als permanente Störungen, welche die Systemdynamik aufrechterhalten und sie zur Weiterentwicklung befähigen. Hat die Biowissenschaft um 1800 im Geiste der vitalistisch-romantischen Naturphilosophie an die Stelle Gottes das selbstorganisierte und selbstorganisierende 'Leben' des Organismus ins Zentrum der modernen Weltbetrachtung gerückt, so hat sie es damit erst wirklich dem wissenschaftlichen und technischen Zugriff bereitgestellt, welcher es sich zur berechenbaren, funktional verfügbaren Empirizität zuzurichten sucht, ohne dass es ihm wohl vollständig gelingen kann.

---

540 Wiener (1948/ 1961) 1963, 73 u. Friedrich Kittler, *Optische Medien* (1999), Berlin 2002, 30.

VII. Literaturverzeichnis

VII. 1 Zitierte Literatur bis 1900

Aristoteles: *De partibus animalium*: (Gr./ Dt.) *Über die Teile der Tiere*, in: *Werke. In 7 Bänden (soweit erschienen)*, Bd. 5, hrsg. v. Alexander Frantzius, Leipzig 1853 (repr. Aalen 1978).

Aristoteles: *De anima*: (Dt.) *Über die Seele*, in: *Werke in deutscher Übersetzung*, Bd. 13, hrsg. v. Ernst Grumach, übers. v. Willy Theiler, Berlin 1959.

Aristoteles: *Ethica Eudemia*: (Dt.) *Eudemische Ethik*, in: *Werke in deutscher Übersetzung*, Bd. 7, hrsg. v. Ernst Grumach u. übers. v. Franz Dirlmeier, Berlin 1962.

Bichat (1800) 1802, Marie François Xavier: *Recherches physiologiques sur la vie et sur la mort*, Paris 1800: (Dt.) *Physiologische Untersuchungen über Leben und Tod*, übers. v. D. Veizhans, Tübingen 1802. [Teilübers.]

Bichat (1801) 1802, Marie François Xavier: *Anatomie générale, appliquée à la physiologie et à la médicine*, 2 Bde., Paris 1801: (Dt.) *Allgemeine Anatomie angewandt auf die Physiologie und Arzneywissenschaft*, Erster Theil, Erste Abtheilung, übers. v. C. H. Pfaff, Leipzig 1802.

Blumenbach (1781), Johann Friedrich: *Über den Bildungstrieb und das Zeugungsgeschäfte*, Göttingen.

Blumenbach (1789), Johann Friedrich: *Über den Bildungstrieb*, Göttingen.

Bonnet (1762) 1775, Charles: *Considerations sur les Corpes organisés, Où l'on traite leur Origine, de leur Développement, de leur Reproduction* [...], 2 Bde., Amsterdam 1762: (Dt.) *Betrachtungen über die organisirten Körper*, hrsg. u. übers. v. Johann August Ephraim Goeze, Erster Theil, Berlin 1775.

Bonnet (1764) 1766, Charles: *Contemplation de la Nature*, 2 Bde., Amsterdam 1764: (Dt.) *Betrachtung über die Natur*, Leipzig 1766.

Bonnet (1769) 1770, Charles: *La Palingénésie philosophique, ou Idées sur l'etat passé et sur l'etat futur des êtres vivans* [...], 2 Bde., Genf 1769: (Dt.) *Herrn C. Bonnets, verschiedener Akademieen Mitglieds, Philosophische Palinginesie. Oder Gedanken über den vergangenen und künftigen Zustand lebender Wesen*, übers. v. Johann Caspar Lavater, Erster Theil, Zürich 1770.

Buffon (1748) 1750, Georges-Louis Leclerc de: *Histoire naturelle, générale et particulière, avec la description du cabinet du roi*, Bd. 2., Paris 1749 (= *Histoire naturelle des Animaux*, Paris 1748): (Dt.) *Allgemeine Historie der Natur nach ihren besondern Theilen abgehandelt; nebst einer Beschreibung der Naturalienkammer Sr. Majestät des Königs von Frankreich* [...], Ersten Theils, Zweyter Band: *Geschichte der Thiere*, Hamburg u. Leipzig 1750.

Cabanis (1794/ 1802) 1804, Pierre-Jean-Georges: *Rapports du physique et morale de l'homme* (geschr.1794/ veröffentl. 1802): (Dt.) *Ueber die Verbindung des Physischen und Moralischen in dem Menschen*, übers. v. Ludwig Heinrich Jakob, 2. Bde., Halle u. Leipzig 1804.

Comte (1822/ 24) 1973, Auguste: *Prospectus des travaux scientifiques nécessaires pour réorganiser la société* (zuerst ersch. in: Saint-Simon, *Suite de travaux ayant pour objet de fonder le système industriel: Du contrat social* (1822), neugedruckt als *Système de politique positive* in: Saint-Simon, *Catéchisme des industriels*, Heft 3 (1824) und in: Comte, *Système de politique positive, ou traité de sociologie, instituitant la religion de l'humanité*, Bd. IV, Paris 1852): (Dt.) *Plan der wissenschaftlichen Arbeiten, die für eine Reform der Gesellschaft notwendig sind*, hrsg. v. Dieter Prokop (übers. n. Wilhelm Ostwald, Leipzig 1914), München 1973.

Comte (1839) 1907, Auguste: *Cours de philosophie positive* (6 Bde., Paris 1830-1842: Bd. I-III [lecons 1-45]: *Philosophie premièr*, Bd. IV-VI [lecons 46-60]: *Physique sociale*), Bd. IV: *La partie dogmatique de la philosophie sociale*, Paris 1839: (Dt.) *Soziologie* (3. Bde., Jena 1907-1911), Bd. I: *Der dogmatische Teil der Sozialphilosophie*, übers. v. Valentine Dorn, Jena 1907.

Comte (1852) 1967, Auguste: *Système de politique positive, ou Traité de sociologie, instituant la religion l'Humanité* (4 Bde., Paris 1851-1854), Bd. II: *Contenant la Statique sociale ou le Traité abstrait de l'ordre humain* (1852), Osnabrück 1967.

Cuvier (1800) 1809, George: *Leçons d'anatomie comparée*, Bd. I (u. II), Paris 1800 (Bd. III-V, 1805): (Dt.) *Vorlesungen über vergleichende Anatomie*, Erster Theil, hrsg. v. C. Dümeril, übers. v. L. H. Froriep u. I. F. Meckel, Leipzig 1809.

Cuvier (1817) 1821, George: *Le Règne animal; distribué d'après son organisation; pour servir de base à l'histoire naturelle des animaux et d'introduction à l'anatomie comparée*, 4 Bde., Paris 1817: (Dt.) *Das Thierreich, eingetheilt nach dem Bau der Thiere als Grundlage ihrer Naturgeschichte und der vergleichenden Anatomie*, Bd. I, übers. v. H. R. Schinz, Stuttgart u.a. 1821.

Descartes (1641) 1965, René: *Meditationes de prima philosophia* (1641): *Meditationen über die Grundlagen der Philosophie*, übers. v. Arthur Buchenau (1915), Berlin 1965.

Fichte (1793/ 94) 1964, Johann Gottlieb: *Beitrag zur Berichtigung der Urteile des Publikums über die französische Revolution* (1793/ 94), in: *Gesamtausgabe*, hrsg. v. Reinhard Lauth u. Hans Gliwitzky, Bd. I/ 1, Stuttgart-Bad Cannstatt 1964, 193-404.

Fichte (1794) 1966, Johann Gottlieb: *Einige Vorlesungen über die Bestimmung des Gelehrten*, Jena u. Leipzig 1794, in: *Gesamtausgabe*, hrsg. v. Reinhard Lauth u. Hans Jacob, Bd. I/ 3, Stuttgart-Bad Cannstatt, 1966, 23-68.

Fichte (1797) 1970, Johann Gottlieb: *Grundlage des Naturrechts nach Principien der Wissenschaftslehre. Zweiter Theil oder Angewandtes Naturrecht*, Jena u. Leipzig 1797, in: *Gesamtausgabe*, hrsg. v. Reinhard Lauth u. Hans Gliwitzky, Bd. I/4, Stuttgart-Bad Cannstatt 1970, 3-165.

Galen: *De usu partium corporis humani*: (Dt.) *Vom Nutzen der Theile des menschlichen Körpers. Erstes Buch*, übers. v. Georg Justus Friedrich Nöldeke, Oldenburg 1805.

Galen: *De naturalibus facultatibus*: (Dt.) *Die Kräfte der Physis (Über die natürlichen Kräfte)*, in: *Werke des Galenos*, Bd. 5, übers. u. erl. v. Erich Beintker u. Wilhelm Kahlenberg, Stuttgart 1954.

Haller (1752/ 53) 1922, Albrecht von: *De partibus corporis humani sensibilibus et irritabilibus*, Göttingen 1753: (Dt.) *Von den empfindlichen und reizbaren Teilen des menschlichen Körpers. Eine Vorlesung in zwei Teilen, gehalten am 22. April und am 6. Mai 1752*, dt. hrsg. u. eingel. v. Karl Sudhoff, Leipzig 1922.

Harris (1704), John: *Lexicon Technicum: Or, an Universal English Dictionary of Arts and Sciences*, London 1704 (repr. New York/ London 1966).

Harvey (1651) 1847, William: *Exercitationes de generatione animalium [...]*, London 1651: (Engl.) *Anatomical exercises on the generation of animals*, in: *The Works of William Harvey. Translated from Latin. With a Life of the Author*, hrsg. v. Robert Willis, London 1847 (repr. New York u. London 1965), 142-518.

Hegel (1816) 1964, Georg Wilhelm Friedrich: *Wissenschaft der Logik, Zweiter Teil: Die subjektive Logik oder Lehre vom Begriff*, Nürnberg 1816, in: *Sämtliche Werke*, hrsg. v. Hermann Glockner, Bd. 5, Stuttgart-Bad Cannstatt 1964.

Hegel (1821) 1964, Georg Wilhelm Friedrich: *Grundlinien der Philosophie des Rechts oder Naturrecht und Staatswissenschaft im Grundrisse*, Berlin 1821, in: *Sämtliche Werke*, hrsg. v. Hermann Glockner, Bd. 7, Stuttgart-Bad Cannstatt 1964.

Herder (1778) 1957, Johann, Gottfried v.: *Vom Erkennen und Empfinden der menschlichen Seele*, Riga 1778, in: *Werke in zehn Bänden*, 4. Bd., hrsg. v. Jürgen Brummack, Martin Bollacher u.a., Frankfurt a. M. 1994, 327-393.

Herder (1784/ 75) 1989, Johann, Gottfried v.: *Ideen zur Philosophie der Geschichte der Menschheit*, Riga u. Leipzig (1. Teil 1784/ 2. Teil 1785), in: *Werke in zehn Bänden*, Bd. 6, hrsg. v. Martin Bollacher, Frankfurt a. M. 1989, 9-898.

Hobbes (1651) 1996, Thomas: *Leviathan or The Matter, Form, and Power of a Commonwealth Ecclestical and Civil*, London 1651: (Dt.) *Leviathan*, hrsg. v. Hermann Klenner, übers. v. Jutta Schlösser, Hamburg 1996.

Kant (1786) 1997, Immanuel: *Metaphysische Anfangsgründe der Naturwissenschaft*, Riga 1786, hrsg. v. Konstantin Pollok, Hamburg 1997.

Kant (1781/ 87) 1998, Immanuel: *Kritik der reinen Vernunft*, Riga 1782 (2. Aufl. 1787), hrsg. v. Jens Timmermann, Hamburg 1998.

Kant (1790/ 93) 2001, Immanuel: *Kritik der Urteilskraft*, Berlin u. Libau 1790 (2. Aufl. 1793), hrsg. v. Heiner F. Klemme, Hamburg 2001.

Kant (1796-1803) 1938, Immanuel: *Opus postumum* (1796-1803), (Convolut VII-XIII), in: *Kant's gesammelte Schriften*, hrsg. v. d. Preußischen Akademie der Wissenschaften, Bd. 22, Berlin u. Leipzig 1938.

Kielmeyer (1807) 1938, Carl Friedrich: Brief an George Cuvier (Dez. 1807), *Über Kant und die deutsche Naturphilosophie*, in: *Gesammelte Schriften*, hrsg. v. F.-H. Holler, Berlin 1938, 235-254.

Lamarck (1809) 2002, Jean-Baptiste: *Philosophie zoologique, ou Exposition des consideration relatives à l'histoire naturelle des animaux* [...], 2 Bde., Paris 1809: (Dt.) *Zoologische Philosophie*, übers. v. Arnold Lang u. Susi Koref-Santibanez, Frankfurt a. M. 2002.

La Mettrie (1747) 1990, Julien Offray de: *L'homme machine*, Leiden 1747: (Fr./ Dt.) *Die Maschine Mensch*, hrsg. u. übers. v. Claudia Becker, Hamburg 1990.

Lavoisier (1777/ 80) 1785, Antoine Laurent de: *Expériences sur la Respiration des Animaux, Et sur les changemenes qui arrivent à l'air empassent par leur poumon* (1777/ 1780): (Dt.) *Versuche über das Athmen der Thiere und die Veränderungen, welche die Luft, beim Durchgange, durch die Lungen erfährt*, in: *Herrn Lavoisier physikalisch-chemische Schriften*, übers. v. Christian Ehrenfried Weigel, Bd. III, Greifswald 1785, 40-56.

Lavoisier/ Laplace (1780/ 84) 1785, Antoine Laurent de/ Pierre Simon de, *Mémoire sur la Chaleur, par Mrs. Lavoisier & de Laplace* (1780/ 1784): (Dt.) *Abhandlung von der Wärme*, in: *Herrn Lavoisiers physikalisch-chemische Schriften*, übers. v. Christian Ehrenfried Weigel, Bd. III, Greifswald 1785, 292-390.

Lavoisier/ Seguin (1789/ 93) 1862, Antoine-Laurent de/ Armand: *Premier Mémoire sur la Respiration des Animaux* (1789/ 1793), in: *Oeuvres de Lavoisier*, Bd. II, Paris 1862, 688-703.

Lavoisier/ Seguin (1790/ 97) 1862, Antoine-Laurent de/ Armand: *Premier Mémoire sur la Transpiration des Animaux* (1790/ 1797), in: *Oeuvres de Lavoisier*, Bd. II, Paris 1862, 704-714.

Leibniz (1687) 1997, Gottfried Wilhelm: *Brief an Antoine Arnauld* (Sept./ Okt. 1687): (Fr./ Dt.) in: *Der Briefwechsel mit Antoine Arnauld*, hrsg. u. übers. v. Reinhardt Finster, Hamburg 1997, 294-349.

Leibniz (1696) 1985, Gottfried Wilhelm: *II. Éclaircissement du Système de la Communication des Substances* (Postscriptum eines Briefes an Basagne de Beauval, 3./ 13. Jan. 1696): (Fr./ Dt.): *Zweite Erläuterung des Systems des Verkehrs der Substanzen*, in: *Philosophische Schriften*, Bd. I, hrsg. u. übers. v. Hans Heinz Holz, Darmstadt 1985, 236-243.

Leibniz (1696) 1904/ 1985, Gottfried Wilhelm: *III. Eclaircissement du Nouveaux Système* (geschr. Sept. 1696/ ersch. im Journal des Savants, Nov. 1696): (Dt.) *Zur prästabilisierten Harmonie*, in: *Hauptschriften zur Grundlegung der Philosophie*, Bd. II, übers. v. Arthur Buchenau, hrsg. v. Ernst Cassirer, Leipzig 1904, 272-275; (Fr./ Dt.) *Dritte Erläuterung zum neuen System* [...], in: *Philosophische Schriften*, Bd. I, hrsg. u. übers. v. Hans Heinz Holz, 243-251.

Leibniz (1705) 1992, Gottfried Wilhelm, *Considérations sur les principes de la vie et sur les natures plastiques* (1705): (Fr./ Dt.) *Betrachtungen über die Prinzipien des Lebens und über die plastischen Naturen*, in: *Philosophische Schriften*, Bd. IV, hrsg. u. übers. v. Herbert Herring, Darmstadt 1992, 327-347.

Leibniz (1709) 1968/ 2004, Gottfried Wilhelm: *Animadversiones in G. E. Stahlii Theoriam Medicam* (1709): (Engl.) in L. J. Rather/ J. B. Frerichs: *The Leibniz-Stahl Controversy – I. Leibniz' Opening Objections to the Theoria medica vera*, Clio Medica 3 (1968), 21-40; (Lat./ Fr.) in: Sarah Carvallo: *La controverse entre Stahl et Leibniz sur la vie, l'organisme et le mixte*, Paris 2004, 70-101.

Leibniz (1710) 1985, Gottfried Wilhelm: *Essais de Théodicée, Sur la Bonté de Dieu, la Liberté de l'Homme et l'Origine du Mal* (1710): (Fr./ Dt.) *Die Theodizee. Von der Güte Gottes, der Freiheit des Menschen und dem Ursprung des Übels*, Vorwort, Abhandlung, Erster und Zweiter Teil, in: *Philosophische Schriften*, Bd. II/ 2, hrsg. u. übers. v. Herbert Herring, Darmstadt 1985.

Leibniz (1714) 1956a, Gottfried Wilhelm: *Principes de la Nature et de la Grace fondés en Raison* (1714): (Fr./ Dt.) *Vernunftprinzipien der Natur und der Gnade (/ Monadologie)*, übers. v. Arthur Buchenau, Hamburg 1956, 1-25.

Leibniz (1714) 1956b, Gottfried Wilhelm: *Monadologie* (1714): (Fr./ Dt.) (*Vernunftprinzipien der Natur und der Gnade/*) *Monadologie*, übers. v. Arthur Buchenau, Hamburg 1956, 26-69.

Lotze (1842), Hermann: *Leben. Lebenskraft*, in: *Handwörterbuch der Physiologie*, Bd. I, hrsg. v. Rudolph Wagner, Braunschweig, IX-LVIII.

Nietzsche (1873) 1973, Friedrich: *Ueber Wahrheit und Lüge im aussermoralischen Sinne* (1873), in: *Werke. Kritische Gesamtausgabe*, hrsg. v. Giorgio Colli u. Mazzono Montinari, Bd. III/ 2, Berlin u. New York 1973, 367-384.

Novalis (1798) 1981a: *Glauben und Liebe oder Der König und die Königin* (1798), in: *Schriften*, hrsg. v. Richard Samuel, Bd. II, Stuttgart, Berlin, Köln u. Mainz 1981, 485-503.

Novalis (1798) 1981b: *Vermischte Bemerkungen und Blüthenstaub* (1798), in: *Schriften*, hrsg. v. Paul Kluckhohn u. Richard Samuel, Bd. II, Stuttgart u.a. 1981, 412-470.

Novalis (1798/ 99) 1981: *Vorarbeiten zu verschiedenen Fragmentsammlungen* (1798/99), in: *Schriften*, hrsg. v. Paul Kluckhohn u. Richard Samuel, Bd. II, Stuttgart u.a. 1981, 522-651.

Novalis (1989/ 99) 1983: *Das Allgemeine Brouillon (Materialien zur Enzyklopädistik 1798/99)*, in: *Schriften*, hrsg. Paul Kluckhohn u. v. Richard Samuel, Bd. III, Stuttgart u.a. 1983, 242-478.

Malebranche (1674) 1920, Nicolas: *De la recherche de la verité, où l'on traite de la nature de l'esprit de l'homme, et de l'usage qu'il en doit faire pour éviter l'erreur dans les sciences*, Bd. I, Paris 1674: (Dt.) *Erforschung der Wahrheit*, Bd. I, hrsg. u. übers. v. Artur Buchenau, München 1920.

Maupertius (1745) 1747, Pierre-Louis Moreau de: *Vénus physique* (1745): (Dt.) *Die Naturlehre der Venus*, Kopenhagen 1747. [jeweils anonym erschienen]

Maupertius (1751) 1761: Pierre-Louis Moreau de: *Système de la Nature. Essai sur la formation des corps organisés* (1751): (Dt.:) *Versuch von der Bildung der Körper aus dem Lateinischen, des Herrn von Maupertius, übersetzt von einem Freunde der Naturlehre*, Leipzig 1761.

Mirabeau (1763) 1797, Victor de Riquetti de: *Philosophie rural, ou Économie générale et politique de l'agriculture, reduite à l'ordre immunable de loix physiques & morales, qui assurent la prospérité de empires* (1763): (Dt.) *Landwirthschafts-Philosophie oder Politische Ökonomie der gesammten Land- und Staats-Wirthschaft, gebaut auf die unwandelbare Ordnung physischer und moralischer Gesetze zu sicherer Beförderung des Wohlstandes der Länder*, übers. v. Christian A. Wichmann, Bd. I, Liegnitz u. Leipzig 1797.

Müller (1809), Adam Heinrich: *Die Elemente der Staatskunst*, 3 Bde., Berlin.

Müller (1816), Adam Heinrich: *Versuche einer neuen Theorie des Geldes mit besonderer Rücksicht auf Großbritannien*, Leipzig u. Altenburg.

Newton (1726) 1988, Isaac, *Philosophia naturalis principia mathematica* (1. Aufl.: 1687; 2. Aufl. 1713; hier 3. Aufl.: 1726): (Dt.) *Mathematische Grundlagen der Naturphilosophie*, hrsg. u. übers. v. Ed Dellian, Hamburg 1988.

Reil (1795) 1910, Johann Christian: *Von der Lebenskraft* (Archiv für die Physiologie 1 (1795), 8-162), hrsg. v. Karl Sudhoff, Leipzig 1910.

Reil (1805), Johann Christian: *Ueber die Erkenntniß und Cur der Fieber* (5 Bde. Halle 1799-1815), Bd. IV: *Nervenkrankheiten*, Halle 1805.

Reil (1807), Johann Christian: *Ueber die Eigenschaften des Ganglien-Systems und sein Verhältniß zum Cerebral-System*, Archiv für die Physiologie 7, Halle, 189-254.

Rousseau (1755) 2001, Jean-Jacques: *Economie*, in: Denis Diderot/ Jean le Rond d'Alembert (Hg.): *Encyclopédie ou Dictionnaire raisonné de Sciences des Arts et des Métiers*, Paris 1751-1772, Bd. V (1755): (Dt.) *Ökonomie*, in: *Die Welt der Encyclopédie*, hrsg. v. Hans Magnus Enzensberger, ed. v. Anette Selg u. Rainer Wieland, übers. v. Holger Fock, Theodore Lücke, Eva Moldenhauer u. Sabine Müller, Frankfurt a. M. 2001, 280-294.

Saint-Simon (1802) 1977, Claude Henri de: *Lettres d'un habitant de Genève à ses contemporains* (1802): (Dt.) *Briefe eines Genfer Einwohners an seine Zeitgenossen*, in: *Ausgewählte Schriften*, hrsg. u. übers. v. Lola Zahn, Berlin 1977, 1-35.

Saint-Simon (1813) 1875, Claude Henri de: *De la physiologie appliquée a l'amélioration des institutiones sociales* [*De la physiologie sociale*] (1813), in: *Oeuvres de Saint-Simon*, Bd. XXIX, Paris 1875, 175-197.

Saint-Simon (1814) 1977, Claude Henri de: *De la réorganisation de la société européenne* (1814): (Dt.) *Über die Reorganisation der europäischen Gesellschaft oder über die Notwendigkeit und die Mittel, die Völker Europas unter Wahrung ihrer nationalen Unabhängigkeit in einer einzigen Körperschaft zu vereinigen*, in: *Ausgewählte Schriften*, hrsg. u. übers. v. Lola Zahn, Berlin 1977, 133-194.

Saint-Simon (1817/18) 1977, Claude Henri de: *L'industrie ou Discussions politiques, morales et philosophiques* [...] (1817/18): (Dt.) *Die Industrie oder politische, moralische und philosophische Betrachtungen im Interesse aller mit nützlichen und unabhängigen Arbeiten befaßten Menschen*, in: *Ausgewählte Schriften*, hrsg. u. übers. v. Lola Zahn, Berlin 1977, 195-229. [Teilübers.]

Saint-Simon (1817/18) 1977, Claude Henri de: *L'organisateur* (1819/1820): (Dt.) *Der Organisator*, in: *Ausgewählte Schriften*, hrsg. u. übers. v. Lola Zahn, Berlin 1977, 268-300. [Teilübers.]

Schelling (1798) 2000, Friedrich Wilhelm Joseph: *Von der Weltseele – Eine Hypothese der höhern Physik zur Erklärung des allgemeinen Organismus*, Hamburg 1798, in: *Historisch-kritische Ausgabe, Werke* Bd. 6, hrsg. v. Jörg Jantzen u. Thomas Kisser, Stuttgart 2000.

Schelling (1799) 2001, Friedrich Wilhelm Joseph: *Erster Entwurf eines Systems der Naturphilosophie*, Jena/ Leipzig 1799, in: *Historisch-kritische Ausgabe, Werke* Bd. 7, hrsg. v. Wilhelm G. Jacobs u. Paul Ziche, Stuttgart 2001.

Schelling (1799) 2004, Friedrich Wilhelm Joseph: *Einleitung zu dem Entwurf eines Systems der Naturphilosophie, Oder: Über den Begriff der spekulativen Physik und die innere Organisation eines Systems dieser Wissenschaft*, Jena u. Leipzig 1799, in: *Historisch-kritische Ausgabe, Werke* Bd. 8., hrsg. v. Manfred Durner u. Wilhelm G. Jacobs, Stuttgart 2004, 27-76.

Schelling (1804) 1972, Friedrich Wilhelm Joseph: *System der gesamten Philosophie und der Naturphilosophie insbesondere. Aus dem handschriftlichen Nachlaß* (1804), in: *Schellings Werke*, hrsg. v. Manfred Schröter, Erg.-Bd. 2, München 1972 [unveränd. Nachdr. der 1956 ersch. Ausg.], 61-506.

Sieyes (1789) 1975a, Emmanuel Joseph: *Vues sur les Moyens d'Execution dont les Représentants de la France pourront disposer en 1789* (2. Aufl., Jan. 1789): (Dt.) *Überblick über die Ausführungsmittel die den Repräsentanten Frankreichs 1789 zur Verfügung stehen*, in: *Politische Schriften 1788-90*, hrsg. u. übers. v. Eberhard Schmitt u. Rolf Reichardt, Darmstadt u. Neuwied 1975, 17-90.

Sieyes (1789) 1975b, Emmanuel Joseph: *Qu'est-ce que le tier ètat?* (Jan. 1789): (Dt.): *Was ist der dritte Stand?*, in: *Politische Schriften 1788-90*, hrsg. u. übers. v. Eberhard Schmitt u. Rolf Reichardt, Darmstadt u. Neuwied, 1975, 117-195.

Smith (1776) 1974, Adam: *An Inquiry into the Nature and Causes of the Wealth of Nations*, London 1776: (Dt.) *Der Wohlstand der Nationen. Eine Untersuchung seiner Natur und seiner Ursachen*, übers. v. Horst Claus Recktenwald, München 1974.

Stahl (1708) 1802 / 1831, Georg Ernst: *Theoria medica vera. Physiologiam & Pathologiam, tanquam Doctrinae medicae partes vere contemplativas, e Naturae et Artis veris fundamentis, intaminata Ratione et inconcussa experientia sistens*, Halle 1708: (Dt.) *Theorie der Heilkunde. Erstes und zweytes Buch*, dargestellt von Wendelin Ruf, Halle 1802; *Theorie der Heilkunde. Erster Theil*, hrsg. v. Karl Wilhelm Ideler, Berlin 1831. [jeweils Teildarstellungen]

Tetens (1777), Johann Nicolaus: *Philosophische Versuche über die menschliche Natur und ihre Entwicklung*, 2 Bde. Leipzig (repr. Hildesheim u. New York 1979).

Virchow (1849), Rudolf: *Der Staat und die Aerzte* [5 Teile], Teil II, in: Die medicinische Reform 38 (23. 3. 1849), 1-2; Teil III, in: Die medicinische Reform 39 (30. 3 1849), 1-3 (in: *Die medicinische Reform*, Dokumente der Wissenschaftsgeschichte, hrsg. v. Christa Kirsten u. Kurt Zeisler, Berlin 1983, 217-223).

Virchow (1858) 1971, Rudolf: *Über die mechanische Auffassung des Lebens* (Vortrag, 22. Sept. 1858 in Karlsruhe), in: *Drei Reden über Leben und Kranksein* hrsg. v. Fritz Krafft, München 1971, 3-32.

Virchow (1859) 1971, Rudolf: *Atome und Individuen* (Vortrag, 12. Febr. 1859 in Berlin), in: *Drei Reden über Leben und Kranksein*, hrsg. v. Fritz Krafft, München 1971, 33-67.

Wolff (1759) 1896, Caspar Friedrich: *Theoria generationis*, diss., Halle 1759: (Dt.) *Theoria Generationis: Ueber die Entwicklung der Pflanzen und Thiere, I., II. und III. Theil*, hrsg. u. übers. v. Paul Samassa, Leipzig 1896 (repr. Frankfurt a. M. 1999).

Wolff (1764), Caspar Friedrich: *Theorie von der Generation in zwo Abhandlungen erklärt und bewiesen*, Berlin 1764.

VII. 2 Verwendete Literatur nach 1900

Adolph (1961), Edward F.: *Early Concepts of Physiological Regulations*, in: Physiological Reviews 41, 737-770.

Albury (1977), William Randall: *Experiment and Explanation in the Physiology of Bichat and Magendie*, in: Studies in History of Biology 1, 47-131.

Baasner (1988), Frank: *Der Begriff 'sensibilité' im 18. Jahrhundert. Aufstieg und Niedergang eines Ideals*, Heidelberg.

Bastholm (1950), Eyvind Børge Martin Marius: *The History of Muscle Physiology*, Kopenhagen.

Baxa (1924), Jakob: *Gesellschaft und Staat im Spiegel der deutschen Romantik*, hrsg. v. Othmar Spann (Die Herdflamme, Bd. 8), Jena.

Baxmann (2000a), Inge: *„Gesellschaftskunst". Pierre Jean-Georges Cabanis und die Fusion von Medizin, Ästhetik und Moral*, in: dies., Michael Franz u. Wolfgang Schäffner (Hg.): *Das Laokoon-Paradigma. Zeichenregime im 18. Jahrhundert*, Berlin, 569-585.

Baxmann (2000b), Inge: *Civilité Republicaine. Faszination des Chaos und Visionen von Ordnung in der französischen Revolution*, in: dies., Michael Franz u. Wolfgang Schäffner (Hg.): *Das Laokoon-Paradigma. Zeichenregime im 18. Jahrhundert*, Berlin, 208-226.

Bierbrodt (2000), Johannes: *Naturwissenschaft und Ästhetik 1750-1810*, Würzburg.

Blumenberg (1969), Hans, *Selbsterhaltung und Beharrung. Zur Konstitution der neuzeitlichen Rationalität* (1969), in: Hans Ebeling (Hg.): *Subjektivität* *und Selbsterhaltung. Beiträge zur Diagnose der Moderne*, Frankfurt a. Main 1996, 144-207.

Blumenberg (1997), Hans: *Paradigmen zu einer Metaphorologie*, Frankfurt a. Main.

Böhme/ Böhme (1983), Hartmut/ Gernot: *Das andere der Vernunft. Zur Entwicklung von Rationalitätsstrukturen am Beispiel Kants*, Frankfurt a. Main.

Boschung (1996), Urs: *Neurophysiologische Grundlagenforschung „Irritabilität" und „Sensibilität" bei Albrecht von Haller*, in: Heinz Schott (Hg.): *Meilensteine der Medizin*, Dortmund, 242-249.

Braun (1995), Karl: *Die Krankheit Onania. Körperangst und die Anfänge moderner Sexualität*, Frankfurt a. Main.

Braun (1998), Karl: *Nerventheorie um 1800*, in: Hölderlin-Jahrbuch, Bd. 30, Stuttgart, 119-124.

Breidbach (1985), Olaf: *Zum Verhältnis von spekulativer Philosophie und Biologie im 19. Jahrhundert*, in: Philosophia Naturalis 22, 385-399.

Breidbach (1988), Olaf: *Schleidens Kritik an der spekulativen Naturphilosophie*, in: Matthias Jakob Schleiden, *Schelling's und Hegel's Verhältnis zur Naturwissenschaft. Zum Verhältnis der physikalistischen Naturwissenschaft zur spekulativen Naturphilosophie* (1844), Weinheim 1988, 1-56.

Büttner (2001), Johannes: *Von der oeconomia anmalis zu Liebigs Stoffwechselbegriff*, in: ders. u. Wilhelm Lewicki (Hg.): *Stoffwechsel im thierischen Organismus: Historische Studien zu Liebigs „Thierchemie" (1842)*, Seesen, 60-83.

Canguilhem (1955) 2007, Georges: *La formation du concept de réflexe aux VXIIe et VXIIIe sieclés*: (Dt.) *Die Herausbildung des Reflexbegriffs im 17. und 18. Jahrhundert*, übers. v. Henning Schmidgen, München.

Canguilhem (1979a), Georges: *Die Herausbildung des Konzeptes der biologischen Regulation im 18. und 19. Jahrhundert*, in: ders., *Wissenschaftsgeschichte und Epistemologie. Gesammelte Aufsätze*, übers. v. Michael Bischoff u. Walter Seitter, hrsg. v. Wolf Lepenies, Frankfurt a. Main, 89-109.

Canguilhem (1979b), Georges: *Theorie und Technik des Experimentierens bei Claude Bernard*, in: ders., *Wissenschaftsgeschichte und Epistemologie. Gesammelte Aufsätze*, übers. v. Michael Bischoff u. Walter Seitter, hrsg. v. Wolf Lepenies, Frankfurt a. Main, 75-88.

Carvallo (2004), Sarah: *La controverse entre Stahl et Leibniz sur la vie, l'organisme et le mixte*, Paris.

Cheung (2000), Tobias: *Die Organisation des Lebendigen. Die Entstehung des biologischen Organismusbegriffs bei Cuvier, Leibniz und Kant*, Frankfurt a. Main.

Cheung (2006), Tobias: *From the organism of a body to the body of an organism: occurence and meaning of the word `organism' from the seventeenth to the nineteenth centuries*, in. British Journal for the History of Science 39/ 3, 319-339.

Darnton (1986), Robert: *Der Mesmerismus und das Ende der Aufklärung in Frankreich*, Frankfurt a. Main.

Dohrn-van Rossum (1977), Gerhard: *Politischer Körper, Organismus, Organisation. Zur Geschichte naturaler Metaphorik und Begrifflichkeit in der politischen Sprache*, diss., 2 Bde., Bielefeld.

Echelard-Dumas (1976), Marielle: *Der Begriff des Organismus bei Leibniz: „biologische Tatsache" und Fundierung*, in: Studia Leibnitiana VIII/ 2, 160-186.

Ego (1991), Anneliese: *„Animalischer Magnetismus" oder „Aufklärung". Eine mentalitätsgeschichtliche Studie zum Konflikt um ein Heilkonzept im 18. Jahrhundert*, Würzburg.

Enke (1998), Ulrike: *Der „Trieb in uns, das Ungebildete zu bilden ..." Der Begriff `Bildungstrieb' bei Blumenbach und Hölderlin*, in: Hölderlin-Jahrbuch Bd. 30, Stuttgart, 102-118.

Engelhardt (1972), Dietrich v.: *Grundzüge der wissenschaftlichen Naturforschung um 1800 und Hegels spekulative Naturerkenntnis*, in: Philosophia Naturalis 13, 290-315.

Engelhardt (1996), Dietrich v.: *Reizmangel und Übererregung als Weltformel der Medizin*, in: Heinz Schott (Hg.): *Meilensteine der Medizin*, Dortmund, 265-269.

Fehlbaum (1970), Rolf Peter: *Saint-Simon und die Saint-Simonisten*, Basel u. Tübingen.

Feldt (1990), Heinrich: *Der Begriff der Kraft im Mesmerismus. Die Entwicklung des physikalischen Kraftbegriffs seit der Renaissance und sein Einfluß auf die Medizin des 18. Jahrhunderts*, diss., Bonn.

Fetscher (1994), Iring: *Einleitung*, zu: Auguste Comte, *Rede über den Geist des Positivismus*, Hamburg, XV-IV.

Figlio (1976), Karl M.: *The Metaphor of Organisation: An Historiographical Perspective on the Bio-Medical Science of the Early Nineteenth Century*, in: History of Science 14, 17-53.

Foucault (1963) 1973, Michel: *La naissance de la clinique*: (Dt.) *Die Geburt der Klinik*, übers. v. Walter Seitter, München.

Foucault (1966) 1971, Michel: *Les mot et les choses*: (Dt.) *Die Ordnung der Dinge. Eine Archäologie der Humanwissenschaften*, übers. v. Ulrich Köppen, Frankfurt a. Main.

Freudenthal (1982), Gideon: *Atom und Individuum im Zeitalter Newtons. Zur Genese der mechanistischen Natur- und Sozialphilosophie*, Frankfurt a. Main.

Fuchs (1992), Thomas: *Die Mechanisierung des Herzens. Der vitale und der mechanische Aspekt des Kreislaufs*, Frankfurt a. Main.

Fuchs-Heinritz (1998), Werner: *Auguste Comte. Einführung in Leben und Werk*, Darmstadt.

Fulton (1926), John Farquar: *Muscular Contraction and the Reflex Control of Movement*, Baltimore.

Geyer-Kordesch (2000), Johanna: *Pietismus, Medizin und Aufklärung im Preußen des 18. Jahrhunderts. Das Leben und Werk Georg Ernst Stahls*, Tübingen.

Gierer (2000), Alfred: *Stahls konstruktiver Antimechanismus*, in: ders. u. Dietrich von Engelhardt (Hg.): *Georg Ernst Stahl (1659-1734) in wissenschaftshistorischer Sicht* (Acta Historica Leopoldina 30), Halle, 49-80.

Gilibert (1989), Giorgio: *Francois Quesnay (1694-1774)*, in: Joachim Starbatty (Hg.): *Klassiker des ökonomischen Denkens*, Bd. I, München, 114-133.

Haines (1978), Barbara: *The Inter-Relation beetween Social, Biological and Medical Thought, 1750-1850: Saint-Simon and Comte*, in: The British Journal for the History of Science 11/ 37, 19-35.

Harada (1989), Tetsuhi: *Politische Ökonomie des Idealismus und der Romantik. Korporatismus bei Fichte, Müller und Hegel*, Berlin.

Hartbecke (2006), Karin: *Metaphysik und Naturphilosophie im 17. Jahrhundert. Francis Glissons Substanztheorie in ihrem ideengeschichtlichen Kontext*, Tübingen.

Hartmann (2000), Fritz: *Die Leibniz-Stahl-Korrespondenz als Dialog zwischen monadischer und dualistisch-„psycho-somatischer" Anthropolgie*, in: Dietrich von Engelhardt u. Alfred Gierer (Hg.): *Georg Ernst Stahl (1659-1734) in wissenschaftshistorischer Sicht*, in: Acta Historica Leopoldina 30, Halle, 97-124.

Henn (1969), Volker: *Materialien zur Vorgeschichte der Kybernetik*, in: Studium Generale 22, 164-190.

Hoffmeier (1982), Michael H.: *Maupertuis and the Eighteen-Century Critique of Preexistence*, in: Journal of History of Biology 15, 119-144.

Ingensiep (2002), Hans Werner: *Lebensbegriff der Vergangenheit, der Gegenwart und Zukunft. Vom Ende der Seelenstufenordnung, von gespaltenen Lebensdiskursen und einer antizipatorischen Bioethik*, in: ders. u. Anne Eusterschulte (Hg.): *Philosophie der natürlichen Mittelwelt. Grundlagen – Probleme – Perspektiven*, Würzburg, 103-120.

D´Irsay (1930), Stephen: *Albrecht von Haller. Eine Studie zur Geistesgeschichte*, Leipzig.

Jacob (1970) 2002, Francois: *La logique de vivant. Une histoire de l'hérédité*: (Dt.) *Die Logik des Lebenden. Eine Geschichte der Vererbung*, übers. v. Jutta u. Klaus Scherrer, Frankfurt a. Main.

Jahn (1998), Ilse, *„Biologie"* als allgemeine Lebenslehre, in: dies. (Hg.): *Geschichte der Biologie – Theorien, Methoden, Institutionen, Kurzbiographien* (3. Aufl.), Jena, 274-301.

Jantzen (1994), Jörg: *Physiologische Theorien*, in: Hans Michael Baumgartner, Wilhelm G. Jacobs u. Hermann Krings (Hg.): *Friedrich Wilhelm Joseph Schelling. Historisch-kritische Ausgabe*, Reihe 1: Werke, Erg.-Bd. zu Bd. 5-9, Stuttgart, 375-668.

Kantorowicz (1957) 1990, Ernst Hartwig: *The King's Two Bodies. A Study in Mediaeval Political Theology*: (Dt.) *Die zwei Körper des Königs. Eine Studie zur politischen Theologie des Mittelalters*, München.

Kanz (2002), Kai Thorsten: *Von der Biologia zur Biologie. Zur Begriffsentwicklung und Disziplingenese vom 17. bis zum 20. Jahrhundert*, in: Uwe Hoßfeld u. Thomas Junker (Hg.): *Die Entstehung biologischer Disziplinen II* (Verhandlungen z. Geschichte u. Theorie d. Biologie, Bd. 9), Berlin, 9-30.

Kittler (1999) 2002, Friedrich: *Optische Medien. Berliner Vorlesungen 1999*, Berlin.

Köchy (2003), Kristian: *Perspektiven des Organischen. Biophilosophie zwischen Natur- und Wissenschaftsphilosophie*, Paderborn, München, Wien u. Zürich.

Koschorke (1999), Albrecht: *Körperströme und Schriftverkehr. Mediologie des 18. Jahrhunderts*, München.

Koschorke (2000), Albrecht: *Selbststeuerung. David Hartleys Assoziationstheorie, Adam Smiths Sympathielehre und die Dampfmaschine von James Watt*, in: Inge Baxmann, Michael Franz u. Wolfgang Schäffner (Hg.): *Das Laokoon-Paradigma. Zeichenregime im 18. Jahrhundert*, Berlin.

Koschorke (2004), Albrecht: *Poiesis des Leibes. Johann Christian Reils romantische Medizin*, in: Gabriele, Brandstetter u. Gerhard Neumann (Hg.): *Romantische Wissenspoetik. Die Künste und Wissenschaften um 1800*, Würzburg, 259-272.

Kuhn (1994), Dorothea: *Uhrwerk oder Organismus. Carl Friedrich Kielmeyers System der organischen Kräfte*, in: Kai Thorsten Kanz (Hg.): *Philosophie des Organischen in der Goethezeit. Studien zu Werk und Wirkung des Naturforschers Carl Friedrich Kielmeyer (1765-1844)*, Stuttgart, 33-49.

Lehmann (2005), Johannes F.: *Energie, Gesetz und Leben um 1800*, in: ders., Maximilian Bergruen u. Hubert Thüring (Hg.): *Sexualität – Recht – Leben. Die Entstehung eines Dispositivs um 1800*, München 2005, 41-66.

Lenoir (1982), Thimothy: *The Strategy of Life. Teleology and Mechanics in the Ninetheenth Century German Biology*, Dortrecht, Boston u. London.

Lepenies (1976), Wolf: *Das Ende der Naturgeschichte. Wandel kultureller Selbstverständlichkeiten in den Wissenschaften des 18. und 19. Jahrhunderts*, München u. Wien.

Lefèfre (1997), Wolfgang: *Jean Baptiste Lamarck (1744-1829)*, Max-Planck-Institut für Wissenschaftsgeschichte, Reprint 61 (www. mpiwg-berlin.mpg.de/reprints/p61.pdf).

Lorenz (1994), Ulrich: *Das Projekt der Ideologie. Studien zur Konzeption einer Ersten Philosophie bei Destutt de Tracy*, Stuttgart u. Bad Cannstat.

Lovejoy (1936) 1993, Arthur O.: *The Great Chain of Being. A Study of the History of an Idea*: (Dt.) *Die große Kette der Wesen. Geschichte eines Gedanken*, übers. v. Dieter Türck, Frankfurt a. Main.

Luhmann (1987), Niklas: *Soziale Systeme. Grundriß einer allgemeinen Theorie*, Frankfurt a. Main.

Luhmann (1989), Niklas: *Gellschaftsstruktur und Semantik, Studien zur Wissensoziologie der modernen Gesellschaft*, Bd. III, Frankfurt a. Main 1989.

Luhmann/ Fuchs (1996), Niklas/ Peter: *Reden und Schweigen*, Frankfurt a. Main.

Löw (1980), Reinhard: *Philosophie des Lebendigen*, Frankfurt a. Main.

Maturana/ Varela (1975) 1985, Humberto R./ Francisco J.: *Autopoietic Systems. A Characterization of the living organization* (1975): (Dt.) *Autopoietische Systeme. Eine Bestimmung der lebendigen Organisation*, in: H. R. Maturana, *Erkennen. Die Organisation und Verkörperung von Wirklichkeit. Ausgewählte Arbeiten zur biologischen Epistemologie*, übers. v. Wolfram Köck, Braunschweig u. Wiesbaden 1985, 170-235.

Mayr (1969), Otto: *Zur Frühgeschichte der technischen Regelung*, München u. Wien.

Mayr (1987), Otto: *Uhrwerk und Waage. Autorität, Freiheit und technische Systeme in der frühen Neuzeit*, übers. v. Friedrich Griese, München.

Mazza (1999), Ethel Matala de: *Der verfasste Körper. Zum Projekt einer organischen Gemeinschaft in der Politischen Romantik*, Freiburg 1999.

McLaughlin (1982), Peter: *Blumenbach und der Bildungstrieb. Zum Verhältnis von epigenetischer Embryologie und typologischen Artbegriff*, in: Medizinhistorisches Journal 17, 357-371.

McLaughlin (1989), Peter: *Kants Kritik der teleologischen Urteilskraft*, Bonn.

Metzger (2002), Stefan: *Die Konjektur des Organismus. Wahrscheinlichkeit und Performanz im späten 18. Jahrhundert*, München 2002.

Mocek (1995), Reinhard: *Johann Christian Reil (1759-1813). Das Problem des Übergangs von der Spätaufklärung zur Romantik in Biologie und Medizin in Deutschland*, Frankfurt a. Main.

Möller (1975), Hans-Jürgen: *Die Begriffe „Reizbarkeit" und „Reiz"*, Stuttgart.

Moeschlin-Krieg (1953), Beate: *Zur Geschichte der Regenerationsforschung im 18. Jahrhundert* (Baseler Veröffentlichungen zur Geschichte der Medizin und Biologie I), Basel.

Moiso (1994), Francesco: *Magnetismus, Elektrizität, Galvanismus*, in: Hans Michael Baumgartner, Wilhelm G. Jacobs u. Hermann Krings (Hg.): *Friedrich Wilhelm Joseph Schelling*. Historisch-kritische Ausgabe, Reihe 1: Werke, Erg.-Bd. zu Bd. 5-9, Stuttgart, 165-372.

Müller-Sievers (1993), Helmut: *Epigenesis. Naturphilosophie im Sprachdenken Wilhelm von Humboldts*, Paderborn, München, Wien u. Zürich.

Oncken (1902) 1971, August: *Geschichte der Nationalökonomie*, 1. (und einziger) Teil, Aalen.

Osietzki (1998), Maria: *Körpermaschinen und Dampfmaschinen, Vom Wandel der Physiologie und des Körpers unter dem Einfluß von Industrialisierung und Thermodynamik*, in: Philipp Sarasin u. Jakob Tanner (Hg.): *Physiologie und Gesellschaft. Studien zur Verwissenschaftlichung des Körpers im 19. und 20. Jahrhundert*, Frankfurt a. Main, 313-346.

Outram (1986), Dorinda: *Uncertain Legislator: Georges Cuvier's Laws of Nature in their Intellectual Context*, in: Journal of the History of Biology 19/ 3, 323-368.

Palm (2004), Kerstin: *Wer organisert das Leben? Lebensentwürfe in der frühen Biologie*, in: Die Philosophin 30, 43-54.

Pagel (1967), Walter: *Harvey und Glisson on Irritability*, Bulletin of History of Medicine 38, 497-514.

Poirier (1995), Jean-Pierre: *Antoine Laurent de Lavoisier. Fermier général – Banquier à la caisse d'escompte – Commissaire de la trésorie nationale*, dt. übers. v. G. Mädler, in: *Auf den Spuren des Chemikers Lavoiser. Leben und Werk Lavoisers. Anfänge der modernen Chemie im kulturhistorischen Zusammenhang*, zusammengestellt v. Manfred Gütlein, Frankfurt a. Main 1995, 50-67.

Rajkov (1964), Boris E.: *Caspar Friedrich Wolff*, übers. v. Eberhard Koch, in: Zoologische Jahrbücher. Abteilung Systematik, Ökologie und Geographie der Tiere (Zool. Jb. Syst.) 91, 555-626.

Rather/ Frerichs (1968), Lelland J. / John B.: *The Leibniz-Stahl Controversy – I. Leibniz' Opening Objection to the Theoria medica vera*, in: Clio Medica 3, 21-40

Rather/ Frerichs (1970), Lelland J. / John B.: *The Leibniz-Stahl Controversy – II. Stahl's Survey of the Principal Points of Doubt*, in: Clio Medica 5, 53-67.

Recktenwald (1976), Horst Claus: *Adam Smith. Sein Leben und Werk*, München.

Repplinger (1999), Roger: *Auguste Comte und die Entstehung der Soziologie aus dem Geist der Krise*, Frankfurt a. Main.

Roe (1981), Shirley Ann: *Matter, Life and Generation. Eighteenth-Century Embryology and the Haller-Wolff Debate*, Cambridge.

Rothschuh (1958), Karl Eduard: *Vom Spiritus animalis zum Nervenaktionsstrom*, in: Ciba-Zeitschrift 89, Bd. 8, 2950-2980.

Rothschuh (1960), Karl Eduard: *Von der Idee bis zum Nachweis der tierischen Elektrizität*, in: Sudhoffs Archiv für die Geschichte der Medizin 44, 25-44.

Rothschuh (1965), Karl Eduard: *Zur Geschichte der physiologischen Reizmethodik im 17. und 18. Jahrhundert*, in: Gesnerus 22, 147-160.

Rothschuh (1968), Karl Eduard: *Physiologie. Wandel ihrer Konzepte, Probleme und Methoden vom 16. bis 19. Jahrhundert*, Freiburg.

Rothschuh (1972), Karl Eduard: *Historische Wurzeln der Vorstellung einer selbsttätigen informationsgesteuerten biologischen Regulation*, in: Nova Acta Leopoldina 37, Neue Folge 206, 91-106.

Rudolph (1964), Gerhard: *Hallers Lehre von der Irritabilität und Sensibilität*, in: Karl E. Rothschuh (Hg.): *Von Boerhaave bis Berger. Die Entwicklung der kontinentalen Physiologie im 18. und 19. Jahrhundert*, Stuttgart, 14-34.

Sauder (1974), Gerhard: *Empfindsamkeit, Bd. I: Voraussetzungen und Elemente*, Stuttgart.

Sauder (1980), Gerhard: *Empfindsamkeit, Bd. III: Quellen und Dokumente*, Stuttgart.

Schöner (1964), Erich: *Das Viererschema in der antiken Humoralpathologie*, Wiesbaden.

Schott (1988), Heinz: *Zum Begriff des Seelenorgans bei Johann Christian Reil (1759-1813)*, in: Gunter Mann u. Franz Dumont (Hg.): *Gehirn – Nerven – Seele. Anatomie und Physiologie im Umfeld S. Th. Soemmerings* (Soemmering-Forschungen, Bd. 3), Stuttgart u. New York, 183-210.

Schwanitz (1983), Joachim: *Homöopathie und Brownianismus 1795-1844*, Stuttgart u. New York.

Seidler (1996), Eduard: *Anfänge einer sozialen Medizin. Johann Peter Frank und sein „System einer vollständigen medicinischen Polizey"*, in: Heinz Schott (Hg.): *Meilensteine der Medizin*, Dortmund, 258-264.

Sigerist (1959), Henry E.: *Große Ärzte. Eine Geschichte der Heilkunde in Lebensbildern*, München.

Singer (1937), Adolf: *Der Begriff der Irritabilität bei Glisson und Haller*, diss., Regensburg.

Staden (1996), Heinrich von: *Alexandria als das Zentrum der medizinischen Forschung. Herophilos und die frühe Menschenanatomie*, in: Heinz Schott (Hg.): *Meilensteine der Medizin*, Dortmund, 67-73.

Stanislowski (1979), Volker: *Natur und Staat. Zur politischen Theorie der deutschen Romantik*, Meisenheim a. Glan.

Staum (1980), Martin S.: *Cabanis. Enlightenment and Medical Philosophy in the French Revolution*, Princeton.

Stollberg-Rilinger (1986), Barbara: *Der Staat als Maschine. Zur politischen Metaphorik des absoluten Fürstenstaates*, Berlin.

Sutter (1988), Alex: *Göttliche Maschinen. Automaten für Lebendiges bei Descartes, Leibniz, La Mettrie und Kant*, Frankfurt a. Main.

Tanner (1998), Jakob: *„Weisheit des Körpers" und soziale Homöostase. Physiologie und das Konzept der Selbstregulation*, in: ders. u. Philipp Sarasin (Hg.): *Physiologie und industrielle Gesellschaft. Studien zur Verwissenschaftlichung des Körpers im 19. und 20. Jahrhundert*, Frankfurt a. Main, 129-169.

Temkin (1964), Owsei: *The Classical Roots of Glisson's Doctrine of Irritation*, in: Bulletin of the History of Medicine 30, 297-328.

Toellner (1967), Richard, *Anima et Irritabilitas. Hallers Abwehr von Animismus und Materialismus*, in: Sudhoffs Archiv 15, 130-144.

Toellner (1971), Richard: *Albrecht von Haller. Über die Einheit im Denken des letzten Universalgelehrten*, Wiesbaden.

Toellner (1977), Richard: *Mechanismus – Vitalismus: Ein Paradigmenwechsel? Testfall Haller*, in: Alwin Diemer (Hg.): *Die Struktur wissenschaftlicher Revolutionen und die Geschichte der Wissenschaften*, Meisenheim a. Glan, 61-72.

Toepfer (2004), Georg: *Zweckbegriff und Organismus. Über die teleologische Beurteilung biologischer Systeme*, Würzburg.

Tschulok (1937), Sinai: *Lamarck. Eine kritisch-historische Studie*, Zürich u. Leipzig.

Vila (1995), Anne C: *Sex and Sensibility: Pierre Roussel's Système physique et de Morale de la Femme*, in: Representations 52, 76-93.

Vogl (1996), Joseph: *Die zwei Körper des Staates*, in: Jan-Dirk Müller (Hg.): *>Aufführung< und >Schrift< in Mittelalter und Früher Neuzeit*, Stuttgart u. Weimar, 562-574.

Vogl (2000), Joseph: *Romantische Ökonomie. Regierung und Regulation um 1800*, in: Inge Baxmann, Michael Franz u. Wolfgang Schäffner (Hg.): *Das Laokoon-Paradigma. Zeichenregime im 18. Jahrhundert*, Berlin, 227-240.

Vogl (2002), Joseph: *Kalkül und Leidenschaft. Poetik des ökonomischen Menschen*, München.

Warnke (1998), Camilla: *Schellings Idee und Theorie des Organismus und der Paradigmenwechsel der Biologie um die Wende zum 19. Jahrhundert*, in: Jahrbuch für Geschichte und Theorie der Biologie 5, 187-234.

Wenzel (1996), Helmut: *Die Technisierung des Subjekts. Zum Verhältnis von Individuum, Arbeit und Gesellschaft heute*, in: Rudi Schmiede (Hg.), *Virtuelle Arbeitswelten. Arbeit, Produktion und Subjekt in der „Informationsgesellschaft"*, Berlin, 179-200.

Wiener (1948/ 61), 1963, Norbert: *Cybernetics or control and communication in the animal and the machine* (1. Aufl. 1948/ 2. rev. u. erw. Aufl. 1961): (Dt.) *Kybernetik. Regelung und Nachrichtenübertragung im Lebewesen und in der Maschine*, Düsseldorf u. Wien.

Wieser (1959), Wolfgang: *Organismen, Strukturen, Maschinen. Zu einer Lehre vom Organismus*, Frankfurt a. Main.

Wolf (1971), Jörn Henning: *Der Begriff „Organ" in der Medizin. Grundzüge der Geschichte seiner Entwicklung*, München.

Sebastian Schmidt (Hrsg.)

Arme und ihre Lebensperspektiven in der Frühen Neuzeit

Frankfurt am Main, Berlin, Bern, Bruxelles, New York, Oxford, Wien, 2008.
339 S., 6 Abb., 5 Tab.
Inklusion/Exklusion. Herausgegeben von Andreas Gestrich, Lutz Raphael und Herbert Uerlings für den Sonderforschungsbereich 600 „Fremdheit und Armut", Trier. Bd. 10
ISBN 978-3-631-58016-5 · br. € 52.–*

In diesem Band werden Lebensläufe von Armen sowie ihre Strategien und Möglichkeiten im Umgang mit Armut in verschiedenen Lebensphasen in den Blick genommen. Es geht darum, die sie betreffenden In- und Exklusionsprozesse auf verschiedenen Ebenen sowie in verschiedenen Teilsystemen der Gesellschaft zu beschreiben und ihre Ursachen und Folgen deutlich zu machen, um somit die Kenntnis über die Lebenssituation Armer in der Vormoderne zu erweitern. Wie wurde Armut wahrgenommen, wie reagierten die Armen auf die angebotenen Hilfsleistungen in den verschiedenen Lebenslagen und welche alternativen Überlebensstrategien entwickelten sie? Zur Beantwortung dieser Fragen befassen sich zehn Beiträge mit zwei miteinander verwobenen Aspekten: zum einen mit Armut und Deutungen von Armut im Lebenslauf, zum anderen mit den territorialen sowie institutionellen rechtlichen Rahmenbedingungen und ihren Auswirkungen auf Armutskarrieren im frühneuzeitlichen Mitteleuropa.

Aus dem Inhalt: Weggelegte Kinder in Obersachsen · Kinderarmut, Fürsorgemaßnahmen und Lebenslaufperspektiven in den geistlichen Kurfürstentümern · Mobilität, Kontrolle und Selbstbehauptung im englischen Armenrecht · Städtische Armenfürsorge am Beispiel der Stadt Luxemburg · Supplikationen zur Aufnahme in die Spitäler von Zwettl und Scheibbs · Der Notdiebstahl · Lebenswege und Überlebensstrategien kleiner Leute · Bedürftigkeit im Kindstötungsdiskurs · Kriminalisierende Sanktionen und Armutskarrieren

Frankfurt am Main · Berlin · Bern · Bruxelles · New York · Oxford · Wien
Auslieferung: Verlag Peter Lang AG
Moosstr. 1, CH-2542 Pieterlen
Telefax 00 41 (0) 32 / 376 17 27

*inklusive der in Deutschland gültigen Mehrwertsteuer
Preisänderungen vorbehalten
Homepage http://www.peterlang.de